Paul Lehfeldt

Die Holzbaukunst

REPRINT – VERLAG
LEIPZIG

Die zum Teil geminderte Druckqualität ist auf den Erhaltungszustand der Originalvorlage zurückzuführen.

Die Deutsche Bibliothek – CIP-Einheitsaufnahme

Ein Titeldatensatz für diese Publikation ist bei Der Deutschen Bibliothek erhältlich.

Volker Hennig, Goseberg 22-24, 37603 Holzminden
www.reprint-verlag-leipzig.de
Softcover reprint of the hardcover 1st edition 1880

ISBN-13: 978-3-642-90028-0 e-ISBN-13: 978-3-642-91885-8
DOI: 10.1007/978-3-642-91885-8

Reprintauflage der Originalausgabe von 1880
nach dem Exemplar des Verlagsarchives

Lektorat: Andreas Bäslack, Leipzig
Einbandgestaltung: Jens Röblitz, Leipzig
Gesamtfertigung: Druckhaus „Thomas Müntzer" GmbH

Die

Holzbaukunst.

Dr. Paul Lehfeldt.

Mit 96 Abbildungen in Holzschnitt.

Berlin.

1880.

Vorrede.

Das vorliegende Buch ist aus einer Reihe von Vorträgen entstanden, zu welchen Herr Geheimrath Reuleaux die erste Anregung gab. Wie er mir in der Gewerbeakademie zuerst ein Feld für meine Lehrthätigkeit eröffnete, ermuthigte er mich, die ausgearbeiteten Vorträge der Oeffentlichkeit zu übergeben, und so nenne ich mit dankbarem Gefühl seinen Namen an dieser Stelle.

Es wird dem Leser nicht entgehen, dass den nachfolgenden Blättern ihre Entstehung aus Vorträgen anhaftet. Kenntniss und Neigung, sowie die Rücksicht auf die zu Gebote stehenden Werke der öffentlichen Bibliotheken haben bestimmend eingewirkt. Die in jenen Werken enthaltenen Abbildungen sind vorzugsweise in den Anmerkungen angeführt worden. Auch die Vorträge des Herrn Geheimrath Adler, welcher mir als langjähriger Lehrer und Berather aus dem reichen Schatz seines Wissens immer wieder Neues und Werthvolles bot, sind nicht ohne Einfluss auf dies Buch geblieben. Sein Zweck ist, die Aufmerksamkeit auf die Gebilde der Holzarchitektur zu lenken, deren Kennenlernen mir für zwei Punkte schätzbar erscheint, einmal für die Erkenntniss der tendenzlosen, d. h. von der Vorliebe für eine bestimmte Stilepoche unabhängigen Schönheit und ferner für die nicht unwichtige Frage, wie weit eine Kunstentwickelung national sein kann oder soll.

Somit ist diese Arbeit nur als ein Versuch zu betrachten, ob sich vielleicht eine vollständige Entwickelungsgeschichte der Holzarchitektur schreiben lässt. Ich benutze die Gelegenheit, um an alle Freunde der Kunst die herzliche Bitte zu richten, mein Bestreben zu unterstützen und mich hierin durch Nachweise und Berichtigungen zu fördern. Ob der Stoff so wichtig ist, wie er mir erscheint, möge dies Buch mit entscheiden helfen.

Ich will diese Vorrede nicht schliessen, ohne der grossen Gefälligkeit zu gedenken, mit welcher die Herren Bibliothekare der Gewerbeakademie und der Bauakademie, des Architektenvereins und des Kunstgewerbemuseums mich unterstützt haben.

Berlin im März 1880.

P. Lehfeldt.

Inhalt.

I. ABSCHNITT.

Die Holzarchitektur des Alterthums und der aussereuropäischen Völker.

Seite

Einleitung 1

ERSTES CAPITEL. **Die Holzbaukunst des Orients.**

Israeliten 6
Assyrier 9
Babylonier 11
Perser 11
Inder 13
Chinesen 15
Aegypter 17

ZWEITES CAPITEL. **Der Riegelbau.**

Die Riegelwand 19
Das Dach 20
Uebergang vom Nomadenthum zu festen Wohnsitzen . . . 22
Indianer 24
Malayen 25
Pfahlbauten 27

DRITTES CAPITEL. **Die Holzbaukunst des Classischen Alterthums.**

Kleinasiatische Grabmäler 32
Hellenen 35
Felderdecke 42
Etrusker 43
Römer 47
Pompeji 52
Die Hausbasilika 55

II. ABSCHNITT.

Die Holzdecken des Mittelalters.

ERSTES CAPITEL. **Die christliche Basilika.**

Felderdecke und Sparrendecke 58

Seite
Das Hängewerk 61
Verdrängung der Sparrendecke durch das Gewölbe . . . 67
Nachahmung des Steingewölbes 69
ZWEITES CAPITEL. **Holzdecken im Orient.**
Byzantiner 71
Muselmänner 73
Aegypten (Balkendecke) 78
DRITTES CAPITEL. **Holzdecken des Abendlandes.**
Spanien 81
Sicilien und das Festland Italien 82
Deutschland 88

III. ABSCHNITT.

Die Holzbauten der Germanen und Normannen.

ERSTES CAPITEL. **Germanen** 96
Holzkirchen in England, Dänemark und Deutschland . . . 98
ZWEITES CAPITEL. **Normannen** 105
Norwegische Kirchen 106
Sprengewerke in Frankreich 115
desgl. in England 120

IV. ABSCHNITT.

Das Fachwerkhaus des Mittelalters und der Renaissance.

ERSTES CAPITEL. **Entwickelung des Bürgerhauses** 129
ZWEITES CAPITEL. **Aufbau des Fachwerkhauses** 131
Geographische Uebersicht 140
DRITTES CAPITEL. **Die Fachwerkbauten.**
Fachwerkbauten in Frankreich 140
desgl. in Deutschland 147
desgl. in Belgien und Dänemark 175
desgl. in England 176
Grundrissanlage 181

V. ABSCHNITT.

Die Renaissance-Decoration in Holz.

ERSTES CAPITEL. **Einfluss des Möbels auf die Baukunst** 184
Italien und die Renaissance 187
Die Renaissance in Deutschland 195
ZWEITES CAPITEL. **Holzgewölbe** 205

Seite

VI. ABSCHNITT.

Der Blockbau des östlichen Europas.

Die Blockwand 209
Blockbau des Alterthums 211
Slaven und Ungarn 212
Schweden 228

VII. ABSCHNITT.

Der Alpenbau.

Erstes Capitel. **Schweizer** 232
Geographische Uebersicht 233
Aufbau des Schweizer Hauses 234
Riegelbau (Ständer- und Fachwerkbau) 235
Blockbau 240
Gemeinsames der Schweizer Häuser 247
Zweites Capitel. **Deutsche.**
Schwarzwälder 261
Tyroler 263

Schluss.

Allgemeine Betrachtungen 268

I. Abschnitt.

Die Holzarchitektur des Alterthums und der aussereuropäischen Völker.

Einleitung.

Die Schönheit eines Bauwerks hängt zum grossen Theil von dem gegenseitigen Verhältniss des Werklichen und des Künstlerischen zu einander ab. Der zu bearbeitende Baustoff, sowie die Geschmacksrichtung der verschiedenen Zeiten bestimmen das Maass beider, wie weit der constructive, wie weit der ornamentale Theil vorherrschen soll. Dass in den Urzeiten und bei den uncivilisirten Völkern zunächst nur dem Bedürfniss genügt worden sei und das Streben nach der künstlerischen Ausschmückung der Wohnstätten und Denkmale erst mit der zunehmenden Cultur sich entwickelt habe, ist ein leeres Dogma. Wer beobachtet, wie die Freude am Ausputzen und Verzieren dem Kinde angeboren ist, wie der Wilde Südamerikas seine einfache Hütte mit bunten Farben und Schnitzereien verziert, der erkennt leicht, dass zu allen Zeiten ein Gefühl für künstlerische Gestaltung des rein Nothwendigen dem Menschen innewohnte, wenn es sich auch oft in einer uns fremdartigen Weise äussert. Einen Beweis dessen giebt die Geschichte der Holzarchitektur.

Zwei Hülfsmittel haben wir, um uns in die Bauthätigkeit vorgeschichtlicher Zeiten zurückzuversetzen, aus welchen nur noch verstümmelte sagenhafte Nachricht auf uns gekommen ist. Wir können zunächst mit Hülfe der Phantasie aus der reicher entwickelten Bauweise späterer Zeiten die einfacheren Bestrebungen der Urzeit herauszufinden suchen. Allein neue Forschungen auf den ältesten Culturstätten haben uns belehrt, dass das scheinbar Einfache oft erst das Ergebniss langer Entwickelung war, dass wirre, phantastische, selbst übertriebene und colossale Formen allmälig zu übersichtlichen, leichter verständlichen und maassvollen Gebilden wurden, wie die mangelnde Civilisation eines Landes, oft weit entfernt, dem Zustande der Kindlichkeit zu entsprechen, erst eine Folge eingebrochener Verwilderung ist[1]).

Zuverlässiger kommt uns die Analogie zu Hülfe. Noch heute leben fern von unserer Cultur Völkerschaften, wie in Polynesien oder in Südamerika, deren Kunstbestrebungen oft eine überraschende Aehnlichkeit mit denen der alten Phönizier oder unserer eigenen Vorfahren haben. Wir werden deshalb mit Recht die frühesten Anfänge der Baukunst uns einigermassen vergegenwärtigen, wenn wir unsere Blicke bisweilen auf die Hütten jener Hinterwäldler richten.

Das erste, wodurch der Mensch getrieben wurde, eine Behausung zu gründen, war der Gedanke der Vertheidigung. Er suchte eine Stätte, um die Seinigen gegen das Andringen der wilden Thiere des Waldes und gegen feindliche Angriffe zu schützen, um das mühsam hervorgebrachte Feuer vor Regengüssen und der Gewalt des Sturmes zu bewahren. Das erste Obdach bot ihm die Natur selbst, der Urwald mit seinem schützenden Blätterdach. Bäume, welche einen Umfang von 25 — 30 m haben, wachsen noch bei Sacramento in den Wäldern Californiens Eine hohle Platane steht im Thal von Bujukdere bei Constantinopel, welche bei einer Höhe von 38 m einen Umfang von 40 m hat. So mag zunächst ein hohler Baum zur Wohnung, die undurchdringliche Blätterkrone zum Dach gedient haben[2]). Auch den einfachsten Kahn, wie den Sarg für den Todten giebt bei den heutigen Indianern der ausgehöhlte Baumstamm, der Einbaum unserer Vorfahren. Ebenso bot die ursprünglichste Stätte der Götterverehrung der Baum, der mit Binden und Weihgeschenken behängt als Aufenthaltsort des Gottes betrachtet wurde. Bis in späte Zeiten einer ausgebildeten Cultur hat sich die dankbare Verehrung gegen die Bäume des Waldes erhalten. Jeder Baum galt den Hellenen als Wohnung der Dryade, im Rauschen der heiligen Eichen zu Dodona, im Dornbusch am Sinai verkündete sich die Gegenwart Gottes[3]). Das älteste Bild der Artemis zu Ephesos war in dem ausgehöhlten Stamm einer Ulme aufgestellt, und Pausanias sah noch ein Bild der Artemis Kedreatis in einer grossen Ceder zu Orchomenos[4]).

[1]) Vergl. Semper, der Stil I. S. 3.

[2]) Vergl. die lebendige Darstellung in Viollet le Duc, l'histoire de l'habitation humaine.

[3]) Bötticher, der Baumkultus der Hellenen; Mitth. der k. k. Central-Commission IV (1859) S. 190.

[4]) Vgl. auch Humboldt, Kosmos 1847 II, S. 99.

Auf die Dauer genügte der Baum des Waldes nicht. Besseren Schutz gewährte der aus Erde aufgeschichtete Hügel, welchem abgehauene Baumstämme, Rinde und Blätterwerk einen Halt gaben[5]). Auf diese Weise, durch Ineinanderflechten der Zweige wurde die erste Wand hergestellt. So berichtet ein römischer Schriftsteller (Vitruv II, 5) von den alten Phrygiern: „Sie wohnten in ebenen Gegenden und höhlten wegen Mangels an Bauholz natürliche Erderhöhungen aus. Darüber bildeten sie mit Hülfe von Pfählen, welche sie miteinander verbanden, eine Art von Kegel. Denselben bedeckten sie mit Rohr und Reisig und schütteten darauf einen möglichst grossen Erdhaufen". Ebenso sind die Wände der Neuseeländer nur ein Zaungeflecht zwischen einzelnen eingerammten Pfählen[6]). Zaungeflecht bildet die Umfriedigung ihrer Dörfer und kleinere Gehege in demselben die befestigten Wohnstätten. Die Gitterwand, welche weiterhin in China eine künstlerische Ausbildung fand, ist also als erstes Element, wie der Baukunst überhaupt, so der Holzbaukunst zu betrachten.

Frühzeitig musste man darauf sinnen, das Blätterwerk und die Erdhaufen, welche die Zwischenräume solcher Stabgeflechte ausfüllten, durch ein in höherem Grade dauerhaftes, biegsames und transportables Material zu ersetzen. Denn wir haben uns die ältesten Völker vorwiegend als nomadisirende Hirten und Jäger vorzustellen, welche ihren Wohnort je nach der Jahreszeit oder zum Besten ihres Viehs oft wechseln mussten, wie die Ziegenhirten des heutigen Griechenlands. Solchen Anforderungen bequemen Mitführens genügte aber vollständig das Fell der Thiere und künstliches Flechtwerk, welches aus den Haaren und der Wolle der Thiere oder aus Halmen, Bast und andern biegsamen Pflanzenstoffen hergestellt wurde. Bei den Japanern ist die Technik der Papierfabrikation eine so ausgebildete, dass die Aermeren ihre Sommerwohnungen häufig nur aus Pfosten und dazwischen gespannten Papiertapeten herstellen.

Schon auf dieser ursprünglichen Culturstufe hatten die Völker das Bestreben, die einzelnen Fäden oder Streifen in mannigfachen und abwechselnden Reihungen in einander zu schlingen. Die ältesten Geflechte der Aegypter und die heutigen Arbeiten der Wilden Nordamerikas zeigen überraschend ähnliche Motive. Dass solches Flechtwerk auch nach Ausbildung des monumentalen Steinbaus noch gefertigt wurde, zeigen sowohl die in den Felsen gehauenen Ornamente

---

[5]) Weiss, Kostümkunde S. 11.

[6]) Semper, der Stil I. 239.

am sogenannten Midasgrab in Phrygien[7]), als auch die neuerdings von englischen Reisenden aufgefundene Wandbekleidung von einem uralten Palast in Warka in Babylonien[8]). Bei dieser sind kleine bunte Mosaikstückchen aus farbigem glasirten Thon so in den Asphaltbewurf der Mauer eingedrückt, dass sie teppichartige Muster bilden.

Der einfachste Raumabschluss ist das Zelt. Hier sind Wand und Dach noch eins. Die Zeltwohnung der Lappländer (ein solches befindet sich im Berliner Ethnogr. Museum), der Wigwam der Indianer sind in einfachster Weise hergestellt. Kunstvoller sind die Zelte der Kalmücken in den Wolgasteppen oft aus mehr als hundert rothbemalten Stäben kreuzweise in einander gefügt[9]). Dieselben werden mit ledernen Riemen zusammengebunden und mit Filz bedeckt. An die Stäbe werden schliesslich ausserhalb des Zeltes Stricke gebunden, welche an eingerammte kurze Pfähle befestigt sind, um das Zelt vor dem Umwerfen durch den Wind zu sichern. Ein solches Zelt, etwa 2,5 m hoch und 12 m im Umfang haltend, wird von 3 Personen in weniger, als einer halben Stunde aufgestellt. Aehnliches berichten Reisende von den Hottentotten[10]) und Uraustraliern[11]), welche die Ruthenstäbe umbiegen und mit beiden Enden in die Erde stecken und dies backofenähnliche Zelt mit Matten aus an der Sonne getrockneten Binsen und Schilf oder mit Palmblättern und breiten Rindenstücken bedecken; die Indianer[12]) und Ureinwohner von Paraguay[13]) decken eine Mütze aus Rinderfell auf 3 m hohe, oben zusammengebogene dünne Baumstämme, die Eskimos nehmen Rennthiergeweihe als Zeltstangen.

Ganz ebenso dürfen wir uns nach den Schriftquellen die Zelte des Alterthums denken. Von den Skythen berichtete schon Aischylos (Prom. 698), dass sie „in geflochtenen Korbhütten wohnten, welche sie auf Räder setzten“. Ein recht bezeichnendes Bild des Nomadenthums.

Lange, nachdem die Völker ihr Nomadenleben aufgegeben und

---

[7]) Texier, Asie mineure I, 56.

[8]) Semper, Stil I, 327 etc. Nach Loftus Researches and Travels in Chaldäa and Susiana.

[9]) Bastian, Führer durch das ethnogr. Museum in Berlin 1877 S. 67.

[10]) Lubbock, vorgeschichtliche Zeit; übersetzt von Passow. Jena 1874 S. 134 und die dort angeführten Quellen.

[11]) a. a. O. S. 138.

[12]) T. II. S. 224.

[13]) S. 230.

feste Wohnsitze errichtet hatten, behielt das Zelt seine Geltung für vorübergehenden Aufenthalt, besonders im Kriege. Seltsame Abbildungen von Zelten mit oben rund gebogenen Stützen auf den assyrischen Monumenten erinnern lebhaft an die erwähnten Zelte der Hottentotten. Die Zelte der römischen Soldaten waren von Leder und hatten gewöhnlich Platz für zehn Mann.

Bei allen diesen Zeltanlagen ist mit der Leichtigkeit der Herstellung der Uebelstand verbunden, dass keine Wand lothrecht in die Höhe geht. Der Wunsch nach vortheilhafterer Verwerthung der Wände und besserer Ausnutzung des umschlossenen Raumes führte dazu, statt des pyramidalen Zeltes die Wand lothrecht hoch zu führen, Wand und Dach zu trennen. Dies war ein enormer Fortschritt, welcher allmälig den Uebergang zum festen Haus bildete. Diese Uebergangsstufe bezeichnen wir mit dem Namen der Hütte oder Baracke.

Das einfachste Bild einer solchen Anordnung geben die Zelte der Beduinenstämme[14]). Vier Pfosten werden lothrecht in die Erde gesteckt und auf drei Seiten sowie oberhalb durch feste Decken auf der vierten vorderen Seite durch einen zurückzuschlagenden Teppich geschlossen. Diese Zelte sind im Beduinenlager reihenweise nebeneinander aufgestellt, so dass sie ganze Strassenzüge bilden.

Bei einigen Kafferstämmen werden für eine solche Hütte etwa 16 stützende Pfeiler im Kreise aufgestellt und durch eine Wand von Flechtwerk und Thonbewurf mit einander verbunden[15]). Innerhalb des ungefähr 16 m im Durchmesser haltenden, 3 m hohen Kreises erhebt sich in geringem Abstande von der Aussenwand eine zweite ähnliche höhere Wand und in Mitten derselben ein noch höherer Pfahl. Auf ihm und der äussern Wand ruht das kegelförmig ansteigende, sorgsam hergestellte Strohdach. Eine Oeffnung zwischen Wand und Dach, sowie die Eingänge gestatten dem Rauch und dem Tageslicht genügenden Durchzug.

Eine karibische Hütte von ähnlicher Anordnung, jedoch rechteckigem Grundriss hat Semper nach dem Modell auf der Londoner Industrie-Ausstellung 1861 abgezeichnet[16]). „An ihr, sagt er, treten alle Elemente der antiken Baukunst in höchst ursprünglicher Weise und unvermischt hervor. Der Herd als Mittelpunkt, die durch Pfahl-

---

14) Weiss, Kostümkunde S. 143, 159 und die von ihm citirten Werke.

15) Weiss, Kostümk. S. 19, — vergl. Lubbock vorgeschichtl. Zeit, die Hütten der Veddahs auf Ceylon, der Andamaneninsulaner, der Tahitier und Patagonier.

16) Stil II, 276.

werk umschränkte Erderhöhung als Terrasse, das säulengetragene Dach und die Mattenumhegung als Raumabschluss oder Wand". Er folgt hiermit der alten, schon von Vitruv aufgestellten und vielfach angefochtenen Annahme, dass der antike Tempel auch aus dieser „Urhütte" abzuleiten sei.

Erstes Capitel.

Die Holzbaukunst des Orients.

Israeliten.

Bei keinem Volke des Alterthums prägte sich das Nomadenthum so aus, als bei den Israeliten. Von Ursprung an ein wanderndes Hirtenvolk, zogen sie in einen andern Welttheil, um dann wieder vierzig Iahre lang durch die Wüste ziehend, und immer wieder die Wohnstätte wechselnd, dabei unter fortwährenden Kämpfen in ihre Heimat zurückzukehren. Im Kriegslager war ihre Jugend herangewachsen, und auch nach dem Rückzuge, als seine Könige schon „stattliche Paläste" bewohnten, wohnte das Volk in Zelten[1]). Sie mussten oft gezwungen das Lagerleben fortsetzen und vor den jährlich einfallenden Midianiten Schutz in Höhlen und Bergfesten suchen[2]). Sitte und Religion hafteten weniger, als bei irgend einem andern Volke an der Heimat. Es ist bezeichnend, dass die Laubhütte bei ihnen eine so wichtige Rolle spielte, dass das Verlassen des festen Hauses bei Gelegenheit des Erntefestes und der Hochzeit zur Vorschrift wurde.

Die Juden waren von Urzeiten an ein vorzugsweise Holz bauendes Volk und als Salomo den steinernen Tempel baute, musste er sich einen fremden Baumeister kommen lassen. Der Zimmermann nimmt in der Bibel eine wichtige Stelle ein, er ist der, welcher „das Haus baut" [3]), und viele Gleichnisse sind aus der Zimmermannstechnik gewählt. Wie der erste Bau, welcher in der Bibel beschrieben wird, die aus Tannenholz gezimmerte Arche war, so hat

---

[1]) 2. Kön. 13, 5.

[2]) Richter 6, 2—6.

[3]) u. a. noch 2. Macc. 2, 30.

die spätere fromme Erzählung den Heiland der Welt zu einem Zimmermannssohn gemacht.

Aus der Bibel haben wir denn auch die ersten genauen Angaben über einen Holzbau, der sich über das Bedürfniss des gewöhnlichen Daseins erhob. So wie die Kinder Israels auf ihrem Zuge die Heiligthümer mitführten (ähnlich hatten die Karthager ein heiliges Zelt mit)[4], so wurden auch später die Bundeslade und die heiligen Geräthe nur von einer Hütte, der Stiftshütte, umschlossen, welche beliebig aufgeschlagen und auseinandergenommen werden konnte. Der prachtvolle steinerne Tempel Salomos war nur eine Nachahmung dieses von Moses gegründeten und später von David wiedererrichteten heiligen Zeltes. Die Bibel erzählt[5]: „Und Mose nahm ein Zelt und schlug es ausserhalb des Lagers auf, ferne vom Lager, und nannte es Versammlungszelt (Luther übersetzt eine Hütte des Stiftes), und Jeder, der Jehovah fragen wollte, ging zum Versammlungszelt, das ausserhalb des Lagers war. Und wenn Mose zum Zelte hinausging, so stand das Volk auf, und Jeder stellte sich unter den Eingang seines Zeltes, und sie sahen Mose nach, bis er beim Zelt ankam".

Eine genaue Beschreibung dieser Zelthütte giebt die heilige Schrift bei der Wiederaufrichtung durch David. Es ist bekannt, dass die Versuchung, heidnische Culte zu üben, sowohl zu Moses Lebzeiten, wie nach seinem Tode für die Kinder Israels eine sehr grosse war, dass eigentlich die ganze Geschichte des Volkes, namentlich zur Zeit der Richter, von fortwährendem Abfall zu Baal und Wiederversöhnung mit Jehovah zu berichten hat. Deshalb hatte sich David, der Befestiger des Königsthums, zur besonderen Aufgabe gestellt, die vernachlässigten Heiligthümer des Jehovahdienstes wieder zu Ehren zu bringen. Er errichtete eine neue prachtvolle Zelthütte und führte persönlich die Procession an, um die Bundeslade, welche, von den Philistern erobert, aber wieder zurückgegeben, in dem Hause eines Einwohners von Gidea stand[6], nach Jerusalem in das neue Heiligthum überzuführen[7]. Die Namen der ältesten Holzkünstler sind uns erhalten. Der Werkmeister für die Gesammtanlage war Azaliel, welchem für das Teppichwerk Ahaliab zur Seite stand[8].

---

[4]) Nach Diodor XX, 65.

[5]) 2. Mos. 33, 7—11.

[6]) 2. Sam. 6, 1—3, 5, 15, 17—19.

[7]) 2. Mos. 25—27; 2. Sam. 6, 17; 1. Chron. 16 (15), 1.

[8]) Zwei Reihen hölzerner Pfosten, zwischen welchen Teppiche aufgehängt waren, bildeten einen Vorraum, dessen Breite 25 m, dessen Länge das Doppelte betrug. Die

Was vor allem an dem Bau dieses ersten Denkmales der Holzarchitektur, denn so darf es bezeichnet werden, in die Augen fällt, ist das bewusste Festhalten an dem beweglichen Bau gegenüber der festen Wand. Die Pfosten des Vorhofes, wie die Wände des Tempels selbst, stehen auf metallenen Füssen, so dass der ganze Bau an jedem Ort bequem zusammenzufügen und auseinanderzunehmen ist. Auch die Bundeslade, ja sogar der grosse Opferaltar hatten an den Seiten Ringe, durch welche Stangen gesteckt werden konnten, so dass also jedes einzelne Stück des Tempels fortzuführen möglich war.

Die Grundrissanordnung des gesammten Heiligthums erinnert an den ägyptischen Tempel, das in den Lehrbüchern der Kunstgeschichte sogenannte Einschachtelungssystem. Allein die Wirkung ist eine ganz andere. Beim ägyptischen Tempel massiv, wie für die Ewigkeit aufgerichtete und kunstlos zusammengefügte Steinmauern, mit einzelnen Figuren und Inschriften so bemalt, dass die Malerei nur die Fläche als Grund benutzt; hier das leichte Holzwerk, dessen künstliche Verbindung das Bild des Ganzen beeinflusst. Die vorwiegend malerische Erscheinung des Baus wird erhöht durch das bunte Spiel der farbigen,

---

Pfosten standen auf Füssen von Erz und hatten silberne Capitäle und Halsringe. Die Teppiche waren durch Vorhänge von weisser Leinwand geschützt, welche an einer Metallstange laufend, sich seitwärts zurückziehen liessen. Ein 10 m breiter Vorhang schloss den nach Osten belegenen Eingang zu diesem Vorraum, welcher 2,5 m lang und ebenso breit und 1,5 m hoch war. Am hinteren Ende dieses Raumes wurde das eigentliche heilige Zelt, 15 m lang, 5 m breit und 5 m hoch, errichtet. Die Wände desselben wurden durah aufrechtstehende Bretter gebildet, welche durch Nuth und Feder ineinander gefügt, jedes auf zwei silbernen Füssen standen. Sie waren $^3/_4$ m breit, so dass je zwanzig die beiden Seiten des Heiligthums und sechs die Rückwand bildeten, aus Akazienholz, aber mit Gold überzogen. Um sie fest zu halten, wurden noch an den Ecken je zwei oben und unten mit einander verklammerte Eckpfosten aufgestellt. In dieselben waren 5 wagerecht laufende Riegel eingezapft, welche die Bretterwände dadurch zusammenhielten, dass sie durch goldene an den einzelnen Brettern angeschraubte Ringe durchgesteckt waren. Kostbare Teppiche bedeckten die Wände, die Decke bildeten ebenfalls mehrere bunte mit Cherubsgestalten durchwirkte Teppiche, welche durch goldene Haken und Oesen zusammengehalten waren. Zu ihrem Schutz diente eine dreifache Reihe von nach aussen übereinander hängenden Decken, eine aus Ziegenhaar, eine aus rothgefärbtem Leder, die dritte aus Taschachfellen (Luther übers. Dachsfellen). Innerhalb dieses sogenannten heiligen Raumes wurde das Allerheiligste durch 4 Säulen aus vergoldetem Akazienholz, welche durch Vorhänge mit einander verbunden waren, abgetrennt. Es war 5 m breit und eben so lang und in ihm stand die heilige Bundeslade mit ihrem vergoldeten Deckel (dem Gnadenstuhl), $1^3/_4$ m lang, $^3/_4$ m breit und eben so hoch. Im sogenannten Heiligen ausserhalb des Vorhanges standen der Opfertisch und die übrigen Opfergeräthe.

zum Theil beweglichen Teppiche, durch flatternde Schnüre und Wimpel und den Glanz des Goldes und anderer Metalle.

Denn es tritt gleich hier uns ein für die Kunst des höchsten Alterthums bezeichnendes Motiv entgegen, die Bekleidung der structiven Theile mit Metall und Edelsteinen (die Empaistik). Diese Benutzung des Baustoffes als Grund für farbige Darstellungen ist ein echtes altasiatisches Kunstprincip, welches für den Orient characteristisch ist. Es entspricht der ausgebildeten Technik des Tapezierwesens, der Stoffweberei, welche die ganze Bauweise des Ostens beeinflusst.

Auch am salomonischen Tempel wurden alle Holztheile, obgleich zu Fussböden, Wandvertäfelungen, Decken, Thüren und Schnitzwerken, wie bei der Stiftshütte, die edelsten Hölzer, Cedern, Cypressen und Oliven verwendet waren, ganz mit Gold bedeckt.

Die bunte Umhüllung des Holzes mit Metallen wurde dadurch hergestellt, dass die einzelnen Platten mit Nägeln angeschlagen wurden, oder auf eine fest umgelegte Kupferplatte im Feuer flüssige Schmelzfarben aufgesetzt wurden. Diese Emaillefarben, leichtflüssige glasige Stoffe mit starkem Kaligehalt, wurden auf die Metallfläche in der Weise befestigt, dass sie zwischen dünne, stehen gelassene Trennungswände (Stege), in eingegrabene Vertiefungen eingelassen, eine Inkrustation bildeten; oder ganz durchsichtige Schmelze überzogen die in schwachem Relief getriebenen Metallflächen mehr oder minder dick. In späteren Zeiten griff eine eigentliche Malerei mit Schmelzfarben auf präparirtem Grunde Platz.

Assyrier.

Die Beschreibung der alten Stiftshütte erinnert unwillkürlich an die Darstellungen prächtiger Zelte auf ägyptischen und assyrischen Wandgemälden[9]).

Das Bild eines assyrischen Königzeltes (Fig. 1) giebt Layard in seinen Mon. of Niniveh Ser. I Taf. 30 wieder[10]). Nach der Malweise jener Völker sind Vorder- und Seitenansicht ohne Rücksicht auf die Perspective der wagerechten Linien nebeneinander gezeichnet. Vier

---

[9]) Aehnlich Hohelied 2, 9, 10. „Der König Salomo liess ihm eine Sänfte machen von Holz aus Libanon. Derselben Säulen waren silbern, die Decken golden, der Sitz purpurn, der Boden mitten innen war lieblich gepflastert."

[10]) Semper, Stil I, 308. Layard Discoveries in the ruines of Niniveh and Babylon S. 590.

hölzerne Stützen umschliessen ein Rechteck, dessen kurze Seite wohl, wie bei der Stiftshütte, die vordere ist. Die Stützen sind an den

Fig. 1.

Kanten mit Streifen eingefasst, welche an Metallbeschläge erinnern. Dazwischen bilden zwei schräg von den Ecken aufsteigende Streifen, welche sich in der Mitte sparrenartig treffen, ein Ornament („Chevrons“), welches in richtigem tectonischen Gefühl die Richtung der Stützen betont. Die Capitäle, ebenso, wie in der Beschreibung der Stiftshütte, durch drei Wulstringe mit den Stützen verbunden, werden durch Lilien (Lotos) gebildet, über welchen an der Vorderseite zwei Steinböcke in zierlicher Stellung auf Sockeln stehen. Das Gebälk ist in anmuthiger Weise mit herabhangenden Glocken und Blumenkelchen verziert, welche das freie Schweben der Balken ausdrücken. Auf ihm ruht ein kuppelförmig gewölbtes Dach, welches einem über Rohrgeflecht ausgespannten Teppich gleicht[11]). Die Leichtigkeit und die malerische Wirkung dieses und manches anderen Holzbaus steht in bewusstem Gegensatz zu den ernsten, massigen Formen der Steindenkmale und Bildhauerwerke, in welchen wir häufig mit Unrecht das Wesen der altorientalischen Kunst zu erkennen glauben.

Selbst auf ihre Festungen setzten die Assyrer, ähnlich wie es

---

[11]) Bei der Beschreibung des flavischen Siegeseinzuges nach der Zerstörung von Jerusalem sagt Flavius Josephus: Das grösste Staunen weckten die prachtvollen Baldachine, welche gewölbt und aufs kunstreichste mit goldgewirkten Teppichen und Schmuck von Gold und Elfenbein versehen waren.

im Mittelalter geschah, durchbrochene leichte Gallerien, welche aus Holzsäulen und darüber gelegten Balken bestanden und von Zeit zu Zeit durch stärkere und höhere Pfeiler unterbrochen und durch ein ebenfalls stärkeres Rahmenwerk eingefasst wurden[12]).

Babylonier.

Nicht nur durch Gold und andere Metalle suchte man im Orient das Holz zu schützen und zu verkleiden. Ein alter geographischer Schriftsteller[13]) erzählt uns, dass in den holzarmen Gegenden Babyloniens die Bewohner ihre Säulen und Balken aus dünnen Palmenstämmen machten. „Um die Säulen legten sie zur Verstärkung aus Rohr gedrehte Stricke und überstrichen das Ganze mit einer gefärbten Masse, welche sie hernach musterten.“ Diese Masse war der Stuck, von dessen reichlicher Anwendung in Assyrien vielfache Spuren geblieben sind. Der aus Alabaster gebrannte, zuweilen mit Zuthaten versetzte Gips wurde, wie noch heute, mit Sand und Leimwasser angerührt, als dickflüssiger Teig auf den zu überziehenden Baustoff gebracht, wo er erhärtete und nach Bedarf geschliffen und polirt wurde. Man kann mit Hülfe des Messers und der Metallschablone der noch weichen Masse beliebige Verzierungen und Profile geben, oder auch durch bunte Steinchen oder Thonkeile, welche man, wie auf der erwähnten Mauer von Warka in den Teig eindrückte, mosaikartige Muster bilden.

Freilich entfernte sich durch solches Verfahren die Kunst allmälig von dem Wesen der reinen Construction, der Holzarchitektur, indem sie hinübertrat in das Gebiet der Gewebetechnik.

Perser.

Dagegen erscheint in dem Land der alten Perser und Meder ein Volk, welches seit den ältesten Zeiten bis heute den reinen Holzbau mit besonderer Vorliebe pflegt. Von je an erfreute sich Persien seines Reichthums an Wäldern. Die Parkanlagen der Perserkönige waren im Alterthum hoch berühmt. Haben wir doch die Rose, den Maulbeerbaum, die Aprikose, Pfirsiche und andere edele Holzarten jener Landschaft zu verdanken, deren üppige Wälder und duftende Gärten die Dichter aller Zeiten durch überschwängliche

---

[12]) Layard, discoveries in the ruines of Nin. and Bab. S. 647.

[13]) Strabo 16, 1; vergl. Diodor 2, 8.

Schilderungen verherrlicht haben. Frühzeitig mussten die hohen geraden Stämme zu einer besondern Beachtung des Holzes als Baustoff führen. In der That legten die Perser auf edle Hölzer einen so hohen Werth, dass sie sich von fernen Völkerschaften dieselben als Tribut entrichten liessen. Die Nachbildungen einer Platane und eines Weinstocks in Gold und Juwelen gehörten zu dem alten Erbschatz des persischen Königshauses. Bekannt ist auch die Verehrung, welche Xerxes auf seinem Zuge gegen Hellas einem Baume zu Theil werden liess[14]).

Ueberall tritt uns in den medisch-persischen Bauwerken Holz als ein wichtiger Baustoff entgegen. In der Königsburg zu Ekbatana

Fig. 2.

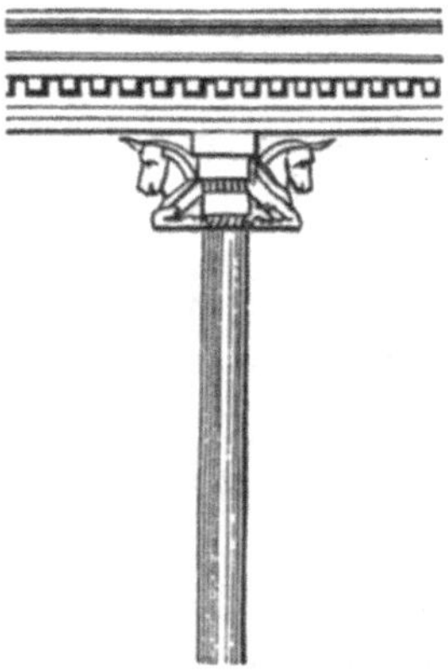

waren Säulen, Balken und Getäfel aus Cedern- und Cypressenholz mit reicher Vergoldung[15]). Anffallend sind die Funde, welche neuere Reisende in Persien machten[16]). Als sie die Landschaft des alten Persis durchforschten, fanden sie an fast unzugänglicher, nur von oben her zu betretender Stelle die Gräber des alten achämenidischen Königsgeschlechtes. Es sind dort in den Felsen Fassaden eingemeisselt, welche directe Nachahmungen einer Holzarchitektur zu sein scheinen (Fig. 2). Schlanke, runden Baumstämmen ähnliche Säulen tragen einen dreifach getheilten Architrav (Oberschwelle) und einen

[14]) Herodot VII, 31.

[15]) Polyb. 10, 27.

[16]) Coste et Flandin. Voyage en Perse pendant les années 1840, 41 Bd. III Perse ancienne. Danach Gailhabaud mon. anc. et mod. Bd. I; vergl. Semper, Stil I S. 384.

Zahnschnittfries. Der Uebergang zwischen Stütze und Gebälk wird durch drei übereinandergekragte Balkenstücke vermittelt, deren Form sofort an die Sattelhölzer erinnert, durch welche in den heutigen Zimmerconstructionen die Last des Balkens allmälig auf die Stütze übertragen wird.

Sattelholz.

Bei der Anlage steinerner Stützen nämlich wird die zu tragende Last direct auf das Capitäl gelegt, welches die Vermittelung des Druckes auf die Stütze übernimmt. Nicht so bei der schlankeren Holzstütze. So wie das Auge eine Vermittelung zwischen ihr und dem getragenen Balken sucht, ist auch in Folge der höheren Lage des Schwerpunktes eine Absteifung des Pfostens und Uebertragung der Last eine statische Nothwendigkeit. Sie wird durch schräg gestellte Kopfbänder, oder wagerechte, sogenannte Sattelhölzer erreicht. An den Seiten dieser deutlich als Sattelhölzer erkennbaren Glieder bilden auf den Fassaden der Königsgräber die einander den Rücken zukehrenden Vorderleiber von Einhörnern und andern Thieren den figürlichen Schmuck der seltsamen Capitäle.

In der Mitte der ganzen Fassade vollendet eine blinde Thür mit geradem Sturz und an ägyptische Vorbilder erinnerndem Deckgesims den Eindruck des Holzbaus.

Es ist nicht ohne Interesse, mit diesen in Stein gegrabenen Andeutungen einer alten Holzarchitektur die heutigen Bauten Persiens zu vergleichen. Noch jetzt lassen die Bauernhäuser im Wesentlichen die ausgedehnte Construction der von Stützen getragenen Zelthütte in überraschender Weise erkennen[17]).

Inder.

Verfolgen wir die Spuren alter Holzbauten weiter nach Osten, so tritt uns in den Indern ein Volk entgegen, von dessen hoch entwickelter Holzbaukunst die Begleiter Alexanders des Grossen erfüllt waren. Sie ging bei den Hindus entschieden dem Steinbau voran; dies beweist der um 200 v. Chr. noch ganz im Geiste eines vollständig durchgebildeten Holzbaus ausgeführte Steintempel zu Deo in Behar. In alten Sagen nimmt der Zimmermann neben dem Architekten die wichtigste Stelle ein[18]).

---

[17]) Fergusson, Handbock of Arch. I, 74; danach Weiss, Kostümkunde S. 289.
[18]) Semper, Stil I, 259, welcher Daniell II tab. 6 u. 16 anführt.

Auch die Grottenbauten Indiens verrathen eine frühzeitig gepflegte Holzarchitektur. Auf dem Festlande und den nahegelegenen Inseln wurden nämlich mächtige Säulentempel mit ausgebildeten Fassaden (Fig. 3), Vorhöfen, Sälen und Gängen tief in den Granitfelsen hinein-

Fig. 3.

gehauen, so dass einzelne Pfeiler als Stützen des darüberlastenden Berges stehen gelassen wurden[19]). Mag auch neuere Forschung die Entstehung dieser Anlagen in eine nicht so frühe Zeit gesetzt haben (aus der Zeit um 200 v. Chr. stammen die Grotten des nordöstl. Küstenlandes Orissa), so weisen sie doch auf eine directe Weiterbildung ältester Formen. Steinstützen, welche in einigen dieser Grotten das Gebälk tragen, haben das unverkennbare Gepräge des Holzständers. Auch bei ihnen sind die erwähnten Sattelhölzer nachgebildet (Fig. 4), welche den auflagernden Balken in einer grösseren Ausdehnung stützen, als das Capitäl reicht. Häufig wird durch den oberen Theil des Ständers

Fig. 4.

[19]) Kugler, Gesch. d. Bauk. I, 463, 466. Fergusson, Illustrations of the Rock Cut Temples of India T. I, IV, V, VII.

trachtung der Bauten uralter Zeit einfügen, denn sie vervollständigen uns das Bild des Ueberganges vom Zelt zum Holzhause da, wo uns die Kenntniss des Alterthums fehlt.

Aegypter.

Nicht ganz fehlt diese Kenntniss. Gerade aus frühster Zeit sind uns Nachahmungen von dem geschilderten Lattenwerk überliefert worden durch ein Land, welches in seinen Kunstbestrebungen oft sonderbare Parallelen mit denen Chinas aufweist. Das Land ist Aegypten. An dieser Stelle darf nur angeführt werden, was für die Entwickelung des Holzbaus characteristisch ist. Sarkophage und Gräberfassaden geben genug Andeutungen darüber[23]). Beide ahmen mit Absicht das Wohnhaus nach; denn nach der Anschauungsweise der alten Aegypter diente die Grabstätte zum wirklichen, lange dauernden Aufenthalt des Verstorbenen.

Eines der ältesten Beispiele war der Sarkophag, welcher, aus bräunlichem Basalt gearbeitet, einst in der Pyramide stand, welche für den König Menkara, den Mykerinos des Herodot, 2500 Jahre vor Christus erbaut wurde. Er ging bei der beabsichtigten Ueberführung nach England an der spanischen Küste unter, doch ist der Typus an späteren Särgen ähnlich. So in einem Sarkophag im Leydener Museum. Er hat die Form eines viereckigen Kastens und ist an den vier Seitenflächen durch Malerei verziert. Die Flächen sind an den Kanten und dem oberen Rande durch einen mit Zickzackornamenten verzierten Rundstab eingerahmt, und oberhalb durch die Aegypten eigene Form der Traufrinne bekrönt. Innerhalb dieses Rahmens ist die Fläche der langen Seite so eingetheilt, dass vier vorspringende Risalite dargestellt sind, zwischen welchen drei Zwischenfelder zurücktreten. Die Risalite sind durch je vier Stützen gegliedert, zwischen welchen zum Theil wagerechte, zum Theil lothrechte Streifen ein deutliches Lattenwerk darstellen, dessen oberen Abschluss zwei wagerechte über einanderlaufende Hauptbalken bilden. Die Zwischenfelder sind durch einen zweifachen wagerechten Balken jedesmal in zwei Geschosse getheilt, von welchen das untere eine durch zwei Pfosten in drei Oeffnungen getheilte Thür darstellt, während auf dem oberen eine aus dünnen Säulen gebildete Gallerie vier wagerechte Balken trägt, welche bis zur Unterkante der er-

---

[23]) Erbkam, Ueber Gräber und Tempelbau der alten Aegypter.

wähnten Hauptbalken reichen. Das Ganze giebt das genaue Bild eines kunstvoll verschränkten Gitterwerkes, wie es der Fertiger des Sarkophages dem geschickten Zimmermeister abgesehen hatte.

Wie bei den Sarkophagen sind bisweilen an den Fassaden der Grabmonumente blinde Thüren oder über dem wirklichen Eingang Gitterfenster in Relief dargestellt, welche von einem bunten Leisten- und Lattenwerk umgeben sind (Fig. 5). Ebenso haben die sehr

Fig. 5.

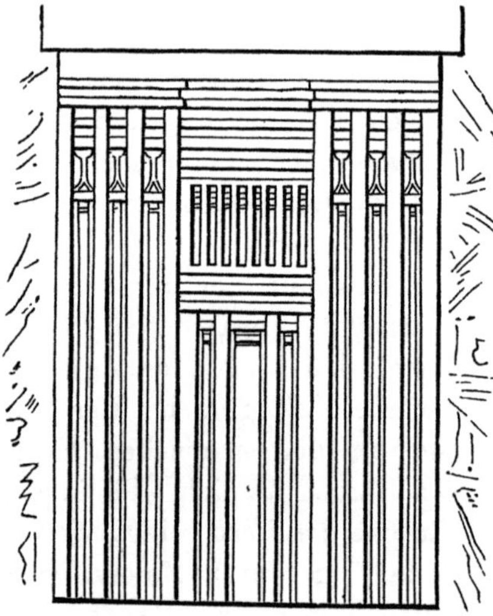

schmalen Grabeingänge als oberen Abschluss einen dem hölzernen Thürsturz nachgebildeten Rundbalken in Stein oder glasirter Fayence, wie auch der Gang selbst, welcher in das Innere einiger Pyramiden führt, oberhalb scheinbar durch nebeneinander gelegte runde Baumstämme abgeschlossen ist. Wirklich werden noch bei den Fellahs des heutigen Aegyptens die Balkenlagen aus unterhalb sichtbaren runden Palmstämmen hergestellt[24]).

Direkte Holznachahmung sind die vortretenden Balkenköpfe der berühmten Felsengrotte von Beni-Hassan.

Den vollständig ausgebildeten Holzbau beim Wohnhause, zeigen uns die Wandgemälde schon aus sehr frühen Epochen[25]). Nament-

---

[24]) Weiss, Kostümkunde S. 64.

[25]) Die Literatur darüber bei Weiss, Kostümkunde S. 66 u. 67 angeführt.

lich die Säule fand bei ihm reichlich Verwendung und zwar in viel schlankerer Form als beim Steinbau. Durch mehrere Stockwerke gehend wurde sie im Treppenhaus angeordnet, als leichte Gallerie, ähnlich den assyrischen, bildete sie die loggienartige Wand des Obergeschosses. Ebenfalls von schlanken hohen Verhältnissen sind Thüren und Fenster. Bunte Vorhänge an den Wänden und Oeffnungen, sowie flatternde Wimpel an aufgerichteten Mastbäumen geben dem Ganzen ein Bild ungemeiner Heiterkeit und Lebensfreude, das wenig zu den früher gewohnten Schilderungen aegyptischer Melancholie passt. Bewimpelte Masten wurden sogar vor die Pylonen der Tempel gesetzt. Zu dieser leichten Holzarchitektur treten reizende provisorische Bauten, Gartenlauben und Sommerpavillons, Anlagen für Siegesfeste oder für die Zeit der Nilüberschwemmung, Schiffe, welche mit prächtig ausgestatteten Kajüten versehen sind, offene und geschlossene Sänften, kurz eine Menge luftiger mit Schnitzerei und Malerei ausgezierter Zimmerconstructionen, welche in mehr, als in einer Beziehung an das heutige China erinnern[26]).

Zweites Capitel.

Der Riegelbau.

Die Riegelwand.

Die Verschränkung und Verbindung der Hölzer unter einander ist ein gewaltiger Fortschritt gegen das blosse Aufstellen fester Stützen, zwischen welchen die ausgespannten Decken nur durch Festbinden befestigt wurden. Denn diese Kenntniss führte zu dem Verfahren, statt des bisherigen nur lothrecht wirksamen Structursystems, dessen höchste Vollendung sich im Bau der Stiftshütte gezeigt hatte, ein festes Gefüge von wagerechten und lothrechten Balken, ein förmliches Rahmenwerk eintreten zu lassen. Hiermit war die Construction einer festen Wand, der Riegelwand (Fachwerk-

---

[26]) Prisse d'Avennes, Hist. de l'art. Eg. Bd. I, Pl. 40. Lepsius, Denkmäler Abth. II, Bd. VI.

wand) erreicht. Sie besteht darin, dass durch eine wagerechte auf dem Erdboden oder einem ausgleichenden Fundament aufgelegte Schwelle (Sohle, Platte) durch aufrechte Pfosten (Ständer, Stiele, Säulen) und wagerecht darübergelegte Rähme (Pfetten, Rahmstücke) ein festes Gespärre gebildet wird. Die Ausfüllung dieses gezimmerten Rahmens durch Geflechte, Holz, Stein oder andere Baustoffe tritt hierbei in den Hintergrund. Bis in die Neuzeit hat diese einfache Construction ihre Geltung behalten, wobei gewöhnlich diese durch vier Haupthölzer gebildete Wand durch lothrechte Zwischenpfosten, wagerecht zwischengesetzte Riegel und schräglaufende Streben (Bügen, Bänder) in kleinere Unterabtheilungen (Fache, Felder) getheilt wird, welche dann durch ein schwächeres Material ausgefüllt werden.

Das Bedeutsame dieser Anordnung besteht darin, dass nunmehr die letzte Stufe der Vollendung, die vollständige Trennung der Wand von dem überdeckenden Dache erreicht ist. Zuerst das pyramidale Zelt, worin Wand und Decke eines; dann das Zelt mit lothrechten Wänden, mit einfach darüber gespannter Decke als Dach; zuletzt die Wand und das Dach als selbstständige Bauglieder, deren gegenseitiges Verhalten erst den Character der Bauweise bestimmt. Die Unabhängigkeit des Daches von der den Raum umschliessenden Wand lässt die Möglichkeit zu, die Wohnung in einzelne verschiedenen Zwecken dienende Räume zu theilen, Zwischenwände anzuordnen, und das Ganze zu einem architektonischen Ganzen zu gestalten[1]).

Das Dach.

Einige Bemerkungen über das Dach mögen hier Platz finden.

Das eigentlichste Erzeugniss der Zimmerkunst ist das Giebeldach. Das Dreieck des Giebels ist der einfachste Zimmerverband, das einzig unverschieblich feste System mit einander verbundener Balken, auf welches jegliche Verbindung mehrerer Knotenpunkte

---

[1]) Ich darf hier eine andere Methode des Holzbaus nicht mit Stillschweigen übergehen, die Blockwand, welche durch wagerecht übereinandergeschichtete Balken gebildet wird; aber die Entwickelung dieser Bauart muss einer andern Stelle vorbehalten bleiben. Allerdings erscheint auf den ersten Blick der Blockbau fast einfacher als die Riegelwand, allein bei genauerer Betrachtung wird man erkennen, dass gewisse technische Fertigkeiten, welche zu ihrer Zusammensetzung nöthig sind, dagegen sprechen. Es ist jedenfalls sicher, dass die Riegelwand überall bei der bisher besprochenen Entwickelung des Holzbaus sowohl den primitiven Bauten Asiens und Afrikas, wie denen des Alterthums zu Grunde liegt.

zurückzuführen ist. Auf ihm fusst die ganze Theorie der Zimmerei[2]), Auch erfüllt das Giebeldach mit seinem querherübergelegten Binderbalken und den beiden schräg gegen einander strebenden Sparren in einfachster Weise die Bestimmung, Regen und Schnee herabgleiten zu lassen, und nach aussen keine Winkel zu zeigen. Für unsere Anschauung ist daher das Giebeldach etwas so Selbstverständliches, Bestehendes, dass es uns befremdlich erscheint, wenn wir hören, dass der Giebel im Alterthum hieratisches Wahrzeichen und Vorrecht des Tempels gewesen sei.

Nicht nur die Hellenen hatten das Giebeldreieck ihren Göttern vorbehalten, auch assyrische Tempel und der Tempel Salomons waren durch den Giebel bekrönt. Noch in der Spätzeit der römischen Republik bedurfte es eines Senatsbeschlusses, um dem Caesar für sein Haus die Ehre des Giebeldachs zuzuertheilen[3]). Die Hellenen reden sogar von einer Erfindung des heiligen Aetosdaches, welche sie den Korinthern zuschreiben[4]).

Wenn wir also erkennen, dass der Giebel als ein selbstständiger und bewusster Ausdruck der Architektur zu bezeichnen ist, welchen ganze Völkerfamilien, wie die Aegypter, nicht anwendeten, wenn wir andererseits sahen, dass er sich an den Küsten Asiens unabhängig von westlichem Einfluss als Bauglied entwickelt hat, so liegt die Vermuthung nahe, dass er ein Erzeugniss gleichartiger Richtungen und Beobachtungen gewesen ist. Dass der steinerne Giebel nicht aus sich selbst entstanden, sondern erst eine Nachahmung des Holzbaus ist, muss man bestätigen, auch wenn man sonst geneigt ist, den vorbildlichen Einfluss des Holzbaus bei dem antiken Tempel zu läugnen. Denn nur das lange Bauholz fordert zu einem künstlichen Knotensystem (vgl. später mittelalterl. Bauk.) auf — der als Masse daliegende Stein niemals. Es ist nun eine bemerkenswerthe Erscheinung, dass, wie überhaupt die Holzbaukunst gerade von seefahrenden Nationen ausgebildet ist, so auch bei diesen manche gegenseitige Aehnlichkeit sich geltend macht. Noch heute haben die Küstenbewohner in räumlich weit von einander entfernten Gegenden oft auffallend übereinstimmende Geschmacksrichtung, gleich als wenn in ihren Behausungen die Erinnerung an das Schiff geblieben wäre: Vorliebe für leicht gerundete Formen, bunten Schmuck, Vorhänge

---

[2]) Semper, Der Stil II, S. 214.

[3]) Plut, Caes. 43.

[4]) Pindar, Ol. 13, 21.

und bewegliche Constructionen — alles Dinge, welche besonders die Ausbildung der Holzarchitektur gegenüber den starren Massen des Steines befördern.

Gerade bei den Schiffahrt treibenden Völkern scheint sich nun auch der Giebel früh und vollkommen entwickelt zu haben. Die Uebung im Schiffbau, welche von vorne herein Kunstfertigkeit in der Zusammenfügung der Holztheile bedingt, hat jedenfalls Sinn und Geschicklichkeit auch für die Gebäudeconstructionen auf dem Lande vorbereitet. Ueberall werden wir die seefahrenden Nationen auch als geschickte Zimmerleute wiedererkennen, im ausgedehntesten Sinne die später auftretenden Normannen. Vielleicht ist sogar geradezu das Giebeldach mit seinen verstrebenden Hölzern dem Vorbilde der Schiffsform entnommen. Auch möchte ich als bemerkenswerth anführen, dass die Vorliebe für ein schiffschnabelartiges Profil, welches erst bauchig eingezogen, dann darüber nach aussen gekrümmt ist, und welches als Akroterionmotiv bezeichnet werden kann, an weit von einander entfernten Punkten und zu verschiedenen Zeiten als Giebelschmuck wiederkehrt. Bei den Malayen, wie bei den Normannen erscheint es, am schönsten aber bei den Rinnleisten des hellenischen Tempels, sowie bei der Silhouette des einfachen Akroterions auf dem Dach[5]). Dass diese Formen dann einen Schmuck durch Pflanzenornamente erhalten, widerspricht diesem Grundgedanken nicht, denn bei der hellenischen Tektonik ist eine Vermischung verschiedenartiger Analogien durchaus nicht ungewöhnlich.

Uebergang vom Nomadenthum zu festen Wohnsitzen.

Ich gehe zur Beschreibung einiger primitiver Riegelbauten über. Ein deutliches Bild des Uebergangs vom Nomadenthum zur Sesshaftigkeit bieten die Ansiedlungen vieler Völkerschaften auf den Sundainseln. (Die folgenden Beispiele sind vielfach der von Kessel-schen Modell-Sammlung im Berliner Museum, und dem interessanten „Führer“ durch die ethnologische Abtheilung des Berliner Museums von A. Bastian entnommen.) Die Dajaks in Borneo, vorzugsweise Reisbauer, verlegen in Folge ihrer Bodencultur alle Jahre ihre Wohnsitze, jedoch nur auf eine geringe Entfernung, und kehren nach

[5]) Ich erinnere daran, dass ἀκρωτήριον Schiffschnabel heisst, vergl. auch Bötticher, Tektonik S. 252 [4] über simae. Auf den Einfluss des Schiffbaus weisen ferner Ausdrücke, wie ναῦς für Tempel, Schiff für Kirchenschiff. Vergl. das Schiff des Odysseus in Millin, Gallerie myth. Pl. 157.

sieben Jahren, wenn sich der ausgenutzte Boden erholt hat, wieder auf ihren alten Fleck zurück. So sind sie also keine Nomaden im eigentlichen Sinne mehr, denn sie haben schon ein Heimathsgefühl, welches den Umkreis ihrer Wanderungen einschränkt. Aehnlich mag sich wohl im Alterthum langsam und allmälig die Liebe zu festen dauernden Wohnsitzen ausgebildet haben. Nur allmälig, denn viele Beduinenstämme, welche das Wandern aufgegeben haben, behalten noch jetzt das Zelt als Wohnung bei. Im unteren Nilthal sah ein neuerer Reisender selbst in Dörfern, welche zum grössten Theil aus leichten Hütten von Durrahstroh und Holzstäben bestanden, einige Zelte untermischt[6]). Das gemeinsame Wandern eines Stammes wird dadurch bedingt, dass die ganze Ansiedlung sich noch als eine Familie betrachtet. Solche Anschauung findet ihren architektonischen Ausdruck ebenfalls in dem erwähnten Dorf der Dajaks. Es besteht aus einem einzigen Gebäude, welches durch Zwischenwände in 20—30 Zellen für je 1—2 Familien getheilt ist. Vor den Zellen läuft ein Allen gemeinsamer Hausgang entlang.

Dieselbe Anordnung wiederholt sich bei den Paja-Indianern in Honduras (in Central-Amerika), sowie bei den Irokesen, den Chunchos der südamerikanischen Andes[7]) und den Küstenbewohnern Neu-Guineas[8]). Bei ihnen ist also der erste, wenn auch noch primitive Unterschied zwischen den inneren Trennungswänden und den äussern das Dach tragenden Umfassungswänden gemacht.

Zur Herstellung der Umfassungswand werden beim Riegelbau zunächst die einzelnen Hölzer, welche den Rahmen bilden, mit einander verbunden, am einfachsten durch Stricke, wie sie noch heute von ungebildeteren Volksstämmen auf den Sundainseln mit spanischem Rohr verknüpft werden. Mit fortgeschrittener Erfahrung verband man die wagerechten Hölzer an ihren Enden durch Ueberblattung, die lothrechten Pfosten und die schrägen Streben mit den Schwellen und Pfetten durch Verzapfung, d. h. es wurden aus beiden zu verbindenden Hölzern Stücke so herausgeschnitten, dass jede ausgeschnittene Lücke des einen Theils in das stehengelassene Stück des andern eingepasst wurde.

Die Ausfüllung der Wandfelder geschieht am leichtesten durch Flechtwerk, besonders aus dem Stroh der Feldfrüchte. So wird von

---

6) Rohlfs, Drei Monate in der libyschen Wüste S. 18.

7) Bastian, Führer S. 65.

8) Virchow, Zwei Vorträge über Pfahlbauten.

den Loango-Negern das Reisstroh mit verschiedenfarbigen Halmen oft zu sehr geschmackvollen Mustern verflochten. Solideres Geflecht aus Bambusrohr haben die Häuser vornehmer Javanen (Fig. 6). Recht be-

Fig. 6.

zeichnend für die geringe Wirksamkeit der Zwischenwände eines solchen Hauses ist, dass sie nur lose an die Pfosten gebunden, bei Festlichkeiten ganz herausgenommen werden. Ein Schritt weiter führt zu dem Gitterwerk, wie wir es bei den chinesischen Bauten kennen gelernt hatten. Die Wände schliesslich, bei welchen die Ausfüllung der Felder durch wagerecht oder lothrecht neben einander gestellte Bretter geschlossen werden, heissen Ständerwände. (In dieser Bauart sind die reizvollen Bauten des Schwarzwaldes, sowie des Aargau und anderer Schweizer Cantone hergestellt).

Indianer.

Als einfaches, aber lehrreiches Beispiel dieser Art möge ein Haus der Haydahs (Fig. 7), eines indianischen Stammes dienen[9]). Lothrechte Bretter sind kunstlos neben einander in die Schwelle und die Pfette des Rahmens eingezapft. Ebenso wird das Giebeldach nur durch schrägansteigende, dicht neben einander gelegte Bretter gebildet, so

[9]) Modell im Berliner Ethnologischen Museum, Abth. Südamerika.

dass das Ganze sich nicht viel über die Form des Kastens erhebt. Allein sämmtliche Füllungsbretter, wild und nach unseren Begriffen

Fig. 7.

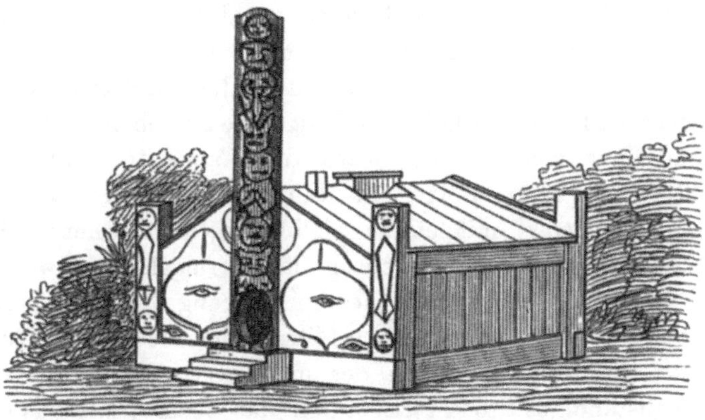

geschmacklos, aber mit grosser Mühe und Sorgfalt mit Fratzen, Augen und mathematischen Tättowirungsmustern in bunten Farben bemalt, lassen das Bestreben erkennen, einen vielleicht abschreckenden, doch immer die Blicke auf sich ziehenden Anblick zu gewähren. Mit Absicht sind die Pfosten und Balken an den Seitenflächen schmucklos gelassen. In der Mitte einer Giebelseite dicht vor der Eingangspforte, so dass diese aus ihm herausgeschnitten ist, steht ein über und über verzierter mächtiger Pfeiler, welcher die Wand, an die er sich anlehnt, um mehr als das doppelte überragt. Grauenhafte phantastische Figuren, halb Menschen, halb Krokodillen ähnlich in Relief geschnitzt und mit lebhaften Farben angemalt, klettern an ihm hinauf und hinunter, theils mit den Köpfen zuunterst, theils aufrecht stehend, manche mit breiten zähnefletschenden Rachen, Köpfe und Schwänze anderer Thierbildungen verschlingend. Ein seltsam grotesker Anblick! Und doch ist hier in bewusster Weise das Emporstreben des Pfeilers ausgedrückt.

Malayen.

Einen äusserst malerischen Eindruck gewährt ein Haus, wie es mit vieler Kunstfertigkeit für einen Malayenfürsten auf Borneo (in Menang-Kabau) errichtet wird[10]). Es baut sich in drei Geschossen auf, deren unterstes nur ein Pfahlwerk ist, zwischen welchem ge-

[10]) Modell im Berl. Ethnolog. Museum, Abth. Asien, Glastisch 53.

flochtene Bambuszäune einen Raum zur Unterbringung von Pferden und Büffeln umhegen. Die Pfähle gehen bis zum Hauptgeschoss durch, dessen Aussenwände durch lothrecht neben einander gestellte Bretter hergestellt sind. Jedes der Bretter hat für sich ein aufgemaltes Ornament, welches aus Ranken- und Zickzackverzierungen bestehend, die Richtung der Bretter nach der Verticale betont. Wenige, kleine Halbkreisfenster sind aus den Brettern herausgeschnitten, während eine verhältnissmässige grosse, oben im Halbkreis geschlossene Thür sich in der Mitte der Langseite befindet. Zu beiden Seiten der Thür steigt ein Rautenornament in die Höhe, welches oben jedesmal mit einem vielblättrigem Blüthenkelch abschliesst. Ueber dem Hauptgeschoss läuft ringsherum weit vorspringend, ein steiles Giebeldach, dessen Deckung aus dem Bast der Saccopalme hergestellt ist. In der Mitte erhebt sich ein Aufsatz, welcher etwas hinter die Wände des unteren Stockwerkes tretend, ein neues vollständiges Stockwerk bildet, das ebenso, wie das untere hergestellt, durch kreisförmige Fenster erleuchtet ist. Ein zweites Giebeldach deckt diesen Aufsatz, über welchen sich bei den vornehmsten Fürsten noch ein zweiter Aufsatz erhebt.

Eigenthümlich ist die Form der Dächer. Der First bildet nämlich keine gerade Linie, sondern steigt nach den Ecken zu in einer sanft geschwungenen Linie etwas höher, während der äusserste Sparren wiederum vom First aus in einer ebenfalls gekrümmten Linie, von oben nach unten erst heraustretend, dann eingezogen die Traufkante erreicht. In diesem Profil, welches vom rein constructiven Standpunkte aus keine Berechtigung hat, tritt uns deutlich die Verzierung entgegen, welche ich als characteristisch für seefahrende Völker mit dem Namen der Schiffschnabel- oder Akroterionverzierung bezeichnet habe. Sie vermehrt den malerischen Eindruck und ist ganz im Geiste der bunten heiteren Architektur gehalten, indem sie kühn an den Ecken des Bauwerks die Luft durchschneidet, wie das Schiff die Meereswogen. Noch bewegter wird der Eindruck, wenn mehrere Aufsätze übereinander, jeder höhere hinter dem unteren zurücktretend, herausragen. Uebertrieben, kann dies Akroterienprofil dann freilich barock werden, wie denn überhaupt die Holzschnitzkunst leicht zu geschnörkelten, geschweiften Formen verführen kann.

Als Beispiel führe ich ein Wohnhaus an (Fig. 8), wie es die Priester in Vorderindien (Rangun) bewohnen[11]). Dasselbe, aus Teakholz

[11]) Modell im Berl. Ethnolog. Museum, Ind. Abth.

gezimmert, steigt in drei Absätzen in die Höhe, welche sich pagodenartig verjüngen, und hat schmucklose, durch wenige kleine Fenster

Fig. 8.

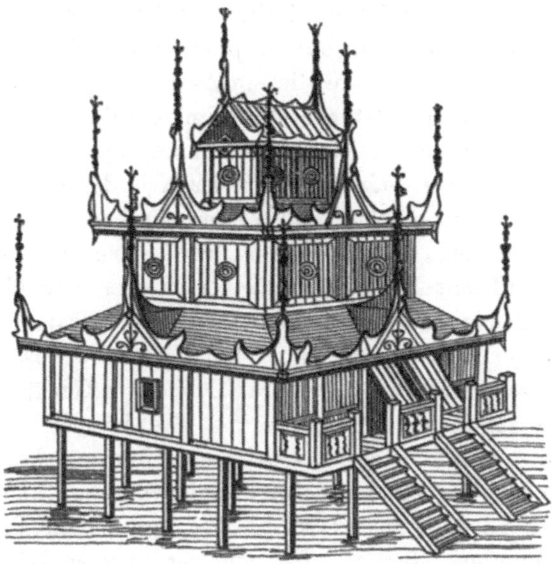

unterbrochene Ständerwände. Rings um jede der Traufkanten geht ein starkes Laufbrett, welches mit reicher Schnitzerei verziert ist. Seine obere Profillinie ist an den Ecken, sowie in den Mitten in die Höhe geführt, und jedesmal durch das Akroterion begrenzt, zwischen welchen auf der Fläche allerlei Wellenlinien eingestemmt sind. Das Schnitzwerk verräth einen hohen Grad von Kunstfertigkeit und würde einem Spiegelrahmen zur Zierde gereichen. An dieser Stelle jedoch machen die leichten Formen der Möbeltischlerei, auf das gezimmerte Haus übertragen, einen spielenden, würdelosen Eindruck.

Pfahlbauten.

Eine Eigenthümlichkeit der eben besprochenen Bauten darf hier erwähnt werden, welche zu interessantem Vergleich zwischen Völkern des heutigen Asiens und denen früherer Zeit auffordert, ja in gewissem Sinne bezeichnend für den Zustand neuer Ansiedelungen auf unsicherm Boden ist. Diese Bauwerke sind nämlich alle Pfahlbauten. Zur Errichtung der Häuser werden erst Pfähle in den

Boden gerammt und in einer oft bedeutenden Entfernung über dem Terrain die Balken gelegt, welche den Fussboden tragen. Am einfachsten werden, wie im Innern Borneos ein oder mehrere nebeneinanderstehende hohe Bäume dazu benutzt, indem die oberen Zweige abgehauen und leichte Hütten mit spanischem Rohr darauf festgebunden werden. (Fig. 6.) Leitern und fortzunehmende Treppen führen hinauf. Grössere Häuser setzte man auf eigens zu diesem Zweck eingerammte Pfähle. Man hatte dadurch den Vortheil, die Umgegend zu beherrschen, und aus diesem Grunde ist ein Versammlungshaus auf derselben Insel auf zwölf im Kreise aufgestellten Stützen in die stattliche Höhe von 9 m gerückt. Für gewöhnliche Zeiten sind dort Posten aufgestellt, in Kriegszeiten eine Besatzung von Kriegern, welche den andringenden Feind mit Pfeilen und Speerschüssen von oben herab empfangen. Auch die erwähnten Zellendörfer der Dajaks und der Eingeborenen von Neu-Guinea sind Pfahlbauten. Jenes steht auf dem Lande, diese, welche der Admiral Dumont d'Urville besuchte, auf dem Meere im Hafen von Dorei[12]). Die Häuser waren nach seinem Bericht ganz aus grob bearbeitetem Holz errichtet, und so leicht, dass sie oft unter dem Schritte schwankten. Eine hölzerne Brücke verband sie mit dem Festlande, auf welchem Pfahlhäuser eines anderen Stammes standen. Ein anderer neuerer Reisender beschreibt ganz ähnlich die Stadt Redutah-Kaleh am Chopi, sowie die Hauptstadt der donischen Kosaken, Nowo-Tscherkask.

Auch in Europa sind Pfahlbauten gefunden worden, aus den Zeiten einer kaum entwickelten Cultur, noch ehe die Kenntniss der Metallbearbeitung eingedrungen war[13]). Zunächst wurde im Züricher See, als nach der Dürre und Kälte des Winters 1854 das Wasser zurücktrat, zufällig die Entdeckung eines Pfahldorfes gemacht. Seitdem fand man viele Pfahlbauten in der Schweiz (etwa 200 Dörfer im Moosseedörfchen b. Bern, im Genfer, Bieler und Neuenburger See), in Ober-Italien (im Gardasee), Frankreich (Savoyen) England (Newcastle und unweit Thelford), Irland (die sogenannten Crannogs), Deutschland (in Mecklenburg, im Starenberg- und Chiemsee, im Plönsee in Pommern), Skandinavien und Ungarn, und ihre Erforschung bildet bereits eine eigene Wissenschaft. Die Pfähle der Schweizerbauten waren zum Theil unregelmässig in gewissen Entfernungen einge-

---

[12]) Virchow, Ueber Hünengräber und Pfahlbauten, zwei Vorträge 1866.

[13]) Lubbock, Vorgeschichtl. Zeit, übers. von Passow, Jena 1874. Pallmann, Die Pfahlbauten und ihre Bewohner, Greifswald 1866.

rammt, theils, wie in der Ostschweiz, in abgemessenen Doppelreihen[14]). Sie waren rund aus dem Holz der Eiche, Buche, Pappel, Weisstanne, Föhre oder Birke geschnitten. Von einem Balkenrost ist nichts sicheres entdeckt, wohl aber einzelne auf der Oberseite angebrannte wagerecht liegende Rundhölzer bis zu einer Länge von 6—9 m, ebenso in wagerechter Lage an einzelnen Stellen Schichten von Tannästen bis zu einer Mächtigkeit von 13 cm, welche ihre Zähigkeit bis auf den heutigen Tag bewahrt haben. In Mörigen fand man ein 2,25 m langes, 15 cm starkes Holz mit einem deutlichen Zapfenloch, sowie ein Stück fest verflochtener Wand oder Bodenbekleidung von Birken- oder Erlenästen. Die Hölzer wurden mit primitiven Werkzeugen geschlagen, fortgeschafft und eingerammt. Oft war jahrelange Arbeit dazu nöthig. Funde in diesen früheren Culturstätten von Flachsgeweben, unvollendeten Werkzeugen aller Art und vielen Gewichtsteinen der Webestühle, sowie zahlreiche Feuerstätten und Anhäufungen von Getreide, Reis und Mahlsteinen beweisen die langdauernde Bewahrung der alten Pfahlbauten.

In der That scheint die Pfahlbautenperiode für das Stadium einer sich entwickelnden Cultur bezeichnend zu sein. Ueberraschend stimmen damit Nachrichten überein, welche uns aus dem frühesten Alterthum überliefert sind. Die ältesten Pfahlbauer, von welchen wir wissen, sind die Einwohner des Puntlandes (in der Nähe von Gardafui). Dorthin hatte eine im 10. Jahrhundert vor Christus lebende ägyptische Königin, Hatasu, eine Flotten-Expedition entsendet, um aus jenem Wunderlande Weihrauchbäume zu holen. An dem von ihr hergestellten Bau zu Dehr el Bari (im Gebiet von Theben) findet sich in Wand-Darstellungen ein Bericht dieses „ältesten Acclimatisationsversuches“, eine Art illustrirter Reisebeschreibung in colossalem Maassstabe. Dort sind die Anwohner des Weihrauchstufenberges in Pfahlbauten dargestellt (Fig. 9), kleinen kuppelförmig gestalteten Hütten, zu deren Eingang eine Leiter den Weg bahnt[15]). Von den Paioniern ferner erzählt der Vater der Geschichtsschreibung[16]): „Einer ihrer Stämme bewohnte inmitten des Sees Prasias eine Pfahlstadt, welche nur durch eine Brücke mit dem Ufer in Verbindung

---

[14]) Bericht von Ed. Jenner in Fellenberg, Ueber die Pfahlbauten des Bielersees 1873—74.

[15]) Dümichen, Die Flotte einer ägyptischen Königin. Taf. XV; vgl. Brugsch, Gesch. Aegyptens 1877, S. 282.

[16]) Herodot 5, 16.

stand. Die Stadt, welche ursprünglich durch gemeinsame Arbeit der Bürger errichtet war, wurde in der Weise erweitert, dass jedem Bürger,

Fig. 9.

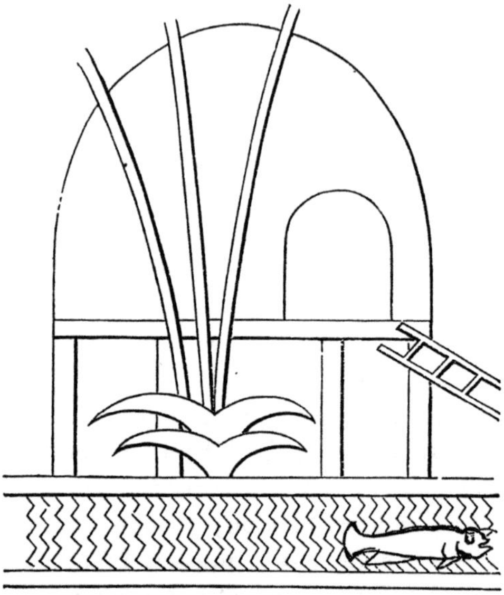

der ein Weib nahm, die Verpflichtung überkam, aus dem benachbarten Orbelosgebirge drei Pfähle herbeizuschaffen und aufzustellen. Die Zahl der Weiber war freigestellt. Auf diese Pfähle wurde ein gemeinschaftlicher Boden von Balken gelegt und darauf hatte jeder seine Hütte, die durch eine Fallthür mit dem Wasser in Verbindung stand. (Auch die Pfahlbauten in Siam haben eine solche Fallthür, auf der der Kochherd zu stehen pflegt.) Kleine Kinder band man mit dem Fuss an einen Strick, damit sie nicht ins Wasser fielen. Pferde und Rindvieh wurden mit Fischen gefüttert, welche so zahlreich in dem See waren, dass man nur die Fallthür öffnen und an einem Strick ein Netz herabzulassen brauchte, um nach kurzer Zeit eine grosse Anzahl davon heraufzuziehen.“ Dieses Pfahldorf wurde von Megabyzos, dem Feldherrn des Perserkönigs, belagert, doch gelang es ihm nicht, dasselbe zu erobern. Ein anderes Pfahlbaudorf beschreibt ein Zeitgenosse Homers, Hippokrates, in seinen medizinischen Schriften. Er erzählt, dass die Einwohner des Phasis, eines von Osten her in das schwarze Meer strömenden Flusses, in Sümpfen lebten, wo sie Häuser aus Holz und Rohr hatten, und in Einbäumen (Kähnen aus einem Baumstamm) aufwärts und abwärts führen. Ihre Gesundheit sei durch diese Lebensweise sehr beeinträchtigt.

Nach der Sage war auch die erste preussische Warte des Ordens vom deutschen Hause (das spätere Thorn) im Jahre 1231 ein mächtiger Eichbaum. Der Gipfel wurde zu einer Laube gemacht, um den Stamm lief ein Verhau, in welchem die Rosse standen. Die Benutzung grosser Baumgipfel zu Sommerhäusern war in dieser Zeit gewöhnlich, selten fehlte einem stattlichen Hof die Linde, von deren Wurzeln eine kleine Treppe zum gedielten Raum in der Krone führte, der durch Biegen und Flechten junger Aeste geweitet und gedacht war. Es war auch ein rittermässiger Raum, die treue Sigrune wohnte in solcher Baumhütte mit ihrem einbalsamirten Geliebten[17]).

Der Zweck dieser eigenthümlichen Anordnung ist bisher nicht genügend erklärt, vielleicht auch nicht überall derselbe. Der Einfluss der Fieberluft, um deretwillen z. B. die Hirten Unteritaliens für ihren Nachtaufenthalt hohe Gerüste errichteten, unter welchen sie Feuer anzünden, ist bei den Pfahlbauten in Afrika und Polynesien nicht massgebend, da wohl die Europäer, nicht aber die Eingeborenen gegen klimatische Krankheiten anfällig sind. Eher möchte die Furcht vor wilden Thieren und feindlichen Angriffen die Veranlassung zu so luftigen Wohnsitzen gewesen sein, trotzdem man z. B. in den Pfahlbauten der Schweiz nur Knochen von Bären, Luchsen, Wölfen und wilden Katzen gefunden hat, und im Fall eines Brandes oder einer Umzingelung durch Feinde gerade die Flucht sehr erschwert war. Und so kann man denn auch genau beobachten, wie mit zunehmender Cultur die Höhe der Pfähle immer mehr abnimmt. So beträgt sie in den uncivilisirten Gebieten von Borneo mehr als 6 m, während sie in den gebildeteren Strichen Javas nur noch ½ m beträgt. Werden schliesslich, wie bei jenem Malayenfürsten, zwischen die Pfähle Matten gehängt und innerhalb Vieh eingepfercht, so hört der eigentliche Pfahlbau auf.

---

[17]) Freitag, Bilder aus der deutschen Vergangenheit. Bd. II, Abth. I, S. 199.

Drittes Capitel.

Die Holzbaukunst des Classischen Alterthums.

Die bisherige Betrachtung hatte gezeigt, wie das hölzerne Wohnhaus sich aus dem Zelt heraus entwickelt hatte und es wäre zu untersuchen, welche Form dasselbe in historischen Zeiten angenommen hat.

Im Alterthum nahm jedoch der Bau des Privathauses den öffentlichen Bauten gegenüber eine so geringe Stellung ein, dass wir erst aus später Zeit schriftstellerische Nachrichten darüber besitzen. Hier haben auch die Verwüstungen und Zerstörungen am heftigsten gewirkt, so dass der Fuss des heutigen Wanderers über ganze Stadtanlagen und Strassenzüge hinwegtritt, ohne auch nur die Abmessungen der einzelnen Häuser zu unterscheiden.

Kleinasiatische Grabmäler.

Gewöhnlich waren die Häuser in Hellas aus Holzriegelwerk. In Sparta war dies sogar Gesetzesvorschrift. Von der ausgebildeten Technik der Hellenen auch in dieser Beziehung können wir uns einen annähernden Begriff machen durch eine Reihe merkwürdiger halb architektonischer, halb plastischer Holznachahmungen in Stein, welche zwar nicht im Mutterlande selbst aufgefunden, dennoch hier angeführt werden können. Es sind die kleinasiatischen Grabfassaden. Die felsigen Landschaften des alten Lydiens, Phrygiens und Lykiens bergen mehrere ganze Gräberstädte, in welchen theils neben und übereinander in das Gestein Relieffassaden eingemeisselt, theils Freibauten errichtet sind. Besonders an den alten Stätten von Myra, Telmissos, Xantos, Phellos, Antiphellos und Kyaneai wurden solche Denkmale aufgefunden[1]). Die Zeit, in welcher diese Gräberstädte angelegt wurden, hat sich bis jetzt noch nicht mit Sicherheit feststellen lassen. Die ältesten in Lydien weisen auf eine sehr frühe Zeit, und ihre alterthümlichen Formen geben deutlich Zeugniss von

[1]) Texier, Asie mineure III, 169, 172—176, 195, 196, 200—204, 210, 212, 227, 233; Fergusson, Handbook; Kugler, Gesch. d. Bauk. I, S. 168; Fellow, an account of discoveries in Lycia, übers. von Zenker; Fellow, a Journal written during an Excursion in Asia minor Cap. VIII etc.

dem Einfluss der kleinasiatisch-jonischen Baukunst auf Hellas, während die lykischen Gräber, vorwiegend wohl aus späterer Zeit, umgekehrt die Gegenströmung, welche von Westen nach Osten gerichtet war, bekunden. Für unseren Zweck sind einige dieser Denkmale von besonderer Bedeutung, welche den Holzbau so zweifellos nachahmen, dass wir aus ihnen die Zusammenfügung der einzelnen Theile ersehen können.

Zwei Gattungen lassen sich unterscheiden. Die eine ist die Nachbildung des hölzernen Sarkophags oder der Lade. Auf einem rechteckigen, oft mit Reliefs geschmücktem Unterbau erhebt sich ein Würfel, mit einem steilen gebogenen Deckel darüber, einem Spitzbogendach[2]). Am First desselben läuft eine bekrönende kammähnliche Krista entlang, an den Seiten sind knaggenartige, manchmal als Löwenköpfe gestaltete Vorsprünge herausgemeisselt, welche den Eindruck der tragbaren Lade vermehren. In den Giebelfeldern sind lothrechte und wagerechte Balken, vorspringende Dachlatten und andere Motive der Zimmerkunst entlehnt.

Noch höheres Interesse haben für uns die mehr oder minder

---

[2]) Die gleiche Form, welche sich viele Jahrhunderte später aus dem Wesen des Steinbaus herausentwickelte, rief hier, so vereinzelt auftretend und später nie in Griechenland wiederholt, seltsame Erklärungen hervor, insofern diese merkwürdige Form in kunstgeschichtlichen Büchern nicht etwa ganz mit Stillschweigen übergangen wurde. Es ist sogar hieraus gefolgert worden, dass die Griechen den Spitzbogen in Stein gekannt haben mussten und nur nicht anwendeten; warum, wird dann nicht gesagt. Was soll aber der steinerne Spitzbogen auf dem Holzbau und Holzdach? Abgesehen ferner davon, dass es ja ein constructiver Fehler wäre, lothrechte Pfosten von dem Scheitel des Spitzbogens auf das Gebälk zu errichten, wie es die Grabmonumente zeigen, sind unter den äusseren Bogenlinien die vortretenden Pfettenenden deutlich bezeichnet, so dass wir auch hierin den Hinweis auf Holzconstruction haben. In der That entsteht der Spitzbogen hier gleichsam aus zwei gekrümmten hölzernen Sparren, welche als die Streben eines Hängewerks wirken und der lothrechte Pfosten ist als Andeutung der von dem Sparren gehaltenen Hängesäule berechtigt. Um die Gefahr des Einbiegens zu vermeiden und das Giebeldreieck starrer zu machen, ist der Sparren nach der Aussenseite krumm gebogen, ein Verfahren, das noch heute in der Zimmerei angewendet wird. Die Frage liegt nahe, ob überhaupt nothwendigerweise der Steinbogen dem hölzernen vorangegangen sei oder als Muster gedient habe. Dies ist durchaus nicht nöthig. Die Uebertragung von dem krummgebogenen Holz als erster primitivster Waffe auf die bauliche Construction, die wir bei den Hütten der Kaffern kennen lernten, liegt so nahe, dass dafür kaum noch ein anderes Zeugniss, wie etwa die gleiche Bedeutung des Namens Arcus oder Bogen für beide Beziehungen angezogen zu werden braucht. Schiffsvölker, wie die Ionier waren, mussten bald genug auf den hölzernen Bogen kommen. Schon in den einfachsten Schiffsconstructionen verwendet, wurde er später von den seefahrenden Normannen in den Dachstühlen der Bauten Norwegens und Englands zu hoher künstlerischer Vollendung gebracht.

tief in den Felsen gehauenen Fassaden. An ihnen zeigt sich das ganze Gerüst des Riegelbaus in einfacher Gestalt[3]). Auf den Boden sind der Länge und Quere nach Schwellen gelegt, auf welche Eck- und Mittelpfosten gesetzt sind, die einmal oder mehrmals verriegelt, die Pfette und das Dach tragen (Fig. 10). Die Form des Daches ist

Fig. 10.

verschieden. Auf einem Grabmal zu Myra[4]), springen dicht nebeneinandergestellte Rundbalken weit vor und tragen einen der Länge nach laufenden Doppelbalken, auf einem andern zu Antiphellos ist ein Giebeldach aufgesetzt, an welchem zwischen dem Architrav und dem Kranzgesims die Querschnitte von ebenfalls dicht nebeneinandergestellten Rundbalken an die Zahnschnittreihe der jonischen Bauweise erinnern. Die Füllungen innerhalb der Pfosten und Riegel mit profilirten Umrahmungen geben das Bild der Holzvertäfelung wieder. Bisweilen ist eine blinde Thür eingemeisselt, kurz überall die genaue, fast sclavische Nachahmung des Zimmerwerks. Ja, sogar Besonderheiten und Abweichungen von unserer heutigen Technik lassen sich erkennen. So sind die Schwellen, Riegel und Pfetten (Oberschwellen) an den Ecken nur mit einander verkämmt, so dass aus jedem

[3]) Der Ausdruck: Blockhausbau in einigen Lehrbüchern der Kunstgeschichte ist falsch. S. Adler in dem Aufs. über das Löwenth. v. Mykenai, Archäol. Ztg. 1865 No. 193, Anmerkung.

[4]) Kugler, Gesch. d. Baukunst I, S. 169.

Holz weniger, als die Hälfte herausgeschnitten ist und der Balken der einen Richtung etwas höher zu liegen kommt, als der der anderen. Bei uns werden gewöhnlich die Stücke an den Ecken überblattet, und dadurch, dass aus jedem Stücke die Hälfte herausgeschnitten wird, erreicht, dass die Balken bündig, in eine Ebene zu liegen kommen. Nach der ersten Methode werden aber die Hölzer weniger in ihrer Stärke geschwächt, und behalten mehr Tragfähigkeit, ein Umstand, der jedenfalls die alten Zimmerleute zu jenem Verfahren bewogen hat. Ebenso sind die Hölzer an den Ecken nicht platt abgeschnitten, sondern ragen ein Stück über dieselben vor, wodurch das Abbrechen der verschnittenen Holztheile vermieden, also auch die Tragfähigkeit vergrössert wird. Eine andere Eigenthümlichkeit haben die Schwellen, welche an den Ecken verstärkt oder aufwärts gekrümmt sind, gleichsam als sollte dadurch das Eindringen der Erdfeuchtigkeit in das Hirnholz vermieden werden.

So stehen seit mehr als 2000 Jahren diese Denkmale vor uns. In bewusster Weise ahmen sie nicht den Tempelbau, sondern das Wohnhaus nach, denn sie sollten die Wohnstätten für die Verstorbenen sein. Zu gleicher Zeit aber durfte man Giebeldächer hinaufsetzen, denn, was den Lebenden verboten war, durfte den Verstorbenen zu Theil werden, welche dadurch zu heiliger Gemeinschaft erhöht wurden. Darum sind diese alten Werke nicht nur technisch interessant, sondern sie zeigen, wie die Hellenen in sinniger fein empfundener Weise symbolisch durch die Architektur tiefe Gedanken zum Ausdruck zu bringen vermochten.

Hellenen.

Die öffentlichen Gebäude und besonders die Tempel der Götter wurden in historischen Zeiten aus Stein errichtet und in dem Bilde, welches wir uns von der Blüthe Griechenlands zu machen pflegen, nehmen Marmorhallen und steinerne Tempelgiebel mit ihrem reichen Figurenschmuck den Vordergrund ein. Allein auch bis in späte Zeiten ist die Erinnerung an die alte Zelthütte wach geblieben. Bei hohen Festen der Götter wurden sowohl von den Hellenen, als auch noch von den Römern Zelte errichtet. So wurden im heiligen Haine der Demeter-Thesmophoros und der Kore zu Andania, wie für die Thesmophorien zu Athen eigene Zelte für das Heiligthum, die Priesterschaft, und die nicht kirchlichen Festtheilnehmer errichtet[5]). In

[5]) Bötticher, Tektonik S. 260.

Samos war die Aufstellung von Zelten zur Feier des Herafestes zu Polykrates Zeit ein alter Gebrauch. Der erste Tempel zu Delphi soll aus Lorbeerholz gefertigt und die Gestalt einer Zelthütte gehabt haben. Der Reisende Pausanias, welcher dies berichtet[6]), verwirft eine andere ihm dort erzählte Sage, dass der Tempel aus Farren zusammengeflochten sei, wir aber können nach dem, was wir bisher bemerkt haben, sie sehr wohl mit der ersten vereinigen.

Eine genaue Beschreibung des Zeltes, welches die Priester für die gemeinschaftlichen Festmahle zu Ehren des Apollo in Delphi errichteten, hat uns Euripides hinterlassen[7]). Pfosten wurden aufgestellt, welche einen quadratischen Raum von 33 m Länge und Breite einschlossen, dessen Wände und Decke durch Teppiche gebildet wurden. Auf den Wandteppichen waren Schiffs- und Jagdscenen, sowie Centaurengestalten dargestellt, an denen der Decke waren Sternbilder eingewebt; der Sonnengott, sein Gespann zum Abendstern lenkend, die Nacht im dunkeln Mantel auf einem zweispännigen[8]) Wagen, von den Sternen begleitet, es folgen das Siebengestirn, Orion, der Bär, der Mond und die Hyaden, zuletzt die Göttin der Morgenröthe, die Sterne verscheuchend. Die Beschreibung des Baues erinnert auffallend an die teppichgeschmückten Zelte des Orients. Und in der That sagt der Dichter ausdrücklich von den Teppichen der Wand, sie rührten aus fernem Barbarenland her, von denen der Decke, sie seien aus der Beute der Amazonen entnommen, welches Volk direct auf kleinasiatischem Ursprung hinweist, so dass wir auch hier den frühen Einfluss des Orients auf Hellas erkennen müssen.

Als Alexander der Grosse und seine Nachfolger sich die Aufgabe stellten, die Cultur von Europa und Asien mit einander zu verschmelzen, da errichteten auch sie Festzelte, in welchen sich der feine Formensinn von Hellas mit persischer Kunstfertigkeit und indischem Farbenglanz vereinigte. Ihre reiche Pracht wird von den gleichzeitigen Beschauern mit lebhaftestem Entzücken geschildert und sie sind für alle späteren vorübergehenden Festbauten Vorbilder geblieben. Zugleich erreichte in ihnen das Feldherrnzelt, als Mittelpunkt des Kriegslagers, seinen prägnantesten Ausdruck. Das Residenzzelt Alexanders, welches ein alter Schriftsteller beschreibt[9]), war von einer Leib-

---

[6]) Paus. 10, 5, 6.

[7]) Jon 1143.

[8]) Bötticher, Tekt. S. 262, nennt ihn einen zügellosen.

[9]) Athenäus 9, 540.

wache von Tausenden griechischer und persischer Soldaten umgeben, welche in ihren von blauen, gelben und purpurnen Farben schillernden Uniformen einen so imponirenden Eindruck machten, dass „Keiner vor der Majestät dieser Umgebung zum König durchzudringen wagte.“ Das von funfzig Säulen getragene und mit einem golddurchwirkten Sternenteppich bedeckte Zelt hatte im innern Umkreis Platz für 100 Lagerstätten und den goldenen Thronsessel des Herschers, neben welchem die alten Prachtstücke der Perserkönige, die Platane und der Weinstock aus Gold und Juwelen standen. Der Theil der Leibwache, welcher 2000 Mann stark, noch innerhalb des Zeltes aufgestellt gewesen sein soll, mag wohl in einem Umgang untergebracht gewesen sein, wie es bei dem Zelt des Ptolemaios Philadelphos genauer beschrieben wird.

Noch prächtiger war das Zelt, im welchem Alexander nach der Rückkehr vom indischen Feldzuge nebst 92 (99?) Genossen Hochzeit hielt[10]). Es enthielt 100 auf's Reichste mit edlen Metallen und kostbaren Stoffen hochzeitlich ausgestattete Lager. 3 m hohe mit Gold- und Silberblech und Edelsteinen bedeckte Säulen trugen die Decke, welche ebenso wie die Wände des Zeltes und eines 750 m (?) breiten Umganges durch golddurchwirkte bunte Teppiche gebildet war, welche an vergoldeten und versilberten Querstangen hingen. Dienten diese Nachahmungen des hieratischen Zeltbaus nur zur Verherrlichung der Person Alexanders, welcher auch hierdurch seine Gottähnlichkeit bekunden wollte, so nahm sein Nachfolger in Aegypten, Ptolemaios II den alten Gedanken des heiligen Zeltes bei Gelegenkeit der Dionysienfeier in Alexandrien auf das Glänzenste und Feierlichste auf[11]). Der Festbau nahm ein Rechteck ein, in welchem 180 goldene auf Sphynxen ruhende Lagerstätten radial aufgestellt waren, so dass dem Eingang gegenüber noch ein freier Platz blieb. Die Säulen an den Ecken hatten die Form von Palmenbäume. Zwischen ihnen standen an den kurzen Seiten je drei, an den langen Seiten je vier Säulen, welche Thyrsosstäben glichen. Sie waren von Holz, 25 m hoch und trugen die ringsherumlaufenden Oberschwellen, auf welchen die schräg ansteigenden Sparren ruhten. Die Mitte dieses Saales war als Kuppel gebildet. Hier war eine Scharlachdecke mit weissem Rand ausgespannt. Zwischen den mit weissgestreiften zinnenartig ornamentirten Stoffen

---

[10]) Athenäus 12, 538.

[11]) Athenäus 5, 196.

umkleideten Sparren schwebten andere Decken mit gestirnten Feldern. An drei Seiten lief rings um das Zelt ein Vorhof. Hier tritt uns nun zum ersten Male eine für die spätere Zeit höchst wichtige Anlage entgegen, nämlich die vollständige basilikale Form: Der Mittelraum überragte die Seitenschiffe (oder hier den Vorhof) um die Höhe von 4 m. Ob dieser Raum zur Anbringung eines seitlichen Oberlichts benutzt war, ist nicht recht ersichtlich, nach dem verdorbenen Text des Athenäus sind in ihm Höhlungen [12]) angebracht, welche vielleicht Licht hindurchgelassen haben. In diesen Vertiefungen waren liegende Figuren und Geräthe aufgestellt, in den Zwischenräumen Nischen mit goldenen Dreifüssen. Merkwürdigerweise stimmt die Eintheilung dieser Oberwand nicht mit der Säuleneintheilung, da 6 Nischen an der Langseite und 4 an der kurzen Seite angebracht sind, während zwischen den Säulen der Langseite 4 Zwischenweiten, denen der kurzen Seite 3 Zwischenweiten sind. Es müsste also anzunehmen sein, dass jedesmal an den äussern Zwischenweiten je eine Nische, an den mittleren je zwei angeordnet waren. Denn die Axen der Säulen mussten bis oben durchgehen, da diese den Binderbalken tragen, auf welchem die Sparren auflagen. Ausser der basilikalen Anlage ist noch eine Eigenthümlichkeit erwähnt. Nicht nur der Mittelpunkt des Zeltes ist kuppelförmig, auch die Seitenschiffe haben gewölbte Decken, welche an den früher (S. 12) beschriebenen assyrischen Pavillon erinnern. Leider erfahren wir über die Construction nichts [13]).

Die übrige Beschreibung der überschwänglichen Pracht des Innern bietet für unser Gebiet nichts Neues. Thierfelle und gewebte Vorhänge zwischen den Säulen bildeten die Trennungswände, an ihnen waren Bildtafeln und gestickte Gobelins mit Königsbildnissen und mythologischen Darstellungen befestigt, darüber hingen silberne und goldene Schilde. Bildwerke und prächtige Geräthe vollendeten die Ausstattung des Innern. Herrliche Sträucher und Blumen, welche in üppigster Fülle zu allen Jahreszeiten in Aegypten gedeihen, bedeckten den Boden allenthalben und umgaben die ganze Anlage, so dass der Beschauer sich in einen wahrhaften Zaubergarten, „eine göttliche Wiese“ versetzt glaubte.

Diese Zelte waren nur leichte, für kurze Dauer bestimmte Bauten.

---

[12]) *ἄνϑρα*, vgl. Semper, Stil I, S. 313.

[13]) Bötticher nimmt in seiner Tektonik der Hellenen (S. 263) eine gekrümmte Holzdecke an, obgleich dies nicht in dem im Original angewendeten Wort (*στέγη* ist ganz allgemein Decke) liegt.

Aber die Idee eines solchen heiligen Zeltes, oder, wie es die Hellenen selber nannten, der Skene blieb für die Ausbildung des Tempelbaus massgebend. Das Heiligthum gewann das Verhältniss einer idealen Skene aus Stein. Auf den Zeltpfosten gleichen Säulen ruhte, durch das Torengeflecht unter den Balken gleichsam gebunden, freischwebend die Decke als Himmeldecke mit strahlenden Sternen auf azurblauem Grunde. Die Wände waren als Bildteppiche characterisirt, wirkliche Gewebe aber umgaben und schützten das Bild der Gottheit in der Cella. Freilich war der Anklang an den alten Zeltbau nur noch symbolischer Natur. Denn zu der Zeit, als die hellenische Kunst in die Geschichte eintrat, als der orientalische Einfluss überall siegreich zurückgeschlagen wurde, war auch der Steinbau vollständig entwickelt.

Dafür, dass der Holzbau der Tempel schon sehr früh aufgehört hat, spricht der Mangel an Nachbildungen durch Sculptur und Malerei, sowie an schriftstellerischen Nachweisen. Die oft angeführten Zeugnisse des Plinius und Pausanias sind höchst gering an Zahl und geben uns kein genügendes Bild. Der erstere berichtet von Rebholzsäulen an einem hochalten Tempel der Juno zu Metapont in Unteritalien[14]). Der Reisende Pausanias, welcher 2 Jahrhunderte nach Christus lebte, sah auf dem Markt zu Elis ein tempelähnliches nicht hohes Gebäude, dessen Dach von Eichenholzsäulen gestützt, das Grab des Oxylos, welcher einst die Dorier nach dem Peloponnes geführt hatte, enthalten sollte[15]). Auf denselben Heroen wurde eine Eichenholzsäule zurückgeführt, welche unter andern Säulen an der Rückseite des Heratempels zu Olympia stand[16]). Ein aus Eichenstämmen bestehendes Heiligthum des Poseidon Hippios zu Mantineia, welches von den Architekten Trophonios und Agamedes, also schon im 13. Jahrhundert vor Christus errichtet sein sollte, liess Kaiser Hadrian mit einem Steinbau umgeben[17]). Auch den Rest eines alten hölzernen Königspalastes sah Pausanias im Hain zu Olympia[18]). Dort stand, unter einem Schutzdach und mit starken Banden an 4 Steinsäulen befestigt, eine einzelne Säule von Holz, welche der Ueberlieferung nach von dem Hause des aus der Pelopssage bekannten Königs Oinomaos übrig geblieben war.

Die Beschreibung, welche Pausanias hier giebt, erinnert uns

[14]) Plin., Nat.-Gesch. B. 14, Cap. 2.

[15]) Pan. 6, 24, 7.

[16]) 5, 16, 1.

[17]) 8, 10, 12.

[18]) 5, 20, 6.

einigermassen an die in Stein nachgebildete Holzsäule, welche wir an dem sogenannten Löwenthor von Mykenai bemerken[19]). Dieses merkwürdige Relief aus hartem graugelbem Kalkstein befindet sich über dem Hauptthor der Burgmauer von Mykenai. Es hat seinen Namen von zwei Löwen, welche rechts und links von einer Säule aufrechtstehend, wie Wappenthiere, Wache zu halten scheinen. Sie stehen mit den Hinterfüssen auf der das Terrain darstellenden Linie, mit den Vorderfüssen auf dem Sockel der Säule. Dieser Sockel besteht aus vier auf einandergelegten Platten, deren zweitunterste wie eine spirenähnliche Hohlkehle profilirt ist[20]). Auf dem Sockel erhebt sich eine runde, ein Weniges nach unten verjüngte Säule, deren Capitäl einer umgekehrten jonischen Basis nicht unähnlich ist. Wird schon durch die Form der Säule der Gedanke an eine bewusste Nachahmung der Holztechnik rege gemacht, so wird dieser Gedanke noch verstärkt durch ein auf der Säule ruhendes Stück Gebälk: Vier Kreise unter einem viereckigen Balken geben ein so deutliches Bild einer Reihe von vorn gesehener Unterzugsbalken, wie wir es von den lykischen Grabmälern her kennen. Ganz ähnlich der Säule vom Löwenthor sind die Säulen, welche, wenn ich nicht irre, den Eingang des neuerdings von der athenischen archäologischen Gesellschaft ausgegrabenen Atreusgrabes flankiren[21]). Leider stehen diese Monumente aus vorhomerischer Zeit vereinzelt da, und bilden kein Glied in dem Uebergange aus dem hellenischen Holzbau in die Steinarchitektur. Wie weit überhaupt der Holzbau von vorbildlichem Einfluss auf die äusserliche Zusammenfügung des steinernen Tempels gewesen sei, ist eine bald bejahte, bald verneinte Frage, welche seit langer Zeit den Scharfsinn der Kunstforscher (bes. Bötticher, Hirth, Semper, Hübsch) beschäftigt hat. Doch sind alle bisher dafür und dagegen angeführten Gründe meist dogmatischer Natur und von unerwiesenen Grundsätzen ausgehend. Eine genaue Nachahmung des Holzbaus, von Vielen nach Vitruvs Vorgange angenommen, liegt jedenfalls durchaus nicht im Wesen der entwickelten hellenischen

---

[19]) Die reiche Literatur darüber in Friederichs, Bausteine No. 1. Eine gute Abbildung in Lübke's Gesch. d. Baukunst nach Adler, Archäol. Zeitg. 1865 No. 193. Denkm. d. Bauk. v. Stud. d. Bauak. Berl. I, 1.

[20]) Die Deutung dieses Sockels als Herrscherthron, der eigentlich vor der Säule stehend zu denken sei, in Adlers schönem Aufsatz, lasse ich dahingestellt und verweise nur auf eine in Khorsabad gefundene Terassenbrüstung von unverkennbarer Aehnlichkeit, die u. A. in Schnaase's Kunstgesch. (Lützow) I, S. 170 abgebildet ist.

[21]) Eine Publikation derselben hat Herr Prof. Adler, wie er mir mittheilt, für die Archäologische Zeitung in Aussicht gestellt.

Monumentalbaukunst. Ein nicht zu unterschätzendes Zeugniss gegen die unmittelbare Benutzung des Holzbaus als Vorbild für den classischen Steinbau liegt vorzugsweise in den besprochenen kleinasiatischen Felsbauten. Gerade sie zeigen genau den Weg an, welchen die hellenische Tempelbaukunst bei Nachbildung des Holztempels genommen haben würde.

Die Ausbildung der tektonischen Formensprache, die Trennung in den Kern oder die Werkform und in das davon ganz unabhängige künstlerische Ornament hat sogar ein entschiedenes Zurückdrängen des Holzbaus zur Folge. Der Steinbau, dessen Abmessungen und Verzierungen viel mehr im Belieben des schaffenden Künstlers liegen, als das Holz erlaubt, begünstigte die Gleichgültigkeit gegen den Werkstoff. Es ist einer der Vorzüge aber auch eine der Gefahren der hellenischen Tektonik, dass ohne viel Unterschied die characterisirenden Ornamente aufgemalt, eingeschnitten oder durch Guss hergestellt werden können. — Anders beim Holzbau. Die Verbindung der einzelnen Theile ist bei einem Material, das mit geringem Unterschied stets die gleichen Dimensionen hat, eine viel bestimmter vorgeschriebene. Dem Holzbau soll der Beschauer sogar sofort ansehen, dass er ein solcher ist. Das Anerkennen der Werkform und die Unterordnung des Ornaments unter dieselbe ist, wie die ganze Geschichte der Holzarchitektur zeigt, eine unumgängliche. Auch später gehen immer wieder das Vortreten der Holzarchitektur und die Abhängigkeit der Kunstform vom Stoff Hand in Hand.

Nur für eine Kunstform des Tempels scheint die Holztechnik vorbildlich gewesen zu sein; die Form des Schiffschnabels nämlich für den Rinnleisten an manchen Tempeln und für das Akroterion, von welchem bereits bei Gelegenheit des Daches gesprochen wurde[22]).

---

[22]) Es lassen sich bei der Form des Sima mehrere Klassen feststellen. Die einander auch sonst ähnlichen dorischen Tempel des Zeus zu Olympia, des Theseus und der Parthenos zu Athen haben nur die echinusartige Ausbauchung. Die dorischen Tempel in Sicilien, welchen sich auch hierin wie in andern Punkten die zu Paestum anschliessen, haben nur die Hohlkehle. Eine Verbindung beider Formen, und zwar unten die Hohlkehle, darüber die Ausbauchung, sieht man an den dorischen Tempeln zu Eleusis, Aigina, Rhamnos. Das schwungvollste Profil aber, die Ausbauchung unten, welche nach oben in die Hohlkehle übergeht, zeigen sämmtliche jonische Tempel, z. B. zu Athen, Eleusis, Priene, Milet, welchen hierin die dorischen Tempel zu Delos, Nemea, sowie der auch in anderer Beziehung so eigenartige Apollotempel von Phigalia folgen. Dieser Vergleich ist bemerkenswerth, da wir von den Ioniern wissen, dass sie von Anbeginn an Seefahrer waren, im Gegensatz zu den Doriern. Bei diesen lässt sich

Die Felderdecke.

Die Anwendung des Holzes blieb hingegen auch nach Ausbildung der Steinarchitektur für die Decke der inneren Tempelcella vorbehalten. Nicht nur vielfache Tempelbrände sprechen dafür[23]), auch Nachrichten der alten Schrifsteller bezeugen es. Das Götterbild im Athenetempel zu Troja wendete die Augen von dem Frevel des Ajax ab auf die hölzerne Decke[24]). Ebenso flieht ein phrygischer Diener der Helena über die cederne Decke[25]), und die inwendige Decke wird im Gegensatz zum Dach als solche bezeichnet, welche dem Tempel ein schönes Ansehen giebt[26]). Eine der berühmtesten Decken war die getäfelte im Artemisheiligthum zu Ephesos, welche aus Ebenholz oder Rebholz, nach anderen Berichten aus Cedernholz war. Man nahm gerne harzreiches Bauholz, welches dem Verfaulen und dem Wurmfrass am wirksamsten Widerstand leistete. So sah ein Schriftsteller aus dem ersten Jahrhundert n. C.[27]) im Apollotempel zu Utica eine Decke aus numidischem Cedernholz, welche ein Alter von 1187 Jahren hatte. Aus Wachholderholz war die Decke eines Tempels zu Sagunt in Spanien gezimmert.

Wie die Construction dieser Holzdecken war, wissen wir nicht, nach römischen und späteren Werken und den Steinbalkendecken dürfen wir auf eine cassettirte Felderdecke schliessen, welche aus stärkeren Unterzugsbalken, und darauf gelegten schwächeren Stroterenbalken gebildet wurde. Dies Gittersystem, auf die Decke angewendet, entspricht so ganz dem Wesen der Holzbaukunst, dass man sich schwer zu der Meinung entschliessen kann, die Steinbalkendecke des Tempelperistyls (zwischen Cella und Säulenhalle) habe sich aus sich selbst herausentwickelt. Der Einwand[28]), dass eine Ueberschneidung der ganzen Holzbalken, wenn die Unterflächen bündig liegen sollen, eine Schwächung ihrer tragfähigen Höhe nach sich zieht, also jedem Zimmermann verwerflich sei, trifft nicht zu, da die Holzdecken

---

wiederum ein bedeutsamer Unterschied zwischen Hellas selbst und den Inseln feststellen. Ich lasse es bei diesen Andeutungen bewenden, da die Formen der steinernen Monumente ausserhalb des Gebietes der Holzarchitektur liegen.

[23]) Bötticher, Tektonik S. 228.

[24]) Lycophr. Alex. 361.

[25]) Eurip., Orest. 1371.

[26]) Pausan. 5, 20.

[27]) Plin. 40, 79.

[28]) Bötticher, Tektonik S. 103.

zunächst gar nicht unterwärts bündig gewesen, sondern nur die oberen ein wenig, um die gegenseitige Verschiebung zu hindern, in die unteren Balken aufgekämmt gewesen zu sein brauchen, wie wir an dem lykischen Fachwerk sahen.

Bisweilen sind die Spannweiten über den Cellen so bedeutend, dass nur grössere Hängewerke die Decke von oben her gehalten haben können. Doch beruhen alle Wiederherstellungsversuche derselben nur auf Rückschlüssen und Constructionen aus späteren Zeiten, sind also an dieser Stelle fortzulassen.

Können wir uns daher nach den erhaltenen steinernen wenigen Resten kein Bild von dem System der hellenischen Holzarchitektur machen, so müssen wir um so mehr bedauern, dass wir nicht einmal durch schriftstellerische Nachweise oder Darstellungen aus hellenischer Zeit genügende Andeutungen erhalten haben, welche, verglichen etwa mit den pompejanischen Malereien und dem Werke Vitruvs uns einige Schlüsse auf ihr Wesen erlauben würden.

Etrusker.

Im Gegensatz zu Hellas hat sich in Italien der früh entwickelte Holzbau lange erhalten. Das älteste Culturvolk Italiens war das der Etrusker. Trotzdem ihre sehr weit in das Alterthum reichende Bildung Anklänge an frühhellenisches oder pelasgisches Wesen enthält, zeigen ihre Einrichtungen und Sitten, wie ihre Kunstwerke schon einen Gegensatz zum Hellenischen, der sich bei den Römern deutlich wiedererkennen lässt. Ihre überlegende zurückhaltende Sinnesart war mehr auf das Abstrakte und das vernunftmässige Zusammenfassen gerichtet, während der poetische Sinn der Hellenen sich mehr dem Concreten, Individuellen zuneigte. Recht deutlich zeigt dies der Vergleich zwischen den Darstellungen der hellenischen Grabsteine und denen auf den etruskischen Aschenkisten, wie ja überhaupt die Seele der Völker sich häufig am deutlichsten auf ihren Friedhöfen verstehen lässt.

Dieser angedeutete Gegensatz zwischen Hellas und Italien spricht sich auch in der Kunstgeschichte aus.

Die Etrusker und nach ihrem Beispiel die Römer fühlten im Gegensatz zu den Hellenen, das Bedürfniss, der Werkform zum Rechte gegenüber der Kunstform zu verhelfen. Es ist bezeichnend, dass früh bei den italischen Völkern der Bogen angewendet wurde, bei welchem sich Construction und Ornament am wenigsten von einander trennen lassen. Demselben constructiven Gefühl, das gegenüber der Erscheinung auch der auf den Verstand wirkenden Construction ein Recht einzuräumen begann, entsprach auch die Pflege des Holzbaus. Zunächst war der etruskische Tempel, wenn auch nicht ein reiner Holzbau, doch eine Mischconstruction aus Holz und Stein[29]). Auf Grabmälern enthaltene Fassaden, die in neuester Zeit gefundenen Reste des capitolinischen Tempels zu Rom und die ausführliche Beschreibung eines römischen Architekten[30]) geben einigermassen die Möglichkeit, denselben wiederherzustellen. Freilich schrieb dieser Architekt in einer Zeit, in welcher die Tradition der alten Bauart lange aufgehört und die Herrschaft der hellenischen Steinarchitektur sich über Italien ausgedehnt hatte. Ihrem Einfluss ist manche der von ihm beschriebenen Detailformen zuzuschreiben, während es durchaus nicht gerechtfertigt ist, daraufhin umgekehrt anzunehmen, dass Hellas schon in der Zeit der Entwickelung der italischen Cultur auf Etrurien bestimmend gewirkt habe, oder in den Etruskern alte Pelasger wiederzuerkennen seien.

Etruskischer Tempel.

Schon die Grundrissgestaltung des Tempels ist eine eigenartige, vom Hellenischen abweichende (Fig. 11). Gegenüber dessen Längenent-

Fig. 11.

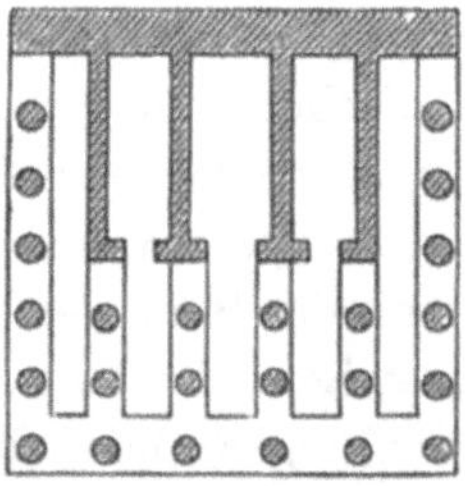

wickelung, welche die einzelnen Räume hintereinander anordnet, ergiebt hier die Unterbringung von Cellen nebeneinander ein breites fast quadratisches Verhältniss. An der Vorderseite war ausser der auf drei Seiten herumlaufenden Säulenhalle eine doppelte Säulenreihe, welche in der Breite entsprechend den Cellamauern vier Säulen, in der Tiefe aber zwei zeigte, so dass also die Entfernung zwischen der

[29]) Vergl. hierüber Semper, Stil I S. 483; II S. 277 und die dort angeführten Schriften.

[30]) Vitruv 4, 7.

Cellawand und den äusseren Säulen etwa die Hälfte der Seite betrug. — Ebenso abweichend wie der Grundriss vom hellenischen ist der Aufbau des etruskischen Tempels (Fig. 12 ist nicht genau nach dem vitruvianischen Recept gezeichnet). Bei jenem betragen die Zwischen-

Fig. 12.

weiten zwischen den Säulen 2—4 untere Säulendurchmesser, hier nehmen sie die bedeutende Abmessung von durchschnittlich 7 Säulendurchmessern ein. Ebensoviel beträgt die Höhe der Säulen, so dass also die Oeffnung zwischen Säulen und Gebälk fast ebenso breit wie hoch, nach Vitruv zwischen den mittleren beiden Säulen sogar breiter ist. Dieses kühne energische Verhältniss erhält seinen richtigen Ausdruck durch die Holzarchitektur. Eine Reihe übereinandergelegter Balken bildet den Architrav oder die Oberschwelle. Ueber diesem ladet das Kranzgesims auf sichtbaren Holzconsolen weit aus. Der Giebel darüber steigt viel steiler an, als der Giebel der hellenischen Tempel, auch dadurch das Vorwalten des Constructiven stärker betonend. Von einem Fries zwischen Architrav und Kranzgesims berichtet Vitruv nichts. Ausleger haben ihm einen solchen willkürlich ergänzt, weil er „der antiken Gefühlsweise entspräche.“ Dies ist kein Beweisgrund. Vitruv sagt ausdrücklich: Man legt so viel Balken übereinander, als es die Höhe des Bauwerks erfordert. Und in der That, während der gliedernde Fries ein der Steinarchitektur entsprechender Ausdruck ist, erscheint gerade das

Aufeinanderlegen mehrerer Balken zur Erreichung einer grössern Höhe bezeichnend für den Holzstil und ist in den mittelalterlichen Bauten, wie in den Schweizerhäusern von so characteristischem Einfluss auf die Fassade, dass durchaus kein Grund zu dieser Einschaltung ist. Dadurch wird das Feste, Gedrungene, welches der ganzen Kunstanschauung der Etrusker, wie den sonstigen Abmessungen ihres Tempels innewohnt, noch besonders hervorgehoben. Die weitausladenden Consolen dienen demselben Zweck. Die bei den Etruskern hoch ausgebildete Kunst der Thonbildnerei schmückte das Aeussere und besonders Giebelfelder und Dach mit plastischen Werken, welche, nach den Darstellungen auf etruskischen Sarkophagen zu urtheilen, ernst und gedrungen aussahen, wie das Gefüge des Tempels selbst. Terracotten zierten anch die Stirn der Consolen. Sie mögen ähnlich den in grosser Menge gefundenen Stirnziegeln durch Blätterschmuck und menschliche Köpfe verziert gewesen sein, welche mit wenigen Hauptfarben bemalt waren[31]).

Dass der ganze Tempel bemalt war, wissen wir, auch forderte, wie überall der Holzstil dazu auf, doch auch die Farben mögen ernst und einfach gewesen sein.

Den späteren von den Alexandrinern beeinflussten Römern musste diese altväterische Weise schwerfällig und unbehaglich erscheinen. Vitruv, der zur Zeit des Augustus über den etruskischen Tempel aburtheilt und ihn gespreizt und plattköpfig nennt, folgt den griechischen Excerpten, welche er benutzt, so genau, dass er sogar die griechischen Worte direct in seinen Text aufnimmt[32]). Auch für die Details, z. B. die Basen und Capitäle der Säulen wendet er die in der griechischen Bauweise üblichen Kunstausdrücke an, doch thut man Unrecht, darum eine der jonischen Basis oder dem dorischen Capitäl gleiche Form anzunehmen. Eine in einem Grabhügel bei Volci gefundene steinerne Säule zeigt eine ganz eigenartige Basis (Fig. 13). Ihr rundgedrehter Wulst mit der schmalen Platte darüber ist ein Motiv, welches hier in Stein gemeisselt, allerdings zu energisch eingeschnitten und ausgebaucht erscheint, aber so ganz der Holzdrechslerei entspricht, dass wir es uns in Holz übertragen denken können. Wenn wir nicht an den Abbildungen etruskischer Möbel den hohen Grad, welchen die Kunst der Drechslerei bei den Etrus-

[31]) Auch an diesen strengen, alterthümlich steifen Stirnziegeln zeigt sich der handwerksmässig biedere aber befangene Sinn der Etrusker gegenüber dem heiteren künstlerischen Gemüth der Hellenen.

[32]) Vitruv 3, 3, 5, barycus und barycephalus.

kern erreicht hatte, zu erkennen vermöchten, wir würden aus ihrer Pflege der Keramik ohne Weiteres auf ihre Kenntnisse in der Geschwisterkunst schliessen dürfen. Denn die Thongefässbildnerei und die Holzdrechslerei beruhen auf denselben Gesetzen der Drehung, so dass auch in den alten Sagen die Erfindung der Töpferscheibe und der Drehbank Hand in Hand gehen. Und gerade die schlanke Holzsäule bedarf, wenn sie nicht kunstlos in die Schwelle eingezapft ist, sondern auf einen vermittelnden Sockel gesetzt wird, einer breiten standfesten Unterlage. Bei ihr ist der stärkere Schwung des Torus, gegenüber dem Stein technisch gerechtfertigt, wie er dem Auge das Gefühl der grössern Sicherheit giebt. Derselben Forderung entspricht das Capitäl der Säule von Volci mit dem breiten schweren Abakuswürfel. Das jetzt sogenannte toskanische Capitäl hat nur eine entfernte Aehnlichkeit mit jenen alten Capitälen Etruriens.

Fig. 13.

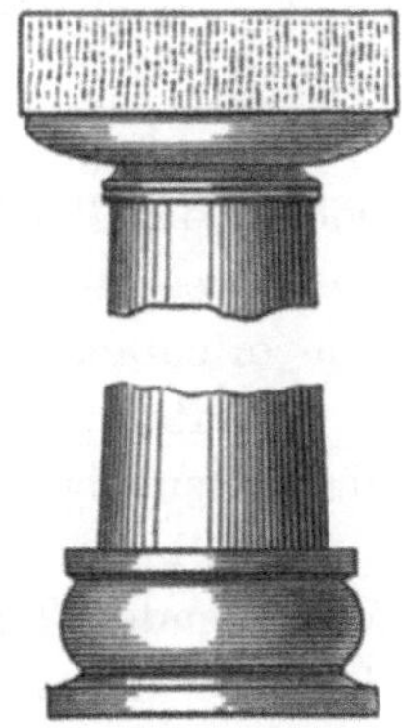

Römer.

Die ganze Cultur der Römer erfuhr mit der thatsächlichen und geistigen Eroberung Griechenlands eine ungeheure Umwandlung. Auch ihre Kunst nahm ein anderes Gepräge an. Allerwegen drang das Hellenenthum ein, bald die altnationale derbe römische Art überwindend, bald sich mit ihr verschmelzend. Wie die Sprache der Hellenen von der höheren Gesellschaft Roms als feinere und vornehmere gesprochen wurde, so ward auch ihre tectonische Formensprache aufgenommen — oft genug missverstanden — und auf die öffentlichen, dann auch auf die Privatgebäude übertragen. Das Vordringen des Hellenismus wurde auch dem Holzbau schädlich, und prächtige steinerne Tempel verdrängten die schlichten Werke der Väter. Wohl bewahrte fromme Pietät noch lange die strohgedeckte Holzhütte des Romulus auf dem Capitol, und einige Tempel, wie der der Ceres am Circus Maximus, der von Pompejus dem Hercules geweihte, und besonders der des Capitolinischen Juppiter zeigten noch das Grundschema des etruskischen Baues, aber sie waren vereinzelte in Stein übertragene Gebilde aus vergangenen Zeiten geworden.

Längere Zeit blieben die Gebäude für öffentliche Schauspiele Holzbauten. Für das Theater bot Griechenland ein Vorbild. In

Athen war bis zum Anfang des 6. Jahrhunderts vor Christus das Theater ganz von Holz, das Odeion, welches Perikles errichtete, hatte ein kegelförmiges Dach von den erbeuteten Masten der persischen Schiffe[33]), das des Herodes Atticus aus dem zweiten Jahrhundert nach Christus eines von Cedernholz mit schönem Schnitzwerk[34]).

Allerdings ist die Nachricht nicht ohne Bedeutung, dass das Odeion des Perikles eine Nachahmung von dem Zelt des Xerxes gewesen sein soll, was wiederum auf eine nicht nationale, vielmehr eine dem orientalischen Holzbau entsprechende Gestaltung schliessen lässt.

In Rom waren die Theater von den Censoren und Aedilen für die jedesmalige Spielperiode erbaut und nachher wieder abgebrochen worden, bis zuerst Pompejus im Jahre 55 vor Christus ein steinernes feststehendes Theater errichtete. Noch drei Jahre später erbaute Scaurus als Aedil mit einem ungeheuren Kostenaufwande ein prachtvolles Theater von Holz für 80000 Zuschauer. Die Bühnenwand war in drei Geschosse getheilt, welche je mit Marmor, Glas und Goldplatten verkleidet waren. Ueber die Construction erfahren wir leider nichts. Einen noch kunstvolleren Theaterbau liess Curio bei dem Leichenbegängniss seines Vaters aufrichten. Er bestand aus zwei geräumigen Theatern, deren jedes auf einer Angel im Gleichgewicht schwebend, gedreht werden konnte. Vormittags wurden in beiden Räumen Schauspiele gegeben. Dann waren sie von einander abgewendet, damit die Bühnen sich nicht gegenseitig durch Geräusch störten. Gegen Abend wurden sie umgedreht, so dass sie einander gegenüberstanden und die zusammengeschobenen Bühnen ein Amphitheater für Fechterspiele bildeten. Der römische Schriftsteller, welcher 100 Jahre später den Bau beschrieb[35]), knüpfte hieran geringschätzige Bemerkungen über das damalige römische Volk, welches es für nichts geachtet habe, in der wahren Bedeutung des Wortes in steter Gefahr zu schweben, und sich auch in politischer Beziehung von seinen Parteiführern habe drehen und herumziehen lassen. Wir aber versagen unsere Anerkennung nicht den Technikern des römischen Volkes, welche nicht nur in den Künsten des Krieges, sondern auch in denen des Friedens im besten Sinne ihre Stelle ausfüllten.

---

[33]) Plut, Per. 13.

[34]) Eine Reconstruction in den Denkm. d. Bauk. v. St. d. Berl. B. XVIII nach Tuckermann, das Odeion des Herodes Atticus, Bonn 1868.

[35]) Plin. 36, 24.

Schliesslich will ich eines öffentlichen Bauwerkes erwähnen, bei welchem noch in der Zeit des Augustus auf steinerne Säulen und Wände Balkenlage und Dach aus Holz gelegt wurden, welche an den Bau des alten etruskischen Tempels erinnern. Es ist die Basilika zu Fanum[36]), welche der Architekt Vitruv baute und genau beschrieb[37]).

Das Mittelschiff zwischen den Säulen war 19,2 m breit und noch einmal so lang. Rings um dasselbe lief eine zweigeschossige Seitenhalle, welche ein Drittel so breit war, als der Mittelraum. An den kurzen Seiten standen je vier Säulen, an der einen Langseite acht, an der andern sechs, da die beiden mittelsten fortgelassen waren; denn hier schloss sich (nicht wie sonst gewöhnlich an der kurzen Seite) die Tribuna an. Die 1,6 m starken Säulen erreichten in einer Höhe von 16 m das Hauptgebälk. An ihre Seite nach den Seitenschiffen zu lehnten sich zunächst 6 m hohe, 80 cm breite und 50 cm starke Pilaster an, welche die Zwischendecke der Seitenschiffe trugen. Eine zweite Reihe kleinerer Pfeiler darüber trug das Dach der Seitenschiffe, welches in die Höhe gegen das Mittelschiff anlief. Dieses überragte die Seitenhallen soweit, dass oberhalb seitliche Lichtöffnungen angebracht werden konnten. Ueber den grossen Säulen lag nämlich ein hölzernes Rahmenwerk, welches durch eine dreifach übereinandergelegte Reihe von doppelten Balken gebildet war. Hierauf stand über jeder Säule ein kurzer Pfeiler von 1 m Höhe.

[36]) Vitr. 5, 1, 6. Eine Wiederherstellung in der Uebersetzung von Reber; vergl. Viollet le Duc, Entretiens sur l'architecture tab. VIII, IX, X.

[37]) Die Basilika war bei den Römern zugleich Börse und Handelsgericht. Der rechteckige Hauptraum war durch zwei oder vier Säulenstellungen in ein breites Mittelschiff und schmälere Seitenschiffe getheilt. Er diente dem Verkehr der Kaufleute und des Publikums. Das Mittelschiff überragte die Nebenhallen und war durch hohes Seitenlicht beleuchtet. An die eine Seite schloss sich die mit einer Halbkuppel überwölbte Halbkreisnische an, welche Tribuna oder Apsis genannt, den Sitz für den Gerichtshof bildete. Die Seitenschiffe waren in den meisten Fällen nur eingeschossig, doch kommt auch ein oberes Geschoss als Empore auf dem unteren vor. Die Breite des Mittelschiffs war oft beträchtlich, wie bei der Basilica Ulpia 24,8 m, so dass Hübsch den Mittelraum für unbedeckt hielt. Doch lassen die Beschreibungen anderer Gebäude und die Decken späterer christlicher Basiliken vermuthen, dass die römischen Architekten, von deren Constructionsvermögen wir soviel Beweise haben, auch hier vermittelst starker Hängewerke eine Bedachung hergestellt haben, an welche gewöhnlich eine flache hölzerne und bemalte Felderdecke angehängt war. Siehe über die reiche Literatur und den heutigen Standpunkt in der Frage über das Verhältniss der Gerichtsbasiliken der Römer zu den kirchlichen der Christen Schnaase 2. Aufl., II S. 356 und vergl. Hübsch, altchristl. Kirchen S. XXXI, sowie meinen Aufsatz in der Zeitschr. für Bauwesen 1878 S. 563 ff.

Die Pfeiler liessen in ihren Zwischenräumen das Tageslicht hindurch und trugen das aus zwei Balken „wohl zusammengearbeitete“ Kranzgesims. Quer über das Gebälk waren nach der Tiefe gerichtete Dachbinder gespannt. Die Sparren wurden durch Stiele und Pfetten mehrfach unterstützt. Während eine Firstpfette über die ganze Länge des Mittelraumes lief, stützte eine zweite Firstpfette die Sparren eines Giebeldachs, welches von der Mitte des Hauptraumes quer nach der Vorhalle zu gehend, das Hauptdach kreuzte. Vitruv wendete diese doppelte Giebelanlage an, um, wie er sagt, sowohl der Aussenseite des Daches, als auch dem Mittelschiff innen ein gefälliges Aussehen zu geben. Dies berechtigt zu der Folgerung, dass das Gespärre des Daches im Innern auch offen sichtbar wurde, besonders, da auch keine im Innern angebrachte Felderdecke erwähnt wird[38]).

Im Privatbau scheint sich das Fachwerkhaus lange Zeit hindurch erhalten zu haben, welches besonders für ländliche Gebäude von Schriftstellern über die Landwirthschaft empfohlen wurde (Cato de re rustica). Unverkennbare Andeutungen altetruskischer Holzconstructionen finden sich in den Felsengräbern zu Cervetri, Corneto etc. In einfacher Weise ahmen sie das uritalische Wohnhaus nach und den engen Flur, welcher auf den Mittelpunkt des Hauses, den bedeckten Hof, führt, und dahinter das Hauptwohnzimmer, das sogenannte tablinum. Die Grabesräume sind in den Felsen gehauen, die Wände gewöhnlich glatt und einfach, die Decke als Holzdecke, entweder als flache Balkendecke, oder als Unteransicht des Giebeldaches, an welchem die Firstpfette, darüber die in mässigen Entfernungen von einander gelegten Sparren und zu oberst die mit dem First parallel laufenden, dicht schliessenden und einander zum Theil überdeckenden Latten sichtbar werden[39]).

Auch die kunstvolleren des von Vitruv (VI, 3, 2) beschriebenen Hofes ohne Traufrinne, des cavaedium displuviatum ist in einem Grabe von Corneto nachgebildet[40]). Vier Gratsparren gehen von den Ecken des Hofes nach der Mitte zu diagonal in die Höhe, werden aber, ehe sie sich treffen, von dem Rahmen eines kleinen Oberlichtschachtes aufgenommen, in dessen vier Ecken sie eingezapft sind. Von diesen Rahmenbalken

---

[38]) Reber schiebt in seiner Uebersetzung des Vitruv diesem zum Trotz ein Holzdeckengetäfel unter, weil eine offene Balkenlage „im Alterthum höchst unwahrscheinlich sei.“

[39]) So in einem Grabe zu Cervetri. Reber, Gesch. d. Bauk. im Alterth. S. 376 Fig. 217, nach Canina, L'antica Etruria etc. Vol. I, Taf. 69.

[40]) Reber, Gesch. d. Bauk. im Alterth. S. 383 Fig. 223, nach Gailhabaud Vol. I.

und den Gratsparren laufen in den auch bei uns gewöhnlichen Entfernungen andere sogenannte Gratstichsparren nach den Wandbalken des Hofes herab und tragen die scheinbar aufgelegte Dachdeckung.

Die Nachbildung eines ganzen etruskischen Hauses mit weit vorspringendem Dach und Oberlichtkasten giebt eine Aschenkiste aus Kalkstein, welche im Berliner Museum aufbewahrt wird[41]).

In den Städten fand in der Kaiserzeit eine Umwandlung statt. Zahlreiche Brände und namentlich der Brand Roms unter Nero sprechen für eine bedeutende Menge Holzbauten. Besonders die viele Stockwerke hohen Miethshäuser (insulae) aus Fachwerk in den volksreichen Gassen waren berüchtigt wegen ihrer unsoliden Bauart. Erfahrene Baumeister zur Zeit des Augustus machten auf die Feuergefährlichkeit und das Reissen des Holzes aufmerksam[42]).

Aber auch in massiven Wohnhäusern war dem Holz ein ganz erheblicher Spielraum gewährt. Die Wände waren kunstvoll vertäfelt, hölzerne Schranken und mit Vorhängen drapirte Einbauten, sowie Felderdecken aus edlen Holzarten fanden im Innern der Häuser Verwendung, während Gartenbauten, Pavillons, Lauben und allerlei leichte Holzconstructionen ausserhalb angebracht waren. Es verdrängte hierbei die Herrschaft der Tischlerei allmälig das gezimmerte Werk, doch nicht zum Vortheil der Kunst, eine Erscheinung, welche auch in andern Kunstepochen, wie zur Zeit der Spätgothik und des Roccoco, auftritt. Es hat den Anschein, als ob jedesmal der Ausbildung der Technik eine Geschmaksrichtung folgt, welche zierliche, leichte, kühne Formen liebt, als ob die Strenge und Zurückhaltung, welche der erblühenden Kunst innewohnt, einem phantastischen Schnörkelwesen Platz macht. Die Thüren, anfänglich aus Brettern zusammengezimmert, werden späterhin nach den Regeln der Tischlerei gestemmt. (Sie bewegen sich übrigens nicht, wie bei uns, in Angeln, sondern vermittelst oben und uuten befestigter Zapfen.) Es wird ein festes Rahmenwerk hergestellt, in dessen Felder lose Füllungen eingesetzt sind. Diese Construction, weniger fest als die andere, kann correcter und dem Auge gefälliger ausgeführt werden. „Sie trägt den Eigenschaften des Holzes Rechnung und kann überall da angewendet werden, wo es sich um einen luftdichten Verschluss, verbunden mit leichter Beweglichkeit, handelt. Denn während

---

41) Reber a. a. O. S. 382 Fig. 222, nach Abeken, Mittelital. vor den Zeiten röm. Herrschaft Taf. III, 6.

42) Vitruv 2, 8, 20.

die aus nebeneinandergesetzten Brettern bestehenden Thüren der Breite nach durch Quellen und Schwinden des Holzes das Maass verändern, bleibt das Rahmenwerk der gestemmten Thüre unverändert stehen, indem es sich beim Wechsel von Trockenheit und Nässe fast gar nicht ändert, da das Rahmenwerk nach der Länge und Breite der Thür aus Längenholz besteht, und die Schwindung des Holzes nach der Länge kaum zu berücksichtigen ist. In diese Rahmenfelder werden nun die schwächeren Füllungen mittelst angearbeiteter Federn lose in die Nuthen der Rahmstücke eingesetzt[43]." Ebenso werden die Wandbekleidungen durch dünne Füllungstafeln, welche in ein Ramengefüge eingelassen werden, gebildet. Die frühere Ueberkleidung mit Platten aus Gold und anderen Metallen weicht dem Fournieren mit ausländischen Hölzern, Elfenbein und Schildpatt, wovon die Schriftsteller der Kaiserzeit[44]) Wunderdinge ersählen.

Pompeji.

Ein phantastisches und nicht ganz correctes, aber im Ganzen wohl zutreffendes Bild dieser geschilderten Holzarchitektur geben uns die Wandmalereien von Pompeji.

Im Alterthum erfuhren sie, vom akademischen Standpunkt aus, harte Beurtheilung[45]). „Statt der Säulen setzt man Rohrstengel, statt der Frontispize kleine harpyenartige Missgeburten, die in krausem Blattwerk und aufsteigenden Schnörkeln endigen. Ferner Kandelaber, die kleine Tempelmodelle tragen, über deren Giebeln zarte Blumen aus geschnörkelten Wurzeln hervorwachsen und auf denen ganz unmotivirte, kleine Figuren sitzen, mitunter anch Blumenkelche mit halben, aus ihnen emporkeimenden Figürchen mit bald menschlichen, bald thierischen Köpfen." Es giebt bisher keine guten Abbildungen dieser glänzenden, Leben und Geist athmenden Frescomalereien[46]); es gelingt nicht, diese Pinselstriche, bei denen die Flüchtigkeit und Leichtigkeit, mit der sie, zum Theil offenbar in kürzester Zeit, hingeworfen sind, gerade einen besonderen Reiz haben, durch Nachbil-

---

[43]) Breymann, Holzkonstr.

[44]) Besond. Plinius 16; vergl. in Semper, der Stil II, den interessanten §. 145.

[45]) Vitruv 7, 5, 3 ff.

[46]) Zahn, Die schönsten Ornamente und merkwürdigsten Gebäude aus Pompeji. Mazois, Les ruines de Pompeji. Museo Borbonico. Raoul Rochette. Roux (Kaiser) Herculanum und Pompeji. Presuhn. Niccolini, Case di Pompeji. Dies ist das beste Werk, obgleich auch zu glatt und modernisirend.

dungen wiederzugeben. Wem der unvergleichliche Genuss ward, sich an den Malereien selbst zu erfreuen, der erhält eine Ahnung von dem künstlerischen Geist, welcher im classischen Alterthum das Handwerk durchdrang. Das bunte Durcheinander von hellenischen Formen, mit welchen sich fremde Motive mischen, welche bald an Aegyptisches, bald an Orientalisches, bisweilen fast an Chinesisches erinnern, zeigt auch in den Nachahmungen der Holzarchitektur den raffinirten Geschmack des Kaiserreichs zur Zeit des ersten Jahrhunderts nach Christus, dem alle Völker der Erde dienen mussten.

Es ist schwer, eine Beschreibung dieser wechselvollen Architekturbilder zu geben. In bisweilen ungenauer, doch stets wirksamer Perspective sieht man einen leichten, luftigen Bau hinter dem anderen, so dass das Auge durch eine Reihe malerischer Durchblicke fast verwirrt ist. Der eigenthümliche, wechselvolle Reiz wird dadurch erhöht, dass, wenn auch im Ganzen eine gewisse Symmetrie festgehalten ist, im Einzelnen Abweichungen in den Gliederungen und Eintheilungen sowohl den Formen, wie den Farbenzusammenstellungen nach stattfinden. Dies liegt im Wesen der Holzarchitektur. Macht der Stein strengere Forderungen an Symmetrie und gleichartigen Aufbau, so begünstigt das Holz, gerade durch seine Zusammenfügung wirkend, eine freiere, mehr malerische Entwickelung und Gruppirung einzelner Parthieen. Dies ist eine Regel, welche auch für die heutige Holzarchitektur gilt.

Wie erwähnt, ist der Einfluss der Möbeltischlerei unverkennbar. Die Säulen werden möglichst dünn gemacht, und die Drechslerei wendet ihre Künste an, um sie bald zierlich gewunden, dald stengelartig gerippt und durch Knoten unterbrochen erscheinen zu lassen. Sie tragen auf griechischen Capitälen oder ägyptisirenden Blumenkelchen allerlei gerade oder gebogene Gebälke (bisweilen Stichbogen), über welchen ebenfalls gerade und geschweifte, oft gebrochene Giebeldächer oder Kuppeln sich erheben. Um das Luftige eines Baues zu steigern, ist auf manchen Bildern gar kein Dach über dem Gebälk, so dass der Himmel hindurchscheint oder ein schön gefalteter Vorhang darüber gespannt. Ebenso hängen zwischen den Säulen Vorhänge, halb aufgeschlagene Gardinen und Laubgewinde von oben herab. Blumen, Rosetten, angebundene Geräthe, überhaupt festlicher Schmuck aller Art und flatternde Bänder rufen die Erinnerung an die alexandrinischen Festbauten hervor. Unten sieht der Beschauer durch geöffnete Thüren in das Freie, oder auf Nischen mit Bildsäulen, auf Treppen, welche durch Figuren belebt sind und in das Innere von

Gemächern. Mehrere Stockwerke sind übereinander aufgebaut, und von Balkonen und Galerien schauen Figuren hinab. Auf einem der Wandgemälde (Fig. 14) tritt ein junges Mädchen, welches eine Fackel in der Hand hält, wie Hero, auf den Altan, dessen etwa 3 m hohe vertäfelte Thür geöffnet ist, während dahinter noch ein kleineres etwa 1 m hohes aus gekreuzten Holzstäben bestehendes Schutzgitter eine im Alterthum oft vorkommende Anordnung wiedergiebt. Denn auch das Arbeitszimmer des Herrn, das am Ende des Vestibüls belegene Tablinum, haben wir uns nach den Beschreibungen durch ebensolche Schranken abgeschlossen zu denken. Bisweilen haben die Brüstungen der Balkone weitausladende Deckbretter, auf denen Personen sitzend und etwa lesend dargestellt sind. Die Unteransicht dieser Deckbretter ist in Felder getheilt, wie auch die Unteransichten der Decken und der weitausladenden Dächer cassettirt sind. In der Felderdecke erkennen wir ein Hauptelement der Holzverzierungskunst des Alterthums. Ueberall zeigt sich die dem Wesen des Holzes entsprechende Neigung, grössere Flächen in Felder abzutheilen.

Fig. 14.

Bemerkenswerth in dieser Beziehung ist die perspectivische Ansicht eines Gebälks, an welchem zwischen dem dreifach getheilten Epistyl und den Consolen des Kranzgesimses ein Fries durch eine Reihe aufrechtstehender Blumenstengel in quadratische Felder eingetheilt ist. Die Quadrate zeigen ein Ornament, das sechzehn Jahrhunderte später an den Brüstungen der Holz-Fachwerkhäuser im Harz als Fächer- oder Muschelornament die hauptsächliche, immer wiederkehrende Verzierung der Fassaden bildet.

Wenn wir uns das Gesammtbild eines römischen Hauses mit seinem durch die Oberlichtöffnung erleuchteten Hof denken, um welchen herum die Räume mit kostbaren Mosaikfussböden und Teppichen angeordnet sind, dazu überall den Schmuck von schönen Figuren und prächtigen Geräthen, so darf nach den Darstellungen auf den Wänden Pompejis der milde Glanz getäfelter Wände und farbiger Felderdecken nicht fehlen. Dahinter der kleine, aber wohlgepflegte Garten mit Lauben, Statuen und Wasserkünsten vollendet das anmuthige und heitere Bild. Auch hier, wie im Innern das Zusammenwirken verschiedener Materiale, bei welchen dem Holz eine hervorragende Rolle zugewiesen ist. Insbesondere war aber ein Raum des Hauses durch schönen Schmuck der Wände und prächtiges Schnitzwerk der Decke ausgezeichnet. Dies war der Speisesaal, welcher wohl eine besondere Beachtung verdient, da er für die Entwickelung des christlichen Kirchenbaues zum Theil von vorbildlichem Einfluss gewesen ist.

Die Hausbasilika.

Das römische Haus war so angeordnet, dass von dem Atrium aus ein schmaler Gang neben dem Zimmer des Herrn nach einem zweiten Hof führte, an dessen Ende der Hauptsaal des Hauses war. Dieser Saal, der sogenannte Oecus (im Athenäus, Lucian, Vitruv), wurde zu Trinkgelagen, Festlichkeiten und grösseren Versammlungen benutzt. Wir haben von dem alten Schriftsteller Lucian aus dem dritten Jahrhundert nach Christus eine Lobrede auf solchen Festsaal erhalten. Die Lage gegen die Morgensonne wird besonders hervorgehoben, die vielen schönen Fenster und die Decke, welche bei aller Schönheit und reichen Vergoldung nicht überladen sei. Der Vergleich der Plafonds mit dem nächtlich gestirnten Himmel, dessen Glanz in Einklang mit den dunkeln Zwischenräumen steht, ruft den Gedanken an die hellenische Cassettendecke mit Sternenverzierungen hervor.

Diese Prachtsäle sind jedenfalls von Hellas nach Italien herübergekommen, wie auch der Name bezeugt. Namentlich zu Korinth waren schon frühzeitig hölzerne Felderdecken in Privathäusern, welche dadurch hergestellt waren, dass einfach auf die Hauptbalken des Raumes leichtere Stroterenbalken quer herüber gelegt waren. Nach einer classischen Anekdote[47]) fragte ein spartanischer König, welcher zur Zeit der Perserkriege nach Korinth kam, beim Anblick der vielen so hergestellten Decken, ob dort zu Lande die Hölzer gleich vierkantig

---

[47]) Plut., Lycurg. 13.

wüchsen. Eine Gattung von Sälen hiess sogar auch in Rom die korinthische[48]). Dort hatte sie einfache Säulen, ein Gebälk in Stuck oder von eingelegter Arbeit, und darüber eine gewölbte Felderdecke.

Die Speisesäle wurden namentlich seit dem Verkehr Roms mit dem üppigen Aegypten, und den Ptolemäern, deren Reichthum und Prachtliebe berühmt war, mit allen Reizmitteln des Geschmacks ausgestattet. Die mit Elfenbein und andern kostbaren Stoffen verzierte Felderdecke wurde häufig beweglich eingerichtet, so dass die einzelnen Theile sich verschoben, stets wechselnde Bilder zeigten, und Blumen oder wohlriechende Wasser herabregnen liessen[49]), oder gar beim Gastmahl ein mächtiger Reifen mit angehängten Kränzen und Salbenflaschen herunterkam[50]). Diese Speisesäle hatten, wie das Atrium, ringsherum Säulenumgänge, sowie in der Mitte zum Theil ein Oberlicht, jedoch wurde auch der Mittelraum innerhalb der Säulen höhergeführt, und an Stelle des Oberlichts hohe Seitenfenster angeordnet. Diese Bauweise mag wohl durch die Alexandriner in die Privatarchitektur Aegyptens gekommen sein, von woher sie bei den Römern als die des aegyptischen Oecus Aufnahme fand.

Einen deutlichen Fingerzeig giebt in dieser Beziehung das Prachtschiff, welches der verschwenderische König Ptolemaios Philopator auf dem Nil errichten liess[51]). Dieser schwimmende Holzpalast, Thalamegos, welcher Vorzimmer, Speisesäle, sowie Schlafzimmer und eine Kapelle enthielt, galt im Alterthum als ein Wunderwerk. Ein Trinksaal war im oberen Geschoss, wie der Berichterstatter desselben ausdrücklich sagt, nach der „aegyptischen Weise" gebaut und ausgestattet. Die Säulen, welche genau beschrieben werden, lassen in den Pflanzencapitälen mit Lotoskelchen und Palmenkronen die bekannten altaegyptischen Motive als eine Art Renaissancebildung wiederkennen. Die Wandflächen sind abwechselnd in helle und dunkle Felder eingetheilt. Wegen dieser ganzen Anordnung des Säulensaales nun hiess diese Art Säle die aegyptische.

Die Form eines ebensolchen Saales hatte sich schon in dem heiligen Zelte des Ptolemaios II. gezeigt. Dort hatte ich die später dafür allgemeine Bezeichnung der Basilika vorweggenommen. Die für die Basilika characteristische Anwendung des hohen Seitenlichtes

---

[48]) Vitr. 6, 3, 8.

[49]) Sueton, Nero 31; Seneca, Ep. 90.

[50]) Petronius, Gastmahl d. Trimalchio.

[51]) Athenäus 5, 206.

veranlasste den Vitruv bei der Aufzählung und Beschreibung der Säle zu einer für die Frage nach der Entstehung der christlichen Basilika wichtigen Bemerkung [52]). Er hebt als eine besondere Gattung, die sogenannten aegyptischen Säle, hervor. „Bei ihnen sind über den Säulen Architravbalken und von den Architraven nach den ringsherumlaufenden Wänden Deckbalken gelegt, und über das Deckengetäfel ein Fussboden, so dass hier ein Umgang unter freiem Himmel entsteht. Ferner sind auf dem Architrav lothrecht auf die unteren Säulen andere um ein Viertheil kleinere zu legen, über die Architravbalken aber und ihre Verzierungen eine Felderdecke. Zwischen der oberen Säulenstellung sind Fenster anzuordnen. Daher sehen diese Speisesäle nicht, wie die (vorher von Vitruv beschriebenen) korinthischen, aus, sondern so, wie die Basiliken."

Und in der That boten diese Festsäle der Alten den ersten christlichen Gemeinden eine Stätte für ihre Versammlungen. Mit der Ausbreitung und Anerkennung des Christenthums wurde der Wunsch nach eigenen Räumen geltend, und so entstanden jene Gcbäude, auf welche Namen und Anordnung der Basiliken übertragen wurde, eine Verschmelzung mit den sogenannten aegyptischen Sälen, welche, wie wir gesehen haben, sehr leicht war [53])

---

[52]) Vitruv VI, 3, 8.

[53]) S. S. 49, Anm. 37 Schluss.

II. Abschnitt.

Die Holzdecken des Mittelalters.

Erstes Capitel.

Die christliche Basilika.

Die christlichen Basiliken haben eine besondere Bedeutung für die Holzarchitektur; denn sie sind die ersten Gebäude, in welchen das Zimmerwerk des Daches, wo nicht in ursprünglichem Zustande, doch in getreuen Wiederherstellungen bis auf unsere Zeit gekommen ist.

Felderdecke.

Zunächst wurde noch die antike Cassettendecke zwischen dem Innern und der Dachconstruction beibehalten[1]), vgl. S. 42. Die Kirchen, welche unter Constantin selbst ausgeführt wurden, folgten darin den classischen Vorbildern. Eusebius, welcher 264—340 lebte, hat uns die Beschreibung einiger Basiliken überliefert. Von der zwischen den Jahren 313 und 322 errichteten Basilika zu Jerusalem erzählt er, dass über den Seitenhallen die Räume mit Holzarbeiten verziert waren, über dem Schiff eine Decke aus Cedern vom Libanon gewesen sei. Ebenso in der Basilika zu Tyrus. „Im Innern war die Decke durch geschnitztes Tafelwerk abgetheilt und erstreckte sich, wie ein grosses Meer durch das ganze Seitenschiff, indem sie in ihrer ganzen Ausdehnung ununterbrochene Verflechtungen darbot, durchaus mit glänzendem Golde belegt, sodass der ganze Tempel davon, wie von Lichtstrahlen leuchtete.“ Eine der prächtigsten Felderdecken hatte auch die dreischiffige Kirche St. Maria Maggiore

---

[1]) Bunsen, Die Basiliken des christlichen Roms etc. (Text zu Gutensohn und Knapp, Denkmale der christl. Religion) S. 31.

in Rom, welche in der Zeit der Renaissance durch Giuliano San Gallo nach dem alten Plan wiederhergestellt wurde.

Sparrendecke.

Unter den Nachfolgern Constantins, vielleicht schon unter ihm selbst, wurde die Cassettendecke fortgelassen, so dass der offene Dachstuhl im Innern der Kirchen sichtbar wurde[2]).

Dies ist eine so bedeutsame, für das ganze Wesen der Architektur nicht zu unterschätzende Veränderung, welche mit all den gewaltigen Wandelungen, die in der damaligen Zeit stattfanden, in

---

[2]) Wie wir an der Basilika zu Fanum (Vitr. V, 1, 10, s. S. 40) sahen, wurden schon zu Augustus Zeiten Versuche gemacht, die von Griechenland her überkommene Felderdecke fortzulassen. Mit Kreuser (christl. Kirchenb. 1851 S. 148) anzunehmen, dass auch die ursprüngliche heidnische. Basilika die Zwischendecke nicht hatte, scheint gewagt. Dagegen sind wir ebensowenig berechtigt, für die frühchristlichen Basiliken flache Decken herzustellen, auch wo dieselben fehlen (Bunsen a. a. O. S. 43, u. A.). Vorsichtiger ist Zestermann (die antiken und die christl. Basiliken 1847 S. 92 und 156, vergl. jedoch S. 134 Anm. 371). Messmer (Urspr., Entwickel. und Bedeutung der Bas. in der christl. Baukunst v. 1854, II. Abschn. Kap. VIII) sprach sich dahin aus, dass das Balkenwerk mit oder ohne Felderdecke vorkommt, und wies namentlich die Ansicht (Briefe eines Florentiners I, Anm. 318 im 19. Br.), dass das offene Balkenwerk aus dem erfolgten Verfall herrühre, zurück. Dagegen trat Weingärtner (Ursprung und Entwickel. des chr. Kirchengebäudes 1858 S. 98 ff.) in heftiger Weise für die Allgemeinheit der Felderdecke auf, jedoch überzeugen seine Beweise, wie an manchen andern Stellen gerade zum Gegentheil. Zum Beispiel geht aus dem Herunterhängen eines Kronleuchters von einem Balken (Prudent, Cathem, Hymn. V, 140), oder der Erwähnung flacher Decken deutscher Basiliken nicht die Nothwendigkeit einer Felderdecke hervor. Leider geben die baulichen Reste selbst kein sicheres Zeugniss, da sowohl uralt scheinende Sparrendecken einiger Basiliken zum Theil durch Fortnehmen der Felderdecke entstanden, als auch umgekehrt manche Felderdecken nachweislich spätere Einschiebungen sind. Was die Schriftquellen betrifft, so reden die Beschreibungen des Eusebius, Paulinus und anderer allerdings von Felderdecken, wofern nicht etwa auch die laquearia, wie bei den späteren Normannenbauten in Sicilien, an dem schräggeneigten Dach sich innen zeigen. In einem Brief, in welchem Constantin den Bau einer Basilika aufträgt, schreibt er: „Ob die Decke der Basilika als Felderdecke, oder durch eine andere Arbeit dargestellt werden soll, wünsche ich von dir zu wissen" (Euseb. Vita Const. III, 32; cfr. Zest. S. 167, Messm., Aufsatz 1854 S. 12, Weing. S. 99). Also ein Beweis gegen die Allgemeinheit der Felderdecke. Ebenso erzählen Schriftsteller, dass Leute von aussen auf das Kirchendach stiegen und Schindeln in das Innere warfen (Optat. de schism. Don. II, 8, 18. Kreuser S. 23, vergl. Messmer, Aufs. v. 1859 S. 19, der einen ähnlichen Vorfall aus B. Liberii in dem libell. prec. ad Imper. erwähnt). Also ein Beweis für die Sparrendecke. Dass sie vor Constantin etwa vorkommt und nach ihm „die Lakunarien Sitte werden" (Weingärtner), ist vollends ebenso unerwiesen, wie es der ganzen Kunstrichtung der Zeit widerspricht. Vergl. die folgende Entwickelung.

Zusammenhang steht, so dass einige begründende Worte am Platze sein mögen.

Das Mittelalter, in das wir hiermit eintreten, ist gekennzeichnet durch das offene unverhüllte Geltenlassen des constructiven Elementes. So wie der antiken Anschauung gegenüber in der Religion die Seele in Gegensatz zur Körperform gebracht wurde, war das ganze Mittelalter ein steter Kampf, eine Trennung des innern, wesentlichen Kernes von der sinnlichen Erscheinung. Erst die Renaissance versuchte das hellenische Schönheitsgefühl mit der christlichen Sehnsucht nach Wahrheit in Einklang zu setzen.

Dieses mittelalterliche Bestreben, das innere Wesen rein zum Ausdruck zu bringen, beeinflusste auch die Architektur. War schon durch die Römer das hellenische Vorwalten der Form etwas zurückgedrängt worden, so ward im Mittelalter die Construction recht in den Vordergrund gestellt. Solcher Geist musste der hohen Ausbildung des Handwerks sehr zuträglich werden. Und in der That sehen wir, wie die handwerkliche Geschicklichkeit sich in höchstem Maasse ausbildet, das freie Künstlerthum in seine Kreise zieht und die Zunft unter dem Meister feste Regeln der Technik durch theoretische Lehre verbreitet. Als die Ausbildung der Handwerke einen hohen Grad erreicht hatte, trat auch hier die Renaissance umbildend ein, Künstler und Handwerker wieder von einander trennend, freilich aber auch allmälig die Kunst ihrer besten Stütze beraubend. Ein hochbedeutender Constructeur der Neuzeit[3]) macht darauf aufmerksam, dass noch die Kuppel des Florentiner Domes von 1425 ein Meisterstück guter Construction ist, während die der Peterskirche in Rom im Jahre 1546 unbegreiflich schlecht ausgeführt wurde. Derselbe Architekt kennzeichnet das Wesen der mittelalterlichen Construction in folgenden Worten: Alle langen Linien von Mauern, Gewölben, Dachhölzern etc. sind im Mittelalter verhältnissmässig sehr schwach, dagegen in kurzen Zwischenräumen durch unverschieblich feste Knotenpunkte netzförmig abgeschlossen, während bei den Alten diese Theile meistens ohne solche stärkeren Abschlüsse, aber gleichförmiger dick und weit massiver waren[4]).

Dieses Verfahren, durch dünnes Stabwerk und korrekte Verbindungen zugleich sparsam und constructiv zu bauen, verbunden

---

[3]) Moller, Beiträge zur Lehre von den Constructionen, Einl. S. II.

[4]) Reuleaux fasst den Unterschied der antiken und mittelalterlichen Formensprache kurz und treffend in die Worte: Funktionssymbolik und Struktursymbolik zusammen.

mit der Neigung, die Verzierungen aus der Werkform selbst abzuleiten und von ihr abhängig zu machen, begünstigte nothwendigerweise auch die Ausbildung der Zimmerkunst. Der Dachstuhl durfte im Innern sichtbar werden und machte die im Alterthum „des schönen Aussehens wegen," wie ein griechischer Schriftsteller sagte, angebrachte Zwischendecke unnöthig.

Das italienische Dach.

Allerdings war auch die Dachdeckungsweise Italiens, die bis heute dort dieselbe geblieben ist, geeigneter als unsere, das Dach innerhalb von unten zu zeigen[5]). Im Norden, wo steilere Neigung geboten ist, werden auf den schrägen Hauptsparren wagerecht laufende Latten befestigt, und auf diese die 15 cm breiten und 39 cm langen, also verhältnissmässig schmalen Ziegel gewöhnlich in mehrfacher Ueberdeckung über einander mit den nach unten vorstehenden Nasen aufgehängt.

Im Süden haben die 30 cm langen und ebenso breiten Ziegel auf beiden Seiten aufgebogene und durch andere, sogenannte Firstziegel zu überdeckende Ränder, und werden auf breite Thonplatten in Mörtel verlegt. Diese Platten sind ebenfalls gebrannt, haben also unterwärts ein glattes Ansehen. Sie werden von Lattensparren getragen, welche mit der Neigung des Daches von oben nach unten laufend, 30 cm von einander entfernt sind und von einigen wagerecht laufenden stärkeren Hölzern unterstützt werden. Diese stärkeren Hölzer, unseren Pfetten vergleichbar, sind noch einmal so weit von einander entfernt, als unsere Dachsparren, so dass also im Innern nicht eine solche Menge kleiner Felder entsteht, wie bei uns. Rechnet man dazu, dass die grossen Platten auch von innen geglättet sind, und das Dach an sich eine flachere Neigung, also am First einen stumpferen Winkel zeigt, als im Norden, so erkennt man, dass der Eindruck des Dachstuhles ein besserer, als bei uns war, und viel eher die Sichtbarkeit des ganzen Gefüges zuliess. Hatte man doch fast nur eine schräg gestellte Felderdecke statt der bisherigen wagerechten.

Das einfache Hängewerk.

Die kunstvoll geschnitzten und wohl zusammengefügten Dachstühle der Basiliken geben bis in späte Zeiten hinein die schönsten

---

[5]) Hübsch, Altchristl. Kirchen S. 11 Anm. 12 und S. 18 Anm. 7.

Beispiele des zur Kunst veredelten Handwerkes. Es waren nicht kleine Aufgaben, welche die alten Meister zu lösen hatten. Die mächtigen Spannweiten der Mittelschiffe machten bald eine blosse Ueberdeckung mit einfachen oder auch verstärkten Balken, auf welchen die Last der sparrentragenden Stiele ruhte, unmöglich. Sie führten auf den Gedanken, umgekehrt die Hauptsparren mit ihrem einen Ende auf die querlaufenden Binderbalken an der Stelle aufzulegen, wo diese selbst auf der Mauer lagen, und mit dem andern Ende am First gegeneinander zu verstreben, so dass sie eine oder mehrere angehängte sogenannte Säulen tragen konnten. An diese konnte dann wieder der Binderbalken oder Tramen angehängt werden. Je nach der Anzahl der Hängesäulen bezeichnet man die so entstandene Construction des Hängewerks als eine einfache, doppelte, dreifache etc. Die Hängesäulen, von dem Binderbalken abwärts gezogen, pressen die Streben nur um so fester zusammen und übertragen so die Zugspannung auf die genügend durch die tragende Wand unterstützten Endpunkte. Die Verbindung der Streben mit dem Binderbalken geschieht durch Verzapfung und Versatzung. Es wird das Holz der Streben ringsherum abgeschnitten und der übrig bleibende Zapfen in ein ihm entsprechendes aus dem Binderbalken geschnittenes Zapfenloch gesteckt, so dass hierdurch die Strebe am Abgleiten vom Binderbalken gehindert wird. Es ist dieselbe Anordnung wie beim Pfosten der Riegelwand, nur müssen hier Zapfen und Zapfenloch schräg nach der Richtung der Streben geschnitten werden. Um den Widerstand zu erhöhen, wird ausserdem die Strebe in ihrer ganzen Breite in ein zu diesem Zweck ebenfalls in der ganzen Breite des Binderbalkens eingeschnittenes Stück desselben eingelassen, bisweilen auch, wenn das einzuzapfende Holz stark und der Neigungswinkel desselben klein ist, durch einen Absatz im Ausschneiden eine doppelte Versatzung hergestellt. Durchgezogene Bolzen oder umgelegte Bänder von Eisen vergrössern die innige Verbindung beider Hölzer. — Ebenso, wie die Strebe mit dem Binderbalken, wird sie beim einfachen Hängewerk auch in der Mitte mit der Hängesäule verbunden, nur dass diese lothrecht stehen, auf beiden Seiten zur Aufnahme der Streben verschnitten wird. Bleibt oberhalb der Streben für die Hängesäule zu wenig Holz, so dass die pressenden Streben dasselbe abzusprengen drohen, so wird auch hier Eisen zur Verstärkung genommen. Bisweilen umfasst die Hängesäule, doppelt genommen, die Streben. — Die Verbindung der Hängesäule mit dem Binderbalken geschieht durch ein Hängeeisen, welches beide Hölzer umgreift und an der Säule durch Krammen und eingeschlagene Bolzen befestigt ist.

Häufig sind gerade bei den alten Basiliken die Strebebalken so kurz, dass sie in den Binderbalken nicht da versatzt sind, wo diese auf der Mauer aufliegen, sondern etwas innenwärts. Dann wird der lothrechte Druck, der hierdurch eintritt, durch ein Sattelholz oder ein steinernes Consol, welches fest in die Mauer eingebunden bis über den Punkt der Versatzung fortreicht, aufgehoben.

Als Beispiel der so geschilderten Anordnung des einfachen Hängewerks kann der im siebenten Jahrhundert erbaute Dom von Torcello[6]) sowie die alte Peterskirche in Rom[7]) gelten.

Eine eigenthümliche Verstärkung der Streben wurde dadurch oft beabsichtigt, dass zwei kürzere Strebenpaare einerseits von den Ecken, dicht unter den Hauptstreben, andererseits von der Mitte des Binderbalkens auslaufend, sich ungefähr in der Mitte der Hauptstreben trafen. Dadurch sollten die Hauptsparren noch von unten her gestützt werden. Man hat diese Construction im Allgemeinen jetzt aufgegeben und wendet (wie dies auch bei der alten Petersbasilika war), wagerechte, das Hängewerk umgreifende Zangenpaare an, welche den Dachraum weniger verengen und die Hängesäule und Hauptstreben nicht so schwächen, als dies bei Schrägstreben, welche nur einfach genommen und in die Hauptölzer eingezapft werden, der Fall ist.

Fig. 15.

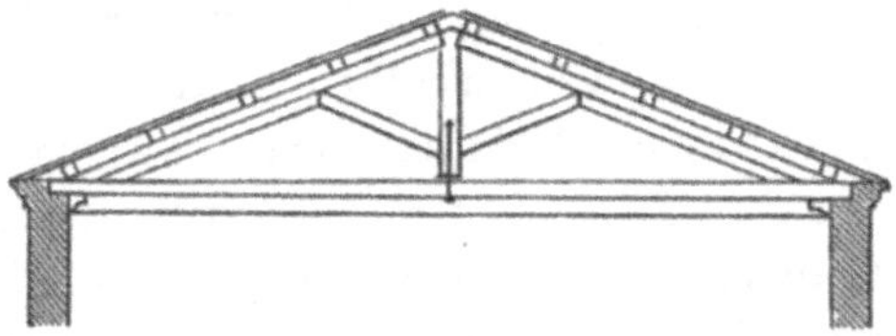

Um dieser letzteren Gefahr wenigstens in Bezug auf die Hauptstreben vorzubeugen, liess man öfters die Schrägstreben nicht in die Hauptstreben laufen, sondern führte dicht unter den Hauptstreben vom Auflager aus einen kurzen Balken bis zu dem Punkt, wo er mit der Schrägstrebe zusammenstiess. So erhielt man in jedem der von der Mittelsäule abgetheilten Felder ein Sprengewerk, welches die Hauptstrebe wirksam unterstützte (Fig. 15).

---

[6]) Hübsch, Altchristl. Kirchen S. XXXIX, 7.

[7]) Nur erhalten durch den Plan von Alfarano, der in jedem Lehrbuch der Kunstgeschichte aufgenommen ist.

Solche Anordnung zeigt der Dachstuhl der dreischiffigen Kirche S. Sabina in Rom[8]). Die Kirche wurde unter Papst Coelestin I. (422—433) erbaut und unter seinem Nachfolger Sixtus III. vollendet, das Aeussere jedoch durch spätere Anbauten vielfach verdeckt. Sie ist, seitdem die St. Paulskirche durch Brand zerstört ist, die einzige Basilika von bedeutender Grösse, die ihre Hauptgestalt im Innern noch ziemlich unverändert erhalten hat. Das 14 m breite Mittelschiff wird auf jeder Seite durch 12 schöne korinthische Marmorsäulen, welche sämmtlich demselben antiken Bauwerk entnommen sind, von den niedrigeren Seitenschiffen getrennt. Weit von einander gestellt, so dass die Zwischenweiten vier Säulendurchmesser betrugen, waren die Säulen durch breite Halbkreisbögen verbunden, auf welchen die durch eine Reihe von Bogenfenstern erleuchtete Oberwand ruhte. War so statt der ruhigen Einheit des antiken Architravs „die bewegte Vielheit einer Anzahl von Gliedern“ eingetreten, so wurde dieser Eindruck noch gehoben durch den sichtbaren Dachstuhl. Denn die Reihe der Binderbalken, in denselben Zwischenweiten, wie die Säulen, quer herübergelegt, bot mit den Streben, Hängesäulen, Sparren, Pfetten und Latten ein belebtes Bild der verschiedenen sich perspectivisch verschiebenden Hölzer und bildete ein Neues, Vielgliedriges gegenüber der früher gleichförmig übergespannten Felderdecke. Auch die niedrige Decke der Seitenschiffe war gleichsam in eine Reihe von Balken aufgelöst. Die Sparren, welche schräg gegen die Mittelschiffmauer ansteigend ein Pultdach bildeten, wurden nur durch zwei Streben in der Mitte unterstützt, welche auf den Enden der Binderbalken aufliegen konnten. Buntfarbiger Marmor bedeckte die Wände, ebenso war das Holzwerk mit bunten Farben bemalt. Zum ersten Mal tritt für uns in diesem Kirchenbau der Gedanke der Hauptwirkung durch die Construction auf, der im Laufe des Mittelalters nun noch weiter ausgebildet wurde.

Eine ähnliche Anordnung des Dachstuhls hat die Kirche St. Johannes beim Kloster d. Studios in Constantinopel[9]). Nur ist hier, um die Durchbiegung des Binderbalkens in der Mitte, wo die Last der beiden kleineren Streben wirkt, zu verhüten, unterwärts noch ein kurzes Balkenstück dicht angefügt und ähnlich einem Sattelholz an den Enden als Consol ausgebildet.

---

[8]) Hübsch, Altchristl. Kirche IX, 10, 11 u. XXXVII, 11.

[9]) Hübsch, XVIII, 3. Bei Salzenberg, Altchristl. Baudenkm. und danach in den Denkm. d. Bauk. von den Stud. der Berl. Bauak. V, XVIII fehlen die kleinen Streben.

Das zweifache Hängewerk.

Bei bedeutenden Spannweiten ist eine einmalige Unterstützung des Binderbalkens zwischen seinen beiden Auflagern nicht ausreichend. Dann wendet man ein zweifaches Hängewerk an, und unterstützt jede der beiden Streben, die etwa bis zu einem Drittel Entfernung vom Mittelpunkt reichen, durch eine Hängesäule. Ein Spannriegel (Brustriegel) wird, um die beiden Hängesäulen auseinanderzuhalten, wagerecht in der Höhe eingespannt, wo die schrägen Streben gegen die Säule laufen und erleidet von beiden Seiten horizontale gleichmässige Pressungen, welche einander aufheben, so dass der Druck des Systems wieder auf die Endpunkte übertragen wird. Die Verbindung der Strebe und des Spannriegels mit der Säule wird dadurch bewirkt, dass, wenn die Säule einfach ist, die beiden Hölzer mit Versatzung und Zapfen in sie eingreifen. Ist die Hängesäule jedoch doppelt, so werden Streben und Spannriegel im Innern der Säule zusammengeschnitten und von ihr umfasst.

Das zweifache Hängewerk nun in dieser Anordnung scheint in den alten Basiliken nicht vorzukommen. Dagegen wurde es oft mit dem einfachen zu einem dreifachen Hängewerk vereinigt.

Das dreifache Hängewerk.

Hierbei läuft der Sparren des einfachen über dem des zweifachen Systems. Spannriegel sowie Streben gehen durch die doppelt zu nehmende Hängesäule hindurch, oder diese letztere durch die doppelten Streben und den doppelten Spannriegel, welcher so zum Zangenpaar wird.

Ein Beispiel der ersten Art giebt der Dachstuhl in dem grossartigen Rundbau der Kirche St. Stephano rotondo in Rom[10]). Sie wurde unter Papst Simplicius (468—483) in einer Zeit gebaut, da schon die alte Stadt als Sitz des kaiserlichen Hofes aufgegeben und von Barbaren verwüstet worden war. Noth und Armuth hatten um sich gegriffen und zeigen sich auch in der Ausführung dieses Baues. Und doch wurde der alte Gedanke an die Macht und Grösse der Stadt in jener Zeit recht lebendig. Gerade dieses Denkmal, gewaltig durch seine Ausdehnung, wie seine inneren Verhältnisse, zeigte zuerst in Rom die Idee der Basilika auf die Centralform übertrageu und das Kreuz mit der Rotunde verbunden. Begünstigt wurde die centrale Anlage durch die Stelle. Denn es war dazu die Höhe des

[10]) Hübsch S. 35 XVI, 3 — 12 (Durchschn.) XVII, 1 (Grundr.).

Caelius bestimmt, da, wo drei Strassen sich vereinigten. Nach dem ursprünglichen Plane theilten drei concentrische Kreise die Kirche in ebensoviele Haupttheile. Das Mittelschiff 15,4 m im Durchmesser breit, ward durch 20 antike Säulen, welche durch wagerechtes Gebälk mit einander verbunden waren, von einem 10,1 m breiten inneren Umgang und dieser durch 36 jetzt zum grössten Theil vermauerte Säulen von dem 10,4 m breiten äussern Umgang getrennt. Die Säulen zwischen den beiden Seitenschiffen, welche durch Rundbögen verbunden waren, wurden durch acht zwischengestellte Pfeiler in acht Abtheilungen von je vier und fünf Bögen geschieden. Radiale Säulenstellungen theilten den äussern Umgang in acht Abtheilungen, deren vier mit den Umfassungsmauern parallele (also concentrisch laufende) Zwischenwände haben. Die andern vier, welche den Hauptaxen entsprechen, waren frei geblieben und an der Aussenwand mit je einer Nische versehen. Weit über die niedrigeren Umgänge erhebt sich das Mittelschiff mit seiner cylindrischen, durch zwanzig Rundbogenfenster erleuchteten Oberwand bis zu einer Höhe von nahezu 25 m. — Dieser wirkungsvolle Raum fand oben seinen Abschluss durch ein dreifaches Hängewerk aus starken sich kreuzenden Balken (Fig. 16). Die Hängesäulen des zweifachen Hängebocks

Fig. 16.

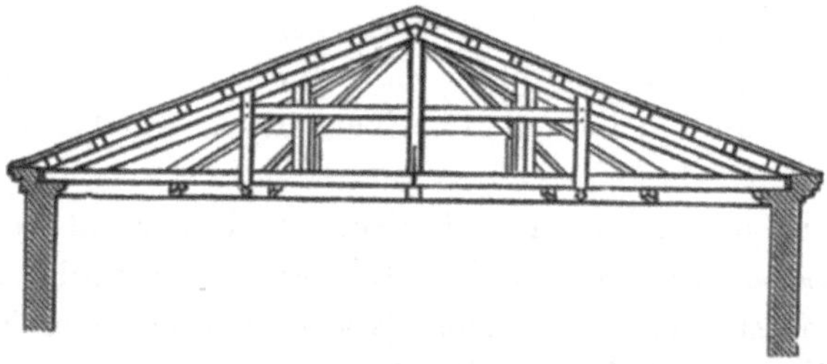

bildeten einen innern Kreis, während die darüber befindlichen, bis zum First reichenden Streben des andern Systems in eine einzige Mittelsäule, einen Kaiserstiel, eingezapft waren. Als ein mächtiges Zeltdach waren auf den Streben die Pfetten und darauf die Latten im Kreise herumgelegt. Die Menge der einzelnen wohlgefügten Hölzer führte so das Auge immer höher und ferner, während unten prachtvolle Marmorvertäfelung und der Glanz der Mosaiken das Innere prächtig bedeckten. Es wurde unter Papst Felix IV. vollendet. Im Laufe der späteren Zeiten hat das herrliche Bauwerk durch viele unglückliche Veränderungen und Umbauten gelitten.

Eine Abwechselung erfuhr das dreifache Hängewerk bisweilen dadurch, dass die mittelste Hängesäule nicht bis an den Binderbalken reichte, sondern dicht oberhalb des Spannriegels aufhörte und mit diesem fest durch umgelegte Hängeeisen verbunden war. So bei der Kirche S. Apollinare in Classe zu Ravenna[11]). Von den Kirchen und Palästen der einst so blühenden und reichen Hafenvorstadt, welche nach der dortigen Flottenstation Classis benannt wurde, blieb uns nur die malerische Apollinariskirche übrig, welche sich einsam inmitten von Feldern und Wiesen erhebt, da das Meer allmälig verschlammt und zurückgetreten ist. Die Basilika wurde aus Backstein zwischen 540 und 549 erbaut. Vierundzwanzig hohe Säulen aus quer gestreiften proconnesischem Marmor trennen das 14,4 m breite Mittelschiff von den beiden 7,10 m breiten Seitenschiffen. Aussen wie innen zeigen sich die Anfänge einer Belebung der Mauerfläche durch schwache Lisenen und Bogen und machen das Bauwerk auch in dieser Beziehung interessant. Dasselbe Bestreben nach Trennung und Gliederung spricht sich in dem schöngeschnitzten Dachstuhl mit seinem dreifachen Hängewerk wirkungsvoll aus.

Mit diesem Streben nach einer Wirkung durch kühne Construction geht im Mittelalter das immer weiter ausgebildete Princip der Verticalentfaltung Hand in Hand. Aber gerade dieses Princip wurde den hölzernen Dachstühlen gefährlich.

Verdrängung der Sparrendecke durch das Gewölbe.

Wie der offene Dachstuhl mit seinen zum Theil lothrecht, zum Theil schräg ansteigenden Hölzern die antike wagerecht ausgespannte Felderdecke verdrängt hatte, so entsprach das immer weiter von Nordwesten aus vordringende Wölbesystem noch besser dem Wunsch der Zeit nach dem Emporstrebenden, nach der weniger scharfen Unterscheidung zwischen Wand und Decke. Schritt für Schritt gewann die gewölbte Decke dem hölzernen Dachstuhl das Feld ab.

Ein Beispiel dieses Conflictes giebt die Kirche S. Prassede in Rom[12]). Sie wurde von Papst Paschalis I. (817 — 824) erbaut. Ursprünglich schieden 22 Granitsäulen die drei Schiffe der Kirche von einander. Später wurde jede dritte Säule ummauert und so Pfeiler

---

[11]) Hübsch S. 19, XXI, 4, 5, XXV, 1; vgl. v. Quast, Altchristl. Bauw. in Ravenna.

[12]) Hübsch, Altchristl. Kirche XLV, 6; vgl. Essenwein, Die mittelalterl. Bauk. in Rücks. auf versch. Baumat. in den Mittheil. der k. k. Centralcom. 1858. S. 9.

hergestellt, welche quer herüberlaufend durch Backsteinbögen mit einander verbunden waren. Dazwischen blieb das offene Dachgespärre sichtbar. Auf diese Weise wurde die bisher glatte Oberwandfläche wirksam durch Verticalgliederung unterbrochen.

An späteren Bauten hielt man es für gut, aussen wie innen die Mauer durch stärkere Strebepfeiler und Lisenen zu unterbrechen, zwischen denen man die übrigbleibende Wand schwächer machen konnte. Immer mehr wurde die Wand in ein System von einzelnen Stützen aufgelöst und ein förmliches Netzwerk hergestellt, bis die Gothik hierin das Höchste erreichte.

In jeder Beziehung war Frankreich von vorbildlichem Einfluss. Derselbe Gedanke, die Masse auf einzelne feste Linien, ja später nur auf Punkte zu übertragen, sprach sich in den Gewölben aus, deren Entwickelung sich vom Tonnengewölbe bis zum Kreuzgewölbe und den davon abgeleiteten Arten verfolgen lässt. Im Süden Frankreichs hatten sich die Tonnengewölbe aus römischer Zeit dauernd erhalten. In den Basiliken sind sie seit dem zehnten Jahrhundert üblich, in den beiden folgenden Jahrhunderten übertreffen sie an Höhe sogar die späteren Kreuzgewölbe. Ebenso verbreitete sich das Gewölbe über das mittlere Frankreich. Interessant ist die geschichtliche Entwickelung von Viollet le Duc[13]), welcher schildert, wie die Wölbung von den Apsiden und dem Chorumgang ausgehend[14]) sich über die Seitenschiffe auf das Mittelschiff ausdehnt. Beispiele des flachgedeckten Mittelschiffes bei gewölbten Seitenschiffen sind in Frankreich die ältere Kirche St. Front zu Perigueux, St. Jean in Chalons s. M.[15]), des offenen Dachstuhles im Mittelschiff der ältere Theil von St. Rémy in Reims[16]). Es würde zu weit führen, hier zu erörtern, welchen Einfluss das Wölben hatte, wie die Reihe der Fenster abhängig von den Stichbögen wurde, wie die Zwerggallerien und Arkadenreihen die Wirkung der Vertikale vermehrten, wie die Wand dadurch mit der Decke in organischen Zusammenhang gesetzt wurde. Nur dem einen möchte ich widersprechen, dass „das Prinzip der Horizontallinie wie ein Alp auf dem architektonischen Gedanken gelastet hatte“, wie es in einem Lehrbuch der Kunstgeschichte ausgedrückt ist. Freilich wird mit der gewölbten Decke der Eindruck des Gotteshauses ein ganz anderer, ich möchte sagen subjectiver, da die feste Theilung zwischen Wand

---

[13]) In seinem Dictionaire de l'architecture Band I, Artikel architecture.

[14]) Viollet Bd. I, S. 169.

[15]) Viollet Band I, Fig. auf Seite 197, Bd. 3, S. 31.

[16]) Mitte des 11. Jahrh. Viollet Bd. I, S. 178.

und Decke schwindet. Aber diese Theilung hatte doch auch ihre Berechtigung. Die Holzdecke auf dem Gesims hielt noch den Zusammenhang der Kirche mit dem alten Versammlungshaus aufrecht. Die Gemeinde fühlt sich in einem solchen Raum mehr wie in einem Wohnhause. Solche Erscheinung mag wohl durch grossartige Verhältnisse gesteigert, feierlicher, palastähnlicher werden; immerhin bleibt die Umgebung dem Kirchenbesucher heimisch und verständlich, der Rede und Erklärung des functionirenden Geistlichen angemessen. Mit der gewölbten Basilika, welche der Zeit, wie dem Gedanken nach der Ausbildung des Klosterwesens entspricht, tritt dagegen das Fremdartige, das Mystische, die magische Wirkung stärker hervor, welche den Charakter der hochgewölbten gothischen Dome ausmacht.

Nachahmung des Steingewölbes.

Fast scheint es, als ob das Holz selbst anfangs habe den Formen des Steingewölbes angepasst werden sollen. Wenigstens lassen sich im südlichen und mittleren Frankreich bestimmte Versuche erkennen, das Tonnengewölbe nachzuahmen, oder wenigstens durch einzelne krummgebogene Hölzer seine „wiegenartige“ Abrundung, wie die Franzosen sagen, herzustellen. Vielleicht, dass man auch in Gegenden, welche an Holz reicher, als an Stein waren, vor den starken Widerlagsmauern zurückschreckte, welche die Gewölbe erforderten. Von einer structiven Function der krummgebogenen Strebe, wie sie sich bei den von den Normannen beeinflussten Bauten zeigen werden, ist hier keine Rede, da die Haupttragekraft in dem Stuhl- oder Hängewerk beruht. Die ästhetische Wirkung der krumm ausgeschnittenen Hölzer ist nicht zu läugnen. Ein Beispiel dafür bietet der offene Dachstuhl der Kirche von Lagorce bei Blaye in der Guyenne aus dem 12. Jahrhundert[17]). Es ist ein einfaches Hängewerk, doch von der oberen Hälfte der Hauptstrebe geht, ein wenig schräg nach den Ecken zu gerichtet eine Strebe (jambette, Stützband), welche ziemlich auf der Mitte des Binderbalkens zwischen dessen Ende und der Hängesäule aufruht. Das Stützband ist krumm ausgeschnitten und bildet mit dem oberen Stück der Hauptstrebe zusammen einen Halbkreis. Um den Längenverband herzustellen, gehen längs gestellte Kopfbänder von der Säule nach der Firstpfette hin. Säule und Binderbalken haben abgeschrägte Balken, ausser an den Stellen, wo

---

[17]) Viollet, Dict. III, Charpente Fig. 3.

sie durch andere eingezapfte Hölzer geschwächt werden. Trotz des zierlichen Schnitzwerks ist die Construction zu verwerfen und nur durch das starke Holzwerk haltbar. Denn, wenn das Stützband einerseits die Hauptstrebe unterstützen soll, überträgt es den Druck in gefährlicher Weise auf ein nicht unterstütztes Stück des Binderbalkens.

Die vollständige Nachahmung eines Tonnengewölbes in Holz zeigt ein kleiner 4,8 breiter Saal des Bischofpalastes (jetzt Präfectur) in Auxerre im Depart. Yonne (Champagne)[18], wenn hier auch Binderbalken und Hängesäule unterhalb sichtbar werden. Ziemlich in der halben Höhe des Dachstuhles sind in die Hängesäule, wie in die $^{13}/_{12}$ cm starken Hauptsparren Querbalken eingezapft. Unter demselben laufen Krummsparren nach dem Ende des Binderbalkens, welche die Hauptstreben und ein Paar nebensächlicher Streben tangential berühren und dadurch zugleich absteifen. An diese Krummsparren ist eine gewölbeartige Verschalung von Eichenspliessen angenagelt, welche mit einander durch eine abgerundete Verspundung, den sogenannten Gerstenkornverband (à grain d'orge) verbunden sind[19]). Der Längenverband wird oberhalb des hölzernen Tonnengewölbes durch einen über dem Querbalken laufenden Riegel, sowie durch Andreaskreuze hergestellt.

Aehnlich diesem Dachwerk ist dasjenige in einem grösseren Saal derselben Abtei, nur, dass in ihm die Krummsparren aus mehreren Stücken zusammengesetzt sind, und noch weitere Strebenpaare, welche von dem unteren Drittel des einen Hauptsparrens nach dem obern Drittel des andern Hauptsparrens laufen, für nöthig erachtet wurden[20]). Dieser Dachstuhl ist jedenfalls rationeller, als der von Lagorce, wie auch die geringen Holzstärken ($^{13}/_{13}$ cm für die Hängesäule, $^{14}/_{12}$ cm für die Sparren) 6 Jahrhunderte hindurch genügt haben. Denn der Krummsparren hindert den Hauptsparren am Einbiegen und läuft gegen den Binderbalken an einer Stelle an, wo dieser bereits durch die innere der beiden Mauerlatten genügend unterstützt wird. Hierin ist schon ein Anklang an das von den Normannen durchgeführte Verfahren zu erblicken, welche die hauptsächliche Function auf die Krummsparren übertrugen. Allein der wichtigste Schritt derselben — die Fortlassung der Hängesäule ist noch nicht erfolgt.

---

[18]) Viollet III, Charpente Fig. 21.

[19]) Viollet III, Charpente Fig. 22.

[20]) Viollet III, Charpente Fig. 19 u. 20.

In derselben Art gehört das Dachgespärre in einem Saal des Schlosses Mauvesin bei Marmande im Depart. Lot et Garonne (Guyenne)[21]). Nur, dass hier statt des Rundbogens der Spitzbogen gewählt ist, und die Mauerlatten nicht unter, sondern auf dem Binderbalken liegen. —

Zweites Capitel.

Holzdecken im Orient.

Während von Westen her der Steinbau das Holz verdrängte[1]), erhielt sich im fernen Osten die Freude am Holzwerk, und von dort her scheint die Baukunst Italiens viel später und in eigenthümlicher Weise die alte Form des hölzernen Dachstuhls wieder aufgenommen zu haben. Es ist nicht ohne Interesse, den Weg zu verfolgen, auf dem die alte Bauweise, welche nach dem oströmischen Reich übergeführt war, wieder mit den Normannen zurückkehrte. Allein die Erforschung und Verfolgung dieses Weges ist leider bis jetzt lückenhaft und vielfach unsicher.

Ravenna.

Ravenna, in dessen Basiliken sich zum Theil das offene Sparrenwerk zeigte, bezeichnet die erste Station dieser Bewegung von Westen nach Osten. Hier trafen zur Zeit der Völkerwanderung die Elemente hellenischer und asiatischer Cultur zusammen. Schöne Zeugnisse dieses Aufeinandertreffens sind die poesievollen Mosaikbilder in der Taufkirche der Orthodoxen mit ihren an antike Götter erinnernden Heiligen und dem bunten Schmuck von Teppichen und Geräthen[2]). Wie im frühesten Alterthum ward das orientalische Wesen einflussreich, ja mächtiger.

Byzantiner.

Derselbe Kaiser, welcher das Christenthum zur Staatsreligion machte, wollte Rom im Osten verjüngen und verlegte die Residenz

---

[21]) Viollet III, Charpente Fig. 23, 24.

[1]) In Italien wurden zuerst in der Lombardei die Mittelschiffe überwölbt. S. Mitth. der k. k. Centralcom. 1858, S. 10 (Essenwein).

[2]) v. Quast, Die altchristl. Bauwerke von Ravenna vom 5. — 9. Jahrhundert.

334 nach der Nova Roma, Constantinopel, welche 200 Jahre später auch Ravennas künstliche Blüthe vernichtete. Constantin versuchte in kräftigster Weise, wie einst Alexander von Macedonien, Orient und Occident in Zusammenhang zu bringen. Er war practischer als jener und seiner Ziele sich bewusster. Sprache und Sitten des neuen Hofes waren überwiegeud lateinisch, die Baumeister in griechisch-römischen Traditionen erzogen. So war die Kirche von Tyrus, welche unter Paulinus von Nola (311—322) errichtet wurde, eine herrliche, vollendete Basilika, wie ein Augenzeuge berichtet[3]). Was für uns hier interessant ist, ist die Angabe, dass vor den Fensteröffnungen geschnitzte Holzgitter angebracht waren, und die hölzernen Schranken, sowohl zwischen den Säulen des Vorhofes als auch vor dem Altar, ein kunstvolles Netzwerk bildeten. Also offenbar ganz, wie die Altane auf den pompejanischen Wandgemälden. Ueber dem Schiffe lagen kostbare geschnitzte Balken aus Cedern vom Libanon. In Jerusalem wurde eine Basilika gebaut, deren Felderdecke, aus kunstvoll in einander verschränkten Balken gebildet, sich „strahlend von dem Ueberzug des Goldes wie ein ununterbrochenes Meer über den Säulensaal ausbreitete". Auch mit anderen edlen Stoffen wurden die Balken der Basiliken eingelegt, wie ein anderer Schriftsteller aus jener Zeit bezeugt[4]). Constantins Nachfolger im Osten folgten dem von ihm vorgezeichneten Wege. Basiliken mit offenem Sparrwerk entstanden zu Ende des fünften Jahrhunderts in Griechenland, z. B. in Tessalonich die des heil. Demetrius[5]). Derselbe Typus erhielt sich bis in das sechste Jahrhundert in Syriens Kirchen. Deutliche Spuren der Pfetten und andere Dachhölzer sind in der zu Rueiha sichtbar[6]), deren Constructionen danach allerdings nichts Neues zu bieten scheinen. Dann kommt von Westen her zugleich mit dem System des Centralbaus die Wölbung zur Herrschaft und verdrängt das Holzdach. Dieser Umschwung hängt mit der Regierung Justinians (527—565) zusammen. Noch zu Anfang derselben wurde die Muttergotteskirche in den Blachernen zu Constantinopel mit einer äusserst reichen und auf das „feinste" vergoldeten Felderdecke versehen, deren frischer

---

[3]) Eusebius, E. H. X, 4, 15; vgl. Zestermann 138, 167.

[4]) In der Bas. zu Nola. Felix Nolanus, Ep. XXX, 12.

[5]) Texier et Pullan, L'architecture byzantine taf. 18, 19.

[6]) De Vogüé, La Syrie centrale, archit. civile et religieuse, Par. 1865, II taf. 69; vgl. II taf. 126 Qualb Louzeh und 138 Behio.

Glanz noch zu Anfang des 15. Jahrhunderts auffallend gegen die verwahrlosten übrigen Theile des Inneren abstach[6a]).

Zehn Jahre nach dem Regierungsantritt Justinians wurde die epochemachende Kuppel der Sophienkirche in Constantinopel gewölbt, ein solches Muster an sparsamer und wirkungsvoller Architectur, dass sie begreiflicher Weise von höchstem vorbildlichen Einfluss für alle folgenden Zeiten wurde. Es ist bezeichnend, dass Paulus Silentiarius, der gleichzeitige sie verherrlichende Dichter, ausdrücklich hervorhebt, warum man kein Holz habe verwenden wollen, ein Beweis für das Abweichen von der gewöhnlichen Art der Ueberdeckung. Auch ist es hier wohl am Platze zu bemerken, dass, während noch die Kuppel von S. Vitale in Ravenna äusserlich durch das Sparrendach verdeckt wurde, die Kuppel von Hagia Sophia aussen unverhüllt zum Ausdruck kam, ein Zeichen, dass auch im Aeussern sich die Freude am Zeigen der reinen Construction geltend macht[7]).

Die Muselmänner.

Weiter ging die Fluth der Cultur nach Osten, als der Islam entstand und sich ungemein schnell ausbreitete. Diese Religion, welche das alte israelitische Verbot, ein Bild Gottes zu machen, wieder aufnahm und auf alle figürliche Darstellung ausdehnte, war der Malerei und Bildhauerkunst ebenso ungünstig, wie sie der Entwickelung der Baukunst förderlich war. Eine weitere Beobachtung des semitischen Kunstgefühls ist wichtig für die Kunst des Islam. Stets lag es im Wesen des Orients, das bunte Spiel künstlich zusammengesetzter Formen der figürlichen Darstellung vorzuziehen. Dieser gemeinsame Grundzug der asiatischen Völkerfamilie hängt eng zusammen mit der hohen Ausbildung der Tapeziererei. Die Idee des Bekleidungswesens wird nun auch auf die Baukunst übertragen. Nicht überall ist die Architectur an sich eine „textile Kunst“, wie Semper zu beweisen sucht; dem widersprechen pelasgische und etruskische Werke. Viel-

---

[6a]) Ruy Gonzales de Clavijo sah sie 1403; siehe dessen Bericht in C. Dalys, Revue d'archit. 1841 S. 171. Die Annahme von Hübsch, altchr. Kirchen S. 79, dass die Kirche ursprünglich gewölbt und nach dem Brande von 1070 mit einer vergoldeten Cassettendecke versehen sei, steht auf schwachen Füssen. Er stützt sich auf Procop I, 3, welcher die Kühnheit des Baus im Innern bewundert, welche Bewunderung sich aber ebenso gut auf die Arkaden und Säulenstellungen beziehen kann, und behauptet, dass Gonzales die Decke als neuere Arbeit angiebt, was dieser gar nicht thut.

[7]) Schnaase Kunstgesch. 2. Aufl. III, S. 164.

mehr ist solche Auffassung der Baukunst als einer auf dem Teppichwesen beruhenden Kunst so echt orientalisch, dass wir beinahe überall, wo sie sich geltend macht, orientalichen Einfluss feststellen können. Es ist recht bezeichnend, dass noch heute dem Muselmann auf der Reise das eigenartig gemusterte Grundschema des Gebetteppichs den Grundriss und damit zugleich den ganzen Aufbau der Moschee ersetzt. Die Uebertragung der Linien und Felder des Teppichs auf das Netzwerk der verschränkten Hölzer erhielt sich in den geradlinigen, zum Theil geometrischen Mustern in Decken und Wandvertäfelungen. Leider haben sich nur geringfügige Reste in der Profanarchitectur erhalten. Aber auch der Stuck, welcher schon im frühesten Alterthum in der Baukunst Asiens eine grosse Rolle spielte, Stein und Holz bald bekleidend, bald ersetzend und nachahmend, tritt hier als Vermittler und Bewahrer anderer Stoffe auf. Als spätes Beispiel mögen die Sultanspaläste in Iconium, dem heutigen Konieh, erwähnt werden. Hier residirten die Sultane der Seldschucken, welche sich von dem arabischen Califat losgesagt und 1092 ein eigenes Reich in Isaurien, an der Stätte des alten Lycaoniens, begründet hatten. Unter den Ruinen der Sultanspaläste hat sich eine prächtige Stuckdecke erhalten[8]). Sie ist die Bekleidung eines Leistenwerks von überblatteten, in verschiedenen Richtungen sich kreuzenden Hölzern, zwischen welchen Felder in Gestalt von Dreiecken, Vierecken und Sechsecken geschmackvolle Verzierungen, Rosetten und Sterne zeigen. Ein System solcher Felder zusammengenommen bildet wiederum abwechselnde mathematische Muster, welche einander begegnen und sich gegenseitig ergänzen. Die scheinbar verworrenen, doch auf einfachen, einander schneidenden mathematischen Figuren beruhenden, der muhamedanischen Kunst eigenthümlichen Zeichnungen erhalten durch rothe und blaue Färbung und Vergoldung besonderen Reiz.

Besser, als über die Profanarchitectur sind wir über die Stellung des Holzes in der kirchlichen Baukunst des Islam unterrichtet. Zunächst mögen bei der grossen Fertigkeit der Orientalen im Schnitzen die ersten Moscheen, wie alle Anfangsbauten überhaupt, einfache Holzbauten gewesen sein. Die von Muhamed errichtete Moschee zu Medina, welche zugleich sein Harem enthielt, bestand der Ueberlieferung nach fast ein Jahrhundert lang aus Palmstämmen[9]). Die Moschee el Aksa, welche Omar zu Jerusalem bald nach der Eroberung (635)

---

[8]) Texier, Asie mineure I, CII.

[9]) Schnaase III S. 387.

baute, war nach dem Bericht des fränkischen Bischofs Arkulph, welcher Jerusalem im Jahre 697, fünf Jahre nach ihrer Vollendung besuchte, ein viereckiger Bau, der 3000 Menschen fasste, schmucklos mit aufgerichteten Holzwänden und grossen Balken ausgeführt[10]. Mit Calif Walid (705—715) und seinen aus Indien erbeuteten Schätzen begann die Umwandlung der nationalen Holzbauten in grossartige steinerne Anlagen, welche mit dem erwähnten Einfluss abendländischer Architecten in Zusammenhang stand. Aber in den einzelnen Theilen, den Thüren und Fenstern, den Schranken und Gebetlauben erhielt sich die nationale Holzschnitzerei, welche im wechselvollen Spiel mathematischer Linien das Vorbild für die später auch in anderen Materialien, in Stein, Stuck, Thon oder Mosaik nachgebildeten Ornamente des Westens wurde, und welche sich noch in den anmuthigen Vergitterungen moderner ägyptischer Erker und Brunnenhäuser erhalten hat[11].

Auch für die Decken wurde zum Theil die Holzconstruction beibehalten. Für dieselben haben wir zwei höchst interessante Beispiele in den Moscheen (Djami) el Aksa und Kubbet es Sachra, dem sogenannten Felsendom (auch Omars Moschee) zu Jerusalem. Beide wurden am Ende des siebenten Jahrhunderts von Calif Abd-el-Malik auf der Grundlage älterer Bauten errichtet. Die Moschee el Aksa bildet ein Rechteck, welches durch sechs Reihen von je sechs Pfeilern und Säulen in sieben Schiffe getheilt ist, dessen Mittelschiff beträchtlich höher geführt ist. Den Abschluss nach Norden bildet eine später angebaute Vorhalle, nach Süden ein Querhaus mit einer Kuppel über der Mitte.

Der Felsendom ist ein einfacher Centralbau über einer unterirdischen Höhle, der durch zwei concentrische Säulenreihen in drei Schiffe getheilt ist. Vermuthungen früherer Forscher, dass die beiden Kirchen, welche allerdings an christliche Vorbilder erinnernde Grundrissgestaltungen zeigen, nur Veränderungen von Bauten aus Justinians oder gar Constantins Zeit seien, sind jetzt zurückgewiesen[12]. Gegen die Annahme eines vormuhamedanischen Baus spricht u. A. die Verwendung von Holzbalken, welche zwischen den Stützen und den darüber befindlichen Bögen als durchlaufendes Gebälk entlang gehen. „Justinians Architekten waren über die Holzanker hinaus, sie kannten

[10]) Unger, Die Bauten Constantins am heil. Grabe 1863, S. 119.

[11]) Beispiele davon in P. Coste, Architecture arabe T. XLIX u. L.

[12]) Unger, Die Bauten Constantins am heil. Grabe. Adler, Der Felsendom und die heil. Grabeskirche zu Jerus. (Samml. wissensch. Vortr. VIII. Serie, Heft 188.)

und verwendeten überall, wo es erforderlich war, quadratische Eisenanker. So in Constantinopel, so in Macedonien, wie in Syrien. Der ältesten arabischen Baukunst sind wiederum die Holzanker eigenthümlich, man trifft solche in den ältesten Moscheen zu Cairo, wie zu Damaskus[13]).“ Wenn wir Arkulphs Bericht glauben, der nur einen Holzbau sah, ist die Moschee el Aksa sogar nicht vor dem Ende des siebenten Jahrhunderts errichtet worden. Dafür, dass sie aus späterer Zeit, wie der inschriftlich in der Zeit von 688—91 erbaute Felsendom ist, sprechen auch die Bögen über den Säulen, welche bei jenem theils halbkreisförmig, theils gering spitzbogig sind, während bei dieser stark überhöhte flache Spitzbogen auftreten. Was uns hier interessirt, sind die Holzdecken.

Nicht nur die geraden Decken der beiden Moscheen bestehen aus Holz[14]), sondern auch beide Kuppeln. Die Kuppel des Felsendoms hat ganz beträchtliche Abmessungen. Ihre lichte Spannweite beträgt 20,5 m, die Höhe 12 m[15]). Sie besteht aus einer inneren inwendig verschalten und einer äusseren mit Blei gedeckten Kuppelschale, welche am Fusspunkt in geringer, am Scheitel in grösserer Entfernung von einander unabhängig neben einander herlaufend nur am Scheitel durch eine centrale Säule in Verbindung gebracht sind. Der Schnitt beider bildet Spitzbögen. Die Wölbungen werden durch Krummsparren gebildet, welche durch Andreaskreuze und wagerecht laufende Spreizen in ihrer Richtung erhalten werden. Der Kuppelanfang im Innern zeigt eine zierliche Gallerie von Kleeblattbögen auf geschnitzten Säulchen aus Holz. Das ganze System ist so einfach und leicht wie möglich und dabei durch die Dauer von 8 Jahrhunderten bewährt. Denn an vier Hauptpunkten finden sich wohlerhaltene Inschriften, aus denen hervorgeht, dass die Kuppelconstruction, so wie sie jetzt noch besteht, im Jahre 413 der Hedjra, also im Jahre 1022 unserer Zeitrechnung aufgerichtet ist[16]). Diese Kuppelconstruction stammt also aus der Zeit kurz nach dem grossen Erdbeben in Jerusalem, bei welchem, wie wir wissen, ein Theil der Moschee zusammenstürzte. Wir wissen ferner, dass sie schon vorher ein Kuppeldach hatte, ob

---

[13]) Adler a. a. O. S. 22. Dies Gebälk giebt übrigens Gelegenheit zu interessanten Vergleichungen, z. B. mit der Krypta der Quedlinburger Wipertikirche.

[14]) Fergusson, An essay of the ancient topographie of Jerusalem 1847, Taf. II, S. 142. Schnaase III, 392.

[15]) Fergusson a. a. O. S. 104, Taf. I. De Vogüé, Le Temple de Jerusalem 1864, Taf. XIX.

[16]) De Vogüé a. a. O. S. 93 theilt die Inschrift mit.

die Holzkuppel aber an Stelle einer früheren Kuppel aus Stein getreten ist, oder auch jene ein Holzconstruction war, wissen wir nicht. Wahrscheinlich ist das letztere der Fall. Zwar darf die Angabe eines Berichterstatters aus der Mitte des 14. Jahrhunderts (Ludolf v. Suchen), dass der Felsendom bei jeder Erneuerung aus denselben Stoffen errichtet worden sei, nicht als vollgülltiger Beweis angesehen werden. Da aber die Araber ziemlich ungeschickt in der Kunst des Wölbens waren, wie die auf uns gekommenen Gewölbe beweisen[17]), dagegen Meister in der Zimmerei, mag auch die ursprüngliche Kuppel von Holz gewesen sein. Aber, wie dem auch sei, immerhin dürfte selbst die Kuppel aus dem 11. Jahrhundert die älteste erhaltene Holzkuppel der Welt, ja überhaupt eine der ältesten noch existirenden Holzconstructionen sein. Und wenn Adler in seinem schönen Aufsatz[18]) anführt, dass hier im Felsendom zu Jerusalem ein grosses Problem gelöst wurde, dass hier zum ersten Mal der cylindrische Unterbau mit der sphärischen Umrisslinie als ein (gegenüber der S. Lorenzo in Mailand und der Hagia Sophia in Constantinopel) neues und fruchtbares Architecturmoment in die Lüfte stieg, und wenn er die daraus gezogenen Consequenzen bis nach Pisa, Florenz und St. Peters Riesendom verfolgt, so sehen wir, dass den höchsten Aufgaben der Steintechnik die Holzconstruction als Vorbild dienen konnte, und erblicken zugleich einen Beweis für die Wichtigkeit ihrer Kenntniss.

Schon einmal, bei Gelegenheit der kleinasiatischen Grabdenkmäler hatte ich die Vermuthung aufgestellt, dass der Bogen aus gekrümmtem Holz, wenn nicht vorbildlich, so doch unabhängig von dem Steinbogen und unter ganz andern Voraussetzungen und Gesetzen entwickelt werden konnte. Hier ist diese Vermuthung zur Gewissheit erhoben. Wir werden weiterhin sehen, dass auch in den Dachstühlen der norwegischen Kirchen aus dem 12. Jahrhundert zum dritten Male die Holzbögen als selbständig entwickelte Structuren auftreten.

Eine unmittelbare Nachahmung der Felsendomkuppel ist die der Djami el Aksa[19]). Die Geschichte dieser Moschee ist etwas verwirrt, doch weiss man, dass sie häufige Erneuerungen erleiden musste. Zuerst schon unter Abd-el-Malik, des Erbauers Sohn. Dann stürzte ein Stück

---

[17]) Vgl. Schnaase III, 402, welcher eingehend über ihre Schwäche und Unerfahrenheit im Wölben spricht.

[18]) a. a. O. S. 26.

[19]) Vogüé, Le Temple de Jerusalem Pl. XXXI, S. 80.

unter Walid II. ein, ein weiteres unter Almansor, das nur zum Theil hergestellt wurde. Nach dem grossen Erdbeben unter dessen Sohn Al Mahadi wurde die Moschee 1060 restaurirt, aber auch umgebaut. Es lässt sich vermuthen, dass aus dieser Zeit die heutige Holzkuppel stammt, welche gegen die des Felsendoms nichts Neues bietet. Später erhielten beide Kuppeln im Innern prachtvolle bunte und vergoldete Stuckornamente, die des Felsendomes unter Saladin 1187, die der Moschee el Aksa im 14. Jahrhundert.

Aegypten.

In derselben Zeit, als der Calif Omar Palästina für Jerusalem gewann, eroberte sein kühner Feldherr Amru Aegypten. Dorthin brachten die Araber eine Menge reizvoller und phantastischer Formen und Ornamente mit, die sich mehr oder minder glücklich, mit den einheimischen strengeren Bildungen vereinigten. Dies ist übrigens eine Beobachtung, die wir in allen damals noch unter dem Einfluss der Antike stehenden Mittelmeerländern machen. Zu diesen muss Aegypten seit den Ptolemäerzeiten gerechnet werden. Die Verschmelzung nationaler und fremder Elemente zeigen die auf uns gekommenen Holzdecken der Moscheen. War nämlich in den altägyptischen Häusern und Tempeln die Decke aus wagerecht neben einandergelegten Palmenstämmen gebildet, während die Felderdecke sich als eine der hellenisch-römischen Bauweise eigenthümliche Form gezeigt hatte, so erscheint hier die Combination beider, wobei die altnationale Balkendecke in den Vordergrund tritt.

Die älteste Moschee Aegyptens ist die im Jahre 643 unmittelbar nach der Eroberung von Amru gegründete und nach ihm benannte Moschee in Cairo, dieselbe, an welcher die ersten uns bisher bekannten Spitzbögen des Mittelalters auftreten[20]). Hier besteht die Decke nur aus einfachen, in mässiger Entfernung nebeneinander gelegten Holzbalken, zwischen welchen die etwas zurücktretenden Füllbretter noch unverziert sind. Ob diese Füllbretter als Dielen oben auf die Balken aufgelegt (ähnlich unserem gestreckten Windelboden) oder zwischen geschoben sind (wie bei dem halben Windelboden), vermag ich aus den nur perspectivischen Ansichten nicht zu ersehen. Das Erstere ist das Wahrscheinliche. Dass diese schmucklose Anordnung auch bei späteren einfachen Bauten beibehalten

---

[20]) P. Coste, Architecture Arabe ou monuments du Caire 1839, Pl. II.

wurde, zeigt das im Jahre 1174 gebaute Derwischkloster Tekieh[21]).

Prächtiger und reicher wurden allmälig die Decken der Moscheen. Acht Jahre nachdem Aegypten ein selbständiges Califat geworden war (868), entstand die Moschee Achmed ibn Tulun (Teylun) in Cairo[22]). Fünf Arkadenreihen an der Seite des Heiligthums, zwei an den drei übrigen Seiten schliessen den Hof ein. Sie sind durch starke viereckige Pfeiler mit an den Ecken eingelegten Dreiviertelsäulen gebildet, auf welchen Bogen ruhen, deren Form sich schon dem Hufeisenbogen nähert, während dazwischen die Massen der Wände durch spitzbogige Oeffnungen durchbrochen sind. Der Bau ist aus Backsteinen hergestellt, mit Stuck bekleidet und mit Koransprüchen und anmuthigen Ornamenten geziert. Die Decken (Fig. 17)

Fig. 17.

bestehen aus einfachen Palmbalken, welche, damit sie viereckig erscheinen, mit Brettern umkleidet sind, die, im übrigen glatt, nur unten an den Enden nahe dem Auflager eine ein wenig vorragende angeschnittene Verzierung haben. Diese Verzierung, in der Form an die im Mittelalter bei Kleidern und Helmen häufig vorkommenden Lambrequins erinnernd, soll eine Andeutung der Verstärkung und der Uebertragung des Schubes vom Balken auf die lothrechte Mauer ähnlich den Consolen der christlichen Basiliken geben. Zwischen

[21]) P. Coste, Pl. XL.

[22]) P. Coste, Pl. VI. Prisse d'Avennes, Arch. ar. Pl. I. Gailhabaud (Lohde), Denkmäler der Baukunst II, 34. Fergusson, Handbook of archit. I, 390. Schnaase III, 397.

den Balken zeigen die Füllbretter noch die antike Cassettirung als ein Zeichen des Zusammenwirkens verschiedener Elemente. Diese Decke ist übrigens, soviel ich weiss, das älteste uns erhaltene Beispiel einer Balkendecke, bei welcher die Verzierung, aus dem Holze selbst herausgeschnitten, von ihm abhängig ist. Hier haben wir also gegenüber der Felderdecke und dem sichtbaren Dachgespärre eine neue Bedeckungsweise, welche sich durch das ganze Mittelalter hindurchzieht. Sie ist es, welche, schön ausgebildet bis in späte Zeiten hinein einen charakteristischen Schmuck deutscher Burgen und Häuser giebt, besonders wenn Schnitzerei und Malerei hinzutreten. Der aesthetische Eindruck ist bei der Balkendecke ein so ganz anderer, als bei der Cassettendecke, dass eben davon die ganze Wirkung eines Raumes abhängen kann. Bei jener haben wir einen energischen, regelmässigen und unter Umständen gerade dem Auge unbewusst wohlthuenden Wechsel von Licht und Schatten; bei dieser, welche wieder mit der Renaissancezeit zur Herrschaft kommt ist die Licht- und Schattenwirkung in viele kleinere Theile aufgelöst, und die bestimmt ausgesprochene Richtung der Decke durch Kreuz- und Quertheilungen neutralisirt.

Mit der weiteren Ausbildung werden die Moscheen in der ganzen Anlage vielgestaltiger, in den Theilen zierlicher und eleganter; die Decken werden gewölbt[23]) oder in Holz immer reicher geschnitzt und bemalt. In der 1415 errichteten Moschee el Moyed zu Cairo[24]) ruhen die Bogen der Hallen auf korinthischen Säulen und rechteckigen Pfeilern, deren Capitäle die eigenthümliche Form eines korinthischen, nur des Blätterschmucks entkleideten Capitäls haben, das umgedreht auch die Basis bildet. Die Decken sind theilweise Balkendecken. Die Balken sind rund und durch viele querlaufende ringförmige Einschnitte, welche wie gedrechselt aussehen, verziert. An den Ecken gehen diese runden Balken vermittelst geschweifter Abfasungen in viereckige über. Die Dielen zwischen ihnen sind cassettirt[25]). Die Decke über dem Mittelraum des eigentlichen Heiligthums dagegen ist eine flache Bretterdecke, welche auf zwei quer über die einander gegenüber stehenden Stützen laufenden Unterzugbalken ruht. (Es ist bemerkenswerth, dass diese Querverbindungen an den in der damaligen Profanarchitectur

---

[23]) z. B. die Moschee Barkuk 1149; s. Coste, Pl. XII.

[24]) Coste, Pl. XXVIII; Gailhabaud (Lohde), Denkmäler d. Bauk. II, 39, 40; Fergusson, Handb.; s. a. Lübke, Gesch. d. Arch. 1875, S. 298.

[25]) Aehnlich, noch reicher bis zur Ueberladung in der Moschee Kaid-Bey 1463; Coste, Pl. XXXV.

des Abendlandes häufigen sogenannten gerade überdeckten Kleeblattbogen erinnern, dessen wagerechte Kanten abgerundet sind.) In den Ecken vermitteln sphärische Dreiecke (Zwickel), welche mit kleinen übereinander emporwachsenden Viertelskuppeln (Stalaktiten- oder Honigzellengewölben) ausgefüllt sind, den Uebergang von der wagerechten auf die lothrechte Ebene. Die flache Decke ist genau, wie ein Teppich behandelt. In einem von mehreren reichgemusterten Borten umsäumten Mittelstück, welches mit allerlei Blumen und Ranken bedeckt ist, wird durch ein Zehneck und innerhalb desselben wieder durch einen Kreis mit zwanzig herunterhängenden Zapfen ein wechselvolles Muster gebildet, das durch prächtige Farben und reiche Vergoldung gehoben wird.

Drittes Capitel.

Holzdecken des Abendlandes.

Vom Orient aus verbreitete sich der Islam über die europäischen Küsten des Mittelmeers, und wenn auch seine politische Herrschaft von kurzer Dauer war, so hat seine Ornamentik in jenen Gegenden einen bis heute unverkennbaren Einfluss gehabt. Dass ihre mathematischen Muster und stilisirten Verzierungen das Holzwerk mehr, als die Steinstructur beinflussten, liegt in der Natur der Sache.

Spanien.

Die Nachrichten über die mittelalterliche Holzarchitectur in Spanien sind leider noch so dürftig, dass sich daraus keine Schlüsse ziehen lassen. Ein wunderliches Sprengewerk scheint, wenn man der Publikation glauben darf, das Mittelschiff der alten Synagoge, jetzt S. Maria la Blanca, zu Toledo zu bedecken[1]). Zwei Sparren von Fichtenholz, mit den unteren Enden auf dem Binderbalken in der Wand aufruhend, werden, ehe sie zusammenstossen, von einem kurzen

[1]) Monumentos arquit. de Espagna S. 14, Toledo, Stil des Califats. Aehnlich die Bäder in der Alhambra. Murphy, Archit. ant. of Spain Bl. XXV.

Spannriegel auseinander gehalten. Jegliche andere Verbindung oder Verstrebung der Hölzer ist in der Zeichnung fortgelassen. Im Uebrigen zeigt die fünfschiffige Kirche die antike Tradition der consolen-gestützten Binderbalken.

Die schönen Schnitzereien an alten Häusern zu Granada, unter welchen die Fensterladen und die oft weit ausladenden Consolen hervorzuheben sind und eine interessante Combination antiker und maurischer Elemente zeigen, gehören in eine spätere Epoche.

Sicilien.

Besser sind wir über die mittelalterlichen Dachconstructionen in Sicilien unterrichtet. Hier waren es die politischen Nachfolger der Sarazenen, die Normannen, welche, ein jugendlich aufstrebendes Volk, begeistert, wie alle jungen Nationen, von fremder, alter Cultur, und tüchtige Constructeure von Hause aus, eine Verschmelzung abendländischen Formensinns und morgenländischen Farbengefühls anstrebten, welche für die ganze Kunstgeschichte von höchster Wichtigkeit ist. Besonders in der Holzarchitektur spielen die Normannen eine so bedeutende Rolle, in Italien mehr aufnehmend und reproducirend, an anderen Stellen schöpferisch und erfinderisch, dass ihr Auftreten und ihre Stellung im Süden wohl eine Berücksichtigung verdient.

Sie hatten von 857 an feindliche Einfälle in Italien gemacht und sich seit dem elften Jahrhundert in Unteritalien festgesetzt[2]). Zunächst im Waffendienst apulischer Herzöge war es ihnen gelungen, sich im Jahre 1054 des Papstes Leo IX. zu bemächtigen und seine, sowie seiner Nachfolger Freundschaft zu erwerben. Darauf gestützt eroberten sie von Unteritalien aus unter Anführung kühner Fürsten, unter welchen besonders Robert Guiscard und sein Bruder Roger vielgefeiert waren, die im zehnten Jahrhundert an die Sarazenen verloren gegangene Insel Sicilien Stadt für Stadt, und gründeten ein normannisches Reich unter päpstlicher Lehnsoberhoheit. Die Residenz, erst in Salerno, wurde nach Palermo verlegt. Ihre höchste Blüthe erreichte die Herrschaft der Normannen in den romantischen Zeiten der Kreuzzüge. In der That darf man blos die Namen ihrer Fürsten Roger, Bohemund, Tancred, Wilhelm und Robert hören, um sich das ganze Bild der damaligen Zeit, den Glanz des Ritterthums, der Poesie und der Kirche zu vergegenwärtigen. Ebenso oft als im Kampf be-

---

[2]) Leo, Geschichte Italiens Bd. VI; G. Knight, Entwickl. d. Archit. vom 10. bis 14. Jahrh. unter den Normannen, übers. von Lepsius.

gegneten sich die Völker des Orients und Occidents im freundschaftlichen Verkehr, indem sie von einander lernten und Kenntnisse und Anschauungen gegenseitig austauschten. Vor allem aber übernahmen die Normannen in Sicilien die dankenswerthe Mission, beide Culturen mit einander zu verschmelzen. Sie vertrieben die überwundenen Sarazenen nicht, sondern wussten sie im Gegentheil ihren Zwecken dienstbar zu machen. Wie sie ihnen Grundeigenthum und manche Ehrenämter liessen, so beschäftigten sie sie auch als Baumeister und liessen sie die unter sarazenischer Herrschaft angefangenen Bauten vollenden. Es ist daher kein Wunder, dass sich in den herrlichen Kirchen, welche König Roger II. (1101—1154) und seine Nachfolger Wilhelm I. (1154—1166) und Wilhelm II. (1166—1189) in Palermo, Monreale, Cefalù und Messina errichteten, eine eigenartige Vereinigung antiker, byzantinischer und arabischer Elemente zeigt. Was diese Kathedralen für uns besonders werthvoll macht, ist das Wiederauftreten der offen sichtbaren Dachstühle in ihnen.

Die erste Stadt Sicilens, welche die Normannen eroberten, war Messina. Der Dom, 1098 begonnen, wurde im Innern unter Roger II. vollendet[3]). Er ist in der Form des lateinischen Kreuzes erbaut, 92,9 Meter lang, das Querschiff 44,4 Meter breit. Die 26 Granitsäulen, welche die Decke stützen, mögen wohl einem alten Neptunstempel entnommen sein. Ihre Capitäle, auf welchen Bögen ruhen, sind theils maurisch, theils christlich. Ueber jeder Säule befindet sich ein Bindergespärre, nur aus dem Balken und den Streben bestehend. Die 14 Meter langen, sehr starken (80 : 45 Centimeter) Binderbalken werden unter den Auflagern durch vorgekragte Steinconsolen unterstützt. Die Streben, am First durch Ueberblattung und Bolzen fest verbunden, haben am oberen Ende unterwärts einen kleinen Plafondstreifen. Dieser wird so gebildet, dass ein wagerecht liegendes Rahmenwerk jedesmal am Bindergespärre an sechs kurzen Hängesäulchen aufgehängt ist, die am First und rechts und links davon an die Streben auf beiden Seiten befestigt sind. Unterwärts ist an das Rahmenwerk eine Bretterverschalung aufgenagelt. Dieser schmale Plafond hat zwei Reihen Cassetten mit Sternen und Aushöhlungen in Form kleiner Kuppeln, sowie bunte arabische Ornamente und reiche Vergoldung. Ueber die Streben ist nach der in Italien üblichen Weise eine Reihe von Pfetten (unsern Dachlatten

---

[3]) Roux (Morey), La charpente de la cathédr. de Messine. Vgl. Bötticher, Holzarchit. d. Mittelalt. Bl. XIII; Viollet le Duc, Dictionaire de l'arch. III, S. 24 (Charpente).

ähnlich) wagerecht gelegt, und darüber eine doppelte Schalung von Brettern, theils um das etwa durch die Ziegel eindringende Wasser vollständig von dem Innern der Kirche abzuhalten, theils zur Verzierung, indem die untere Bretterlage durch Sterne durchbrochen ist. „So ward die doppelte Schalung über den Dachlatten durch regelmässig in die unterste Brettlage eingeschnittene zwischen den Pfetten sichtbare Sterne zur doppelt geneigten Lakunariendecke. Noch klarer spricht sich der schmale unter dem First der Sparren aufgehängte Plafondstreifen mit der reichen arabischen Cassatur gleichsam als Ueberrest und abgestutzter Repräsentant der fehlenden antiken Felderdecke aus, von der man immer noch stylistisch abhängig blieb[4]).“ Die Malerei dieses Zimmerwerks, welche für die Ornamente nur durch roth, blau, grün und einen grauneutralen Ton mit geschickter Verwendung von Gold die mannigfaltigsten Effecte zu Wege brachte, wozu bei dem figürlichen noch einige Mitteltöne, wie lila, rosa, gelbbraun hinzutreten, zeigt recht deutlich die naive Vermischung verschiedenster nationaler Kunstelemente. So sind auf den Sparren Engel und christliche Heilige in halber Figur innerhalb einzelner Ovale angebracht, ebensolche ziehen sich in der Unteransicht der Binderbalken und zwar nach der Richtung derselben entlang. Zwischen je zwei Bindergespärren ist ein ringsumlaufender Rahmen gebildet, und innerhalb desselben rufen die sichtbar werdenden, nebeneinander liegenden Dachlatten unter der mit Sternen verzierten Schalung das Bild der Balkendecke hervor, allerdings einer schräggestellten. Arabisch sind ausser manchen Linienverzierungen die kleinen Kuppeln des Plafondstreifens; an romanische Motive, wie sie uns aus deutschen und französichen Kirchen bekannt sind, erinnern die palmettenartigen Rankenmuster an den Binderbalken, während die Sterne und einzelne Bilder die griechische Tradition festhalten, z. B. an der Unteransicht einer der Streben ein Adler, der einen Hasen verschlingt (das alte Sinnbild der Stadt Agrigent), und sich ebenso oft eine bewusste Nachahmung byzantinischer Pracht und Feierlichkeit ausspricht. Unwillkürlich fühlt sich der Beschauer in jene Zeit zurückversetzt, in welcher um Schillers Worte zu gebrauchen „die christliche Religion, die griechische Götterlehre und der maurische Aberglauben theils lebendig, theils in Denkmälern fortwirkten und zu den Sinnen sprachen.“

Eine Nachahmung dieser Kathedrale in vielleicht noch höherer

---

[4]) Semper, Stil II S. 318.

Vollendung war die Kirche des Benedictinerklosters von Monreale 7,5 Kilometer von Palermo entfernt, welche König Wilhelm II. in den Jahren 1174—89 auf jener entzückenden orangenreichen Höhe errichtete, die heute noch ein Bild des Segens und der Fruchtbarkeit darbietet [5]). Einfach und regelmässig ist die Anlage des Domes, ein lateinisches Kreuz 102 m lang und 40 m breit, durch je 9 Säulen in drei Schiffe geschieden und mit drei Apsiden, das Querhaus etwas höher. Ebenso klar und harmonisch ist der Aufbau in dem durch keine Zuthaten entstellten Innern, gehoben durch die herrlichste Zusammenstimmung der Farben. Die unterhalb marmorvertäfelten Wände und die schlanken grauvioletten Granitsäulen mit zum Theil antiken Capitellen und Basen aus weisslichem Marmor wirken zusammen silbergrau. Die Säulen sind durch sehr überhöhte oben schwach zugespitzte Bögen verbunden und tragen die Oberwand, welche, mit biblischen Darstellungen und Mosaik auf Goldgrund geschmückt, trotz des Farbenreichthums im Ganzen in das Grüngoldene schillert. Der Mittelraum des Querschiffs wird durch vier mit einem annähernden Hufeisenbogen verbundenen Pfeiler begrenzt, während der Schlusspunkt für den Beschauer in der Wölbung der Chornische (Tribuna) umrahmt von drei in der Perspective concentrisch wirkenden Spitzbögen, der überlebensgrosse Christuskopf in Marmor jenen milden schwärmerischen Ausdruck zeigt, der vortrefflich die ganze romantisch-poetische Geistesrichtung der Zeit kennzeichnet. Die Decke dieses gleichsam veredelten Basilikatypus wird, wie die des Domes von Messina durch ein offenes Sparrenwerk gebildet, das trotz seines Farbenschmuckes mit rothen, blauen, grünen und goldenen Ornamenten einen bronzeartigen Gesammtton hat, so dass in der ganzen Kathedrale die drei Hauptnuancen, silbergrau, grünlich- und bräunlich-gold vorherrschen. Die constructiven Abweichungen von dem Dachstuhl in Messina sind unbedeutend. Der kleine Plafondstreifen hat dort in der Mitte nur je eine kleine Kuppel, hier deren zwei, unter dem Consol am Ende der Binderbalken hängt hier noch ein zierlicher achteckiger vergoldeter Zapfen herunter, statt der figürlichen Darstellungen dort sind hier überall Ornamente, welche vielleicht an Geschmack denen von Messina nachstehen. Die Mannigfaltigkeit dieser Muster, wie aller übrigen in der ganzen Kirche (z. B. der Einfassungen um die unteren Marmorvertäfelungen)

---

[5]) Gravina, Dom von Monreale, ein Prachtwerk. Serradifalco, Del Duomo di Monreale e di altre chiese siculo normanne Pal. 1838. Hittorf et Zanth, Archit. mod. de la Sic. etc., Paris, Taf. 67, 68.

von denen nicht eines dem andern gleicht, ist eine überraschende und kaum je wieder in einem einzigen Bauwerk erreicht.

Italien.

Auch auf dem Festlande Italien wurde der alten Tradition der Basiliken mit sichtbarem Dachstuhl wieder Rechnung getragen. In der Doppelkirche S. Flaviano zu Montefiascone aus dem dreizehnten Jahrhundert ist die obere Kirche eine Basilika mit offenem Dachstuhl. Die anmuthige Kirche zu Gravedona am Comersee aus dem 12. Jahrhundert hat, wie die alte Hagios Johanneskirche von Constantinopel, über dem Mittelschiff ein einfaches Hängewerk mit zwei von der Mitte des Binderbalkens nach den Hauptstreben gehenden kleineren Streben[6]). Ebenso hat der aus derselben Zeit stammende Dom S. Ciriaco von Ancona einen offenen Dachstuhl[7]), sowie die 1206 errichtete Sta. Maria zu Toscanella bei Rom[8]).

Interessant ist der Dachstuhl der Kirche S. Miniato bei Florenz, welcher die Jahreszahl 1357 trägt, vielleicht aber die Erneuerung eines älteren gleichen Dachstuhles ist, da die Kirche selbst, eine einfache dreischiffige Basilika mit nur einer Chornische ohne Querhaus, aussen und innen reich mit Marmormosaik belegt, wohl aus dem Anfang des dreizehnten Jahrhunderts stammt[9]). Die Arkaden, welche im Innern die drei Schiffe theilen, ruhen auf 8 Stützen, von denen jedesmal die dritte aus vier Halbsäulen zusammen gesetzt ist, während die übrigen einfache runde schlanke korinthische Säulen aus graugrünem Marmor sind. So wird die Kirche der Quere nach in drei Abtheilungen getheilt, von denen die östliche, der Chor wegen der weiten Krypta darunter um 19 Stufen höher liegt. Die Säulenbündel sind ähnlich wie in S. Prassede zu Rom mit den gegenüberliegenden durch breite Gurtbogen verbunden, auf welchen der Dachstuhl ruht. Auch dieser ist wie der der vorhergehenden Kirche ein einfaches Hängewerk mit quergehen-

---

[6]) Mitth. d. k. k. Centralk. 1859, S. 60 (Eitelberger, Beitr. z. Kunstgesch. d. lomb. ven. Kgr.).

[7]) Schnaase Kunstgesch. IV, S. 453.

[8]) Innenpersp. bei Gally Knight, The ecclesiatical arch. of Italy from the time of Constantin to the 15 century, Lond. 1842—44 I, XII.

[9]) Lübke, Architekturgesch. 1875. S. 431. Schnaase IV, 438. G. Knight, Arch. of Italy I, 33. Gailhabaud, Denkm. II, 55. Semper, Stil II, 318, mit Farbendruck nach eigener Aufnahme, ein grösserer in Gailhabaud, Arch. du V.—XVI. siècle, Folioband.

den kleineren Streben. Aber auf den Hauptstreben ruhen nicht unmittelbar die Pfetten, sondern erst eine Reihe kleiner Consolen, auf denen sowohl die wagerecht laufenden Pfetten, als die mit der Neigung des Daches gehenden Sparren liegen. Diese beiden Hölzer laufen also bündig, d. h. in denselben Ebenen. Entweder sind sie zusammengeblattet, oder, wie es fast nach der Semperschen Zeichnung scheint, die Pfetten reichen blos von Sparren zu Sparren. Beides ist unconstructiv. Denn im ersten Fall werden die Sparren zu sehr geschwächt, im letztern Falle haben die Pfetten, welche die Last der Dachlatten und darüber befindlichen Ziegel zu tragen haben, kein genügendes Auflager, wenn sie nur in die Sparren eingezapft sind. Die Sparren sind an den Seiten und unten mit Brettern verschalt, so dass sie mit den Pfetten einzelne Rahmenwerke bilden, zwischen denen für die untenstehenden Beschauer die Latten darüber sichtbar werden. Auch die Zwischenräume zwischen den kleinen Consolen unter den Pfetten, bez. über den Hauptstreben sind durch mit der Neigung des Daches laufende Hölzer ausgefüllt. Der Zimmermeister dieses merkwürdigen, mehr künstlichen als constructiven Dachverbands muss eine besondere Vorliebe für Consolen gehabt haben. Denn ausser den schon erwähnten sind auch zwischen die kleinen Querstreben und die Hauptstreben kleine die Pressung der ersteren vermittelnde Hölzer eingeschoben, welche an den Enden consolartig geschnitten sind, ebenso ist unter dem Binderbalken ein langes Sattelholz beiderseitig als Consol ausgebildet, und darunter noch ein kürzeres gleichsam als Wiederholung und zum Halt des ersteren. Auch an den Enden der Binder hat er sich nicht mit einem Consol begnügt, sondern zwei übereinander geschnitzt. Ein Plafondstreifen läuft in der Mitte durch die ganze Länge der Kirche, aber nicht wie in Messina oben am First, den Winkel verdeckend, sondern unten auf zwei über die Binder gelegten schmalen Balken als eine Art von Dielung. Dass der ganze Dachstuhl einen malerischen Reiz hat, lässt sich nicht läugnen. Ueberdies sind die einzelnen Theile durch einen Farbenüberzug gehoben, dessen lebhafte Töne (wenn auch nicht so bunt, wie in dem Semperschen Farbendruck) in der nicht sehr hell beleuchteten Kirche gemildert werden. Die kleinern Querstreben sind in der ganzen Fläche, die Binder und Hauptstreben am untern Rande durch Zickzacklinien in dreieckige aussen rothe und innen blaue Felder getheilt, an ihren oberen Enden haben sie zwei durch ebensolche Linien getheilte Ränder, einen äusseren grün und roth und einen inneren dicht daneben blau und weiss. Roth, blau und weiss sind auch die Ränder der übrigen mit der Neigung des Daches laufenden Hölzer verziert, und die Latten als gedrehte Taue gemustert, deren Linien in richtigem tectonischen Gefühl nach der Richtung des Daches aufwärts steigen. Die Consolen sind in bunten Farben mit Pflanzen, Thieren und mathematischen Figuren geschmückt.

Neben der Hängewerkconstruction ist die Balkendecke besonders in allen mit Deutschland in künstlerischem Zusammenhange stehenden Theilen Italiens verwendet worden. Als schöne Beispiele mit Eckconsolen und Unterzügen mit feiner Anwendung von Farben erwähne ich den Pal. des Podestà (Bargello) zu Florenz.

Deutschland.

In Deutschlands Kirchen hatte sich die Holzdecke länger gegen das Andringen des Gewölbes erhalten, als man im Allgemeinen anzunehmen geneigt ist. Wie in Frankreich wurde am spätesten das Mittelschiff überwölbt. Von Westen, vom Rheine her, drang das Wölbsystem vor; die Abteikirche zu Laach[10]), dann die Dome von Mainz, Speier, Worms im 12. Jahrh. sind die ersten auf vollständige Wölbung angelegten Kirchen. Westfalen folgte früh dem Rheinland nach, ebenso Elsass; später schloss sich ihnen Schwaben, Franken, Hessen, dann Bayern und Oesterreich an. In den Sächsischen Landen[11]), in der Mark Brandenburg, wie im ganzen Norden, besonders nach den slavischen Ländern zu, wo überhaupt der Holzbau der Kirchen erst spät dem Steinbau wich, wurde bis in das 13. Jahrhundert die Holzdecke dem Gewölbe vorgezogen.

Nicht zu unterschätzen ist die Anzahl der Kirchen, an welchen die Holzdecken noch erhalten oder wenigstens mit Sicherheit nachweisbar sind. Der verdienstvolle Lotz führt in seiner Kunsttopographie[12]) weit mehr als 200 derselben auf. Als besonders schöne Kirchen macht er auf folgende unter ihnen aufmerksam:

Säulenbasiliken aus dem elften Jahrhundert: Die Stiftskirche in Hersfeld bei Cassel erst 1144 geweiht, jetzt in Trümmern, die Justinuskirche in Höchst am Main, St. Georg in Cöln (1060); Abteikirche in Limburg a. d. Hardt (1030); Stiftskirche Oberzell auf der Insel Reichenau;

---

[10]) Otte, Gesch. d. deutsch. Bauk. I, S. 296.

[11]) z. B. Wechselburg, 1174 gegründet, jetzt m. Holzgewölben.

[12]) Lotz, Kunsttopographie Deutschlands 1867 I, S. 8; vgl. Denkm. der Bauk., herausgeg. von Stud. der Bauak.

aus dem 12. Jahrhundert: Die Klosterkirchen zu Alpirsbach (1095) und Faurndau in Würtemberg, Hamersleben im Harz (1108 gegründet); Jerichow in der Mark (1154 begonnen), Paulinzelle in Thüringen (1105), die Schottenkirche St. Jacob in Regensburg (1184);

Pfeilerbasiliken aus dem 11. Jahrhundert: St. Maria im Capitol zu Cöln (1049 geweiht), Dom in Bamberg (1081 — 1111);

aus dem 12. Jahrhundert: die Kirche in Biburg in Bayern, die Benedictiner Kirche in Breitenau nahe Cassel (1142 voll.) und Bürgelin (Thalbürgel) bei Jena, S. Castor in Coblenz, den Dom in Doornik bei Brüssel (1196); die Benedictinerkirche auf dem Petersberge bei Erfurt (1174); den Dom zu Gurk in Kärnthen, die Kirche in Ilbenstadt in Hessen (1159); die Apostelkirche und Gross S. Martin in Cöln, die Klosterkirchen von Königslutter bei Braunschweig (1135), Maulbronn (1178) und Sindelfingen in Würtemberg und Wechselburg am Harz (1174 gegr.)

Basiliken mit abwechselnden Pfeilern und Säulen aus dem elften Jahrhundert. St. Wilibrord zu Echternach (1031), die Klosterkirche in Gernrode (958), St. Michael in Hildesheim (1033);

aus dem 12. Jahrhundert: Die Stiftskirchen in Frose bei Quedlinburg, Gandersheim, Hecklingen bei Bernburg (1130), St. Godehard zu Hildesheim (1133), Huyseburg bei Halberstadt (1121), Sekkau in Obersteiermark (1164).

Die mit Holzdecken versehenen Kirchen wurden der vielen Brände wegen zum Theil nachträglich, oft erst spät mit Gewölben versehen[13]), wobei man bisweilen über den Gewölben die Holzdeke stehen liess. So ist in der Liebfrauenkirche zu Halberstadt noch die alte Holzdecke sichtbar, und vor Einziehung der Gewölbe gemalte Ornamente haben sich am Gesims unter der Decke erhalten[14]), in Echternach sind die Gewölbe mehr als 2 Meter tiefer, wie die Holzdecke eingezogen.

Die meisten dieser Holzdecken waren wohl Balkendecken, d. h. die einzelnen Balken waren sowohl in den Bindergespärren, wie in den Leergespärren quer herübergelegt oder bei Hängewerksconstruc-

---

[13]) So der Dom in Gurk laut Inschr. 1513.

[14]) Förster, Denkmäler der Bauk. Bd. III, Abth. II, 16.

tionen an die Hängesäulen angehängt. In den seltensten Fällen wurde das offene Sparrenwerk gezeigt, wie wir es in den italienischen Basiliken kennen gelernt haben. Merkwürdige Beispiele dafür sind zwei Kirchenbauten im Elsass, nämlich das obere Geschoss der Doppelkirche zu Neuweiler, nordöstl. von Zabern (deren unteres Geschoss Kreuzgewölbe hat[15]), und die Kirche zu Schwarzach auf einer Rheininsel unterhalb Strassburgs[16]). Ihre Erbauungszeit ist unbekannt, da alterthümliche und spätere Formen nebeneinander gehen, auf kurzen dicken mit ganz verschiedenen Basen und Capitälen versehenen Säulen ruhen die Arkaden und die Oberwand des Mittelschiffs, in welcher die Fenster ziemlich hoch angebracht sind, darüber ist das offene Dachgespärre ausgespannt, ein einfaches Stuhldach mit einem Mittelstiel, einem Kehlbalken in jedem Gebinde und Wandconsolen unter den Bindern. Vielleicht hatte sie einst eine Balkendecke darunter.

Gewöhnlich waren über die Balken (wie bei dem gestreckten Windelboden) Dielenbretter nebeneinander genagelt, bisweilen unterhalb verschalt, so dass dann im Innern der Kirche die Decke als eine Fläche wirkte, welche unter Umständen durch ein Gitterwerk von dünnen angearbeiteten Leisten durchbrochen wurde. Die Frage, ob sich wirkliche Cassettendecken noch aus dem Mittelalter in Kirchen erhalten haben, wage ich nicht zu beantworten, da eine Menge scheinbar uralter thatsächlich erst neueren Zeiten angehören.

Aus der Profanarchitectur haben sich mehrere zweifellos noch dem 13. Jahrhundert angehörenden Felderdecken im Schloss Chillon am Genfersee erhalten, welche uns durch die treffliche Publication Adlers bekannt geworden sind[17]). Die des Empfangsaales bietet gleichsam das Urbild der Cassettendecke. Der Saal, wie alle Räume dieses seltsamen Felsennestes unregelmässig, ist etwa 19 m lang, 12 m breit und 6 m hoch. Da er zugleich Fest- und Tanzsaal war, sollte er keine Stützen bekommen und so laufen denn vier colossale Hauptträger herüber, auf welche die Unterzüge quer gelegt sind, darauf wieder der Länge nach die Hauptbalken, dann die Zwischenbalken und die Bretterdecke (Fig. 18). Der Zwischenraum zwischen der Oberkante des Unterzuges und der Bretterdecke ist durch Füllhölzer verdeckt. Die sämmtlichen Hölzer sind wenig pro-

[15]) Zeitschr. f. Bauwesen 1878 Taf. 54, XV. (Adler, roman. Bauk. im Elsass.)

[16]) Otte, Gesch. d. deutschen Bauk. I, S. 388; vgl. Mitth. der k. k. Centralkom. 1858 S. 8 (Essenwein).

[17]) In der Zeitschr. für Bauwesen 1860 Taf. 17 u. 18.

filirt und die Dimensionen so colossal (die Entfernung von der Hauptträgerunterkante bis zur Decke beträgt an 1,4 m), dass dadurch der

Fig. 18.

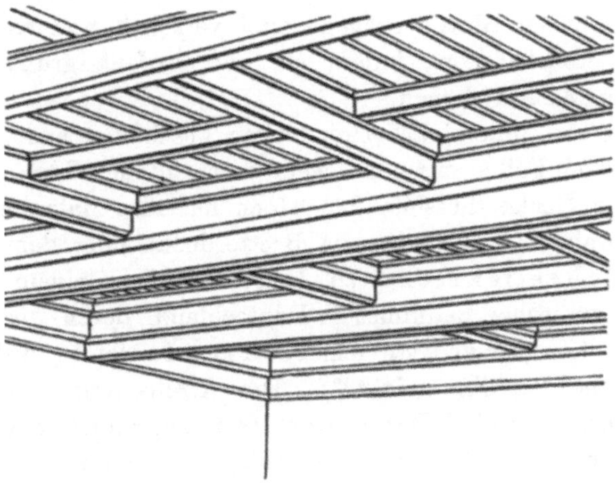

Eindruck des mächtigen Saales ein zu schwerfälliger wird. Doch muss man bedenken, dass man sich immerhin in einer Festung befindet. Zierlicher ist die Cassettendecke des kleineren Gerichtssaales; ihre Theilungen sind schlanker, die Holzstärken geringer und der in der Mitte durchgehende Unterzugsbalken durch drei schlanke Marmorsäulen unterstützt. Die ebenfalls durch rostartig über einander gelegte Balken gebildeten quadratischen Felder der Bretterdecke sind durch zwei sich kreuzende Leisten in vier noch kleinere Quadrate getheilt. Aehnliche Leisten gliedern die Seiten- und Unteransicht des Unterzuges. Noch haben sich Farbenspuren erhalten, Unterzug und Balken waren roth, die Füllungstafeln blau mit mittelalterlichen Laubverzierungen, die Leisten goldgelb, so dass der Saal mit seinen einst gemalten Wänden und grauen Säulen ein reiches und würdiges Aussehen gehabt haben muss. Dass dieses Leistenwerk, übertrieben angewendet, geschmacklos wird, lehrt uns der Speisesaal desselben Schlosses, in welchem nicht nur Unterzüge, Balken und Bretter, sondern auch die auf vier massigen Eichenholzsäulen auflagernden Sattelhölzer und Kopfbänder mit Brettern verkleidet und ebenfalls mit quadratisch geordnetem Leistenwerk bedeckt sind. Adler macht auf eine ähnliche Construction in einem Saal des Schlosses de la Valère in Sion aufmerksam, welche durch das offene Zeigen der Stützenbildung weit günstiger wirkt[18]). (Oder sollte die Verkleidung erst später erfolgt sein?)

Selbst ein Sprengwerk findet sich in diesem Schlosse, im Zimmer des Herzogs. Die vier enggestellten Systeme, welche mittelst kurzer Sattelhölzer die Deckenbalken und darauf die einfach mit Deckleisten versehenen Bretter tragen, sind verschalt und entbehren des Reizes der Construction, indem sie nur als Untergrund für darauf schablonirte Malerei dienen.

Wie solche Malerei auf Holzdecken beschaffen war, können wir in den meisten Fällen nur nach wenigen erhaltenen Spuren erkennen. Eine einzige Decke diesseits der Alpen hat ihre Malereien fast vollständig bewahrt. Es ist dies die Bretterdecke über dem Mittelschiff in der Michaeliskirche zu Hildesheim, einem glänzenden Beispiel romanischer Baukunst in Deutschland, deren „ursprünglicher Grundplan die grossartigste Anlage erkennen lässt, welche irgend eine deutsche Basilika zeigt“ [19]). Die Kirche war das Hauptwerk des berühmten Bischof Bernward, 1001 gegründet und 1033 von seinem Nachfolger vollendet. Die Anlage ist von schönsten Verhältnissen und äusserst symmetrisch zu beiden Seiten mit einem Querhaus versehen, über deren Vierungen sich je ein viereckiger Thurm erhebt. Runde Treppenthürme flankiren jedes der Querhäuser im Norden und Süden, während östlich und westlich rechteckige im Halbrund geschlossene Altarräume den Bau abschliessen. Das Mittelschiff des Langhauses, verhältnissmässig hoch geführt, besteht aus drei Quadraten, deren Grenzpunkte durch je zwei viereckige Pfeiler bezeichnet sind, welche mit den zwischen denselben eingereihten zwei Säulen die Oberwand tragen. Ueber sie breitet sich die bemalte Bretterdecke aus. Die Deckenmalerei hat 47,46 m Länge und 8,52 m Breite. Letztere Dimension ist durch Rahmhölzer in 7 annähernd gleiche Theile zerlegt. Die Rahmhölzer haben Nuthen an ihren Seiten zur Aufnahme der zwischen 9 und 19 cm breiten eichenen gemesserten, d. h. nur aneinanderstossenden Bretter, die bei den mittelsten beiden zuletzt eingefügten Hölzern untergenagelt sind. Das ganze Tafelwerk hängt mit eisernen Klammern an dem Gebälk des Hauptschiffs.

---

[18]) Ebenda im Text S. 216.

[19]) Otte a. a. O. S. 161. Mithof, Kunstdenkmale u. Alterthümer in Hannover III, 130 (genaue Beschreibung der Deckenmalerei). Moller, Denkm. d. deutschen Bauk. III. Förster, Denkm. d. deutschen Bauk. II, Abth. I, 10. Kratz, Farbendruck von Storch und Kramer, Berlin 1857.

Die Deckenmalerei, tiefblaue, zinnoberrothe und grüne Wasserfarben auf Kreidegrund, ist in folgender Weise (von aussen nach innen zu gerechnet) angeordnet. Zunächst ziehen sich dicht an den Seitenschiffen zwei 46 cm breite Ornamentstreifen in Wellenlinien zwischen den beiden Querhäusern entlang. Dann läuft ringsherum an den kurzen Seiten ein einfacher, an den langen Seiten des Schiffs ein doppelter figurengeschmückter Streifen entlang, sodass in der Mitte eine Fläche übrig bleibt, welche in acht gleich grosse quadratische Hauptfelder eingetheilt ist. Der äussere der beiden Figurenstreifen zeigt in Quadraten die Symbole der Evangelisten, Paradiesesströme, Engel und in Medaillons die Brustbilder der Voreltern Christi. Die innere Reihe enthält in rechteckigen Feldern Paradiesesströme, den Engel Gabriel, die 4 Evangelisten und stehende 1,41 m hohe Propheten und fromme Väter mit Spruchbändern, von denen je zwei übereinander auf eins der Hauptfelder kommen. Ein malerischer Wechsel wird dadurch hervorgebraucht, dass die Medaillons durch romanisches Rankenwerk mit einander verflochten sind, während die eckig abgeschlossenen Felder unter sich durch schmale rothe, gelb eingefasste Linien geschieden sind, die an den Kreuzungen durch vergoldete Nägelköpfe markirt erscheinen. Sämmtliche Darstellungen bauen sich übereinander in der Richtung von Westen nach Osten auf. Die grossen Mittelfelder enthalten in dieser Reihenfolge den Stammbaum Christi aus der Wurzel Jesse (nach Matth. 1, 5—12), den Sündenfall, Jesse auf dem Lager, David, Salomon, Ezechias, Josias, sämmtlich thronend, Maria mit Spindel und Knäuel, Christus als Weltenrichter (das letzte 1662 zerstört, 1667 mangelhaft wiederhergestellt). Auch in diesen Bildern ist eine Abwechslung dadurch erzielt, dass das erste und letzte in einen Kreis, das dritte, fünfte und siebente in ein über Eck gestelltes Quadrat, das vierte und sechste in einen Vierpass eingeordnet sind, während ein Baum, von dem zweiten Bild (Jesse) ausgehend, mit seinen Zweigen die folgenden Felder durchdringt. In den vier Ecken jedes der Felder (mit Ausnahme der beiden ersten) sind kleine Brustbilder in Medaillons angebracht. Das figurenreiche Deckengemälde ist sehr ähnlich im Charakter einem Missalcodex des Hildesheimer Domschatzes von 1159, sodass sich annehmen lässt, dass es von dem Brande, der die Kirche 1162 betraf, verschont wurde oder bald darauf in der gleichen Art hergestellt wurde. Die ganz im romanischen Geist gehaltenen Darstellungen weisen in Anordnung, Ornamentik und Gewandung direkt auf sicilisch-normannische, ja zum Theil auf noch frühere Vorbilder hin. Hatte einst die byzantinische Kunst auf die Kunstentwicklung des Normannenreiches in Unteritalien gewirkt, so wurden hier dieselben Formen und Ornamente, die der deutsche Geistliche und Künstler in dem heiligen Lande gesehen hatte, wiederum nachgebildet, und so treffen wir mitten im Sachsenlande, zu derselben Zeit, da Friedrich Barbarossa vergeblich deutsches und italienisches Wesen mit einander zu verschmelzen suchte, gleichsam wie den letzten Nachklang der hellenisch-römischen Kunst, ein ganz von diesem Geist durchdrungenes Kunstwerk an[20]).

[20]) Weniger kunstreich und weit später ist die bei Moller abgebildete Balkendecke der unteren Empore im nördlichen Querhaus bemalt. Die Ornamente zwischen den Balken zum Theil spät gothisch, sind auf schwarzem Grunde weiss aufgesetzt, mit grünen, gelben und rothen Blumen untermischt.

III. Abschnitt.

Die Holzbauten der Germanen und Normannen.

Weiter hinauf nach Norden hatte sich im früheren Mittelalter die Baukunst selbständig und eigenthümlich entwickelt. Doch kann auch hier der Einfluss des Südens, die frühzeitige Wechselwirkung zwischen der germanischen und romanischen Völkerfamilie nicht durchaus geläugnet werden. Vor allem wichtig wird der Norden für uns darum, weil wir hier und zwar hier zuerst nicht nur mit Dachwerken und Innenconstructionen zu thun haben, noch auch aus den Analogien anderer Materialien und Zeiten Rückschlüsse machen müssen, sondern wenigstens seit dem Mittelalter eine Reihe noch bestehender, historisch genau datirbarer Holzbauten vor uns haben. Es hat nicht nur in Bezug auf die Holzarchitectur, sondern in Bezug auf die gesammte Culturgeschichte einen ganz besonderen Reiz, diesem Zweig der nordischen Kunst nachzugehen. Denn, abgesehen davon, dass hier das als Baumaterial verachtete Holz selbst zu den höchsten, heiligsten Zwecken Verwendung fand, tritt uns gerade in den Holzbauten des hohen Nordens ein eigenthümliches und von andern architectonischen Erscheinungen manchmal seltsam abweichendes echt nationales Kunstgefühl entgegen, so dass wir uns wie von dem Klange eines fremden Nationalliedes angezogen fühlen. In dem scheinbar Fremden aber erkennen wir bei genauerer Betrachtung Bekanntes, ja uns Verwandtes wieder, durch byzantinische und romanische Anklänge klingt eine altgewohnte, auch uns ansprechende Weise hindurch und mit Freude wird das gemeinsame Band erkannt, das alle Stämme des Nordens umschlingt.

Erstes Capitel.

Germanen.

Das Holz war seit den frühesten Zeiten der eigentliche Baustoff der germanischen Völker[1]). Die dichten Wälder des Binnenlandes führten ebenso zum Holzbau hin, wie die Schifffahrt mit ihren Anforderungen namentlich in den nördlichen Buchten frühzeitig die Kunst des Zimmerns ausbildete. Mit Recht ist darauf aufmerksam gemacht worden, dass die Ausdrücke für den Steinbau aus dem Lateinischen entlehnt sind, während die Zimmerausdrücke einheimische sind, ja, dass im Altgothischen: Zimmern, timbrian, geradezu für Bauen gesetzt wird.

Dürftig und unergiebig sind die Nachrichten über die früheste Bauthätigkeit der germanischen Völker. Nach den Urtheilen der partheiischen römischen Schriftsteller waren die Germanen Barbaren, die Häuser, selbst die der Häupter bis in die Zeit der römischen Kaiser roh und mangelhaft, öffentliche Bauten werden gar nicht geschildert[2]). Caesar giebt als einen der Gründe für die jährliche Ackervertheilung bei den Germanen den an, dass sie, um sich recht gegen Hitze und Kälte abzuhärten, nicht zu solide bauen sollten[3]). Nach Strabo waren sie, wie die Celten Nomaden, in Hütten wohnend und mit Vieh und Habseligkeiten auf Wagen ziehend[4]). Oft erwähnt ist die Schilderung des Tacitus[5]): „Dass die Völker Germaniens keine Städte bewohnen, ist hinlänglich bekannt, da sie nicht einmal aneinanderstossende Wohnungen dulden. Sie wohnen einzeln und zerstreut, je nachdem ein Quell, ein Feld, ein Wald ihnen gefiel... Nicht einmal Mauersteine oder Ziegel sind bei ihnen im Gebrauch. Holz wenden sie überall an, unbehauen, ohne Form und Gefälligkeit. Bestimmte Stellen bestreichen sie sorgfältiger mit einer Erdart, die so rein und glänzend ist, dass sie nahe an Malerei und Farbeanstrich kommt.“ Aus dieser wenig eingehenden Beschreibung haben manche Kunstschriftsteller herauslesen wollen, dass die Germanen nicht Fachwerkshäuser, sondern Blockhäuser gezimmert hätten. Dies ist unbe-

[1]) Semper, Der Stil II, 294; vgl. Weinhold, Altnordisches Leben S. 418.

[2]) Mittheil. d. k. k. Centralkom. 1856, S. 329 (Alw. Schulz, d. altd. Haus).

[3]) Bell. Gall. VI, 22.

[4]) Strabo VII, 11 § 3.

[5]) Germania Cap. 16.

rechtigt, da alle andern Beobachtungen auf den Gebrauch der Riegelwand deuten. In den Gegenden, wo die Germanen mit den civilisirten Römern in Berührung kamen, lernten sie jedenfalls den Riegelbau derselben, den die Römer in Stadt und Land anwendeten. Von den Alemannen des vierten Jahrhunderts wird dies ausdrücklich durch einen römischen Schriftsteller erzählt[6]). Ebenso lesen wir in einer alten Gesetzesvorschrift, dass die böswillige Zerstörung der Eckpfosten (Winchilsul) an einem Gebäude härter, als die der mittleren zu ahnden sei[7]). In neuerer Zeit fand man in der Nähe von Cöln (zwischen Frechen und Gleuel) Reste einer Holzconstruction aus Römerzeiten, wie aufgefundene Ziegel, Münzen und Heizröhren beweisen. Das Gebäude, wahrscheinlich eine Scheuer, war etwa 15 m lang und 7 m breit, vom anliegenden Bergabhang durch eine Spundwand von Pfählen mit vorgelegten Bohlen getrennt. Siebzehn Querschwellen von Kiefernholz dienten als Unterlage für verbundene Umfassungsschwellen. Diese hatten in 1 m Abstand Zapfenlöcher, um die lothrechten Stiele aufzunehmen. Auf den Schmalseiten müssen sich zwei Thore von 3 m Breite befunden haben. Der Innenraum, scheinbar ungetheilt, war mit aufgenagelten kiefernen Bohlen gedielt[8]).

Die Reliefs auf der Marc Aurelsäule, welche die Wohnungen der Markomannen im zweiten Jahrhundert nach Christus darstellten, geben wohl zu primitive Behausungen wieder. Kreisförmig gestellte mit Flechtwerk verbundene Baumstämme, darüber ein Strohdach, ein oder zwei rundbogige oder gerade Thüren, Rauchabzüge im Dach erinnern fast an die heutigen Kaffernhütten. Ein Schriftsteller, welcher die Ereignisse um die Mitte des dritten Jahrhunderts beschreibt[9]), weiss von den Häusern der Deutschen nur zu erzählen, dass sie meist aus Holz bestünden und sehr leicht abbrennten. Im sechsten Jahrhundert wohnen die Germanen noch in ruthengeflochtenen Hütten mit dem Vieh unter demselben Dach[10]), während in den civilisirteren Gegenden Frankreichs schon mehrstöckige Stadthäuser, sowie feste Burgen vorkamen[11]), freilich aber auch noch das Haus eines Bischofs aus Brettern mit Nägeln zusammengeschlagen war[12]). In Karls des

[6]) Ammian. Marcellin. XVII, 1, 7.

[7]) Lex Bajuvarium tit. IX, c. VI, 5.

[8]) Zeitschr. f. christl. Archäol. u. Kunst I, 183.

[9]) Herodian VII, 2.

[10]) Jornandes, Cap. 2.

[11]) Gregor v. Tours, 10 Bücher fränkischer Geschichte, übers. v. Giesebrecht VIII, 42 und öfter.

[12]) Gregor v. Tours V, 4.

Grossen Capitularien werden öfters „königliche Häuser" aus Holz genannt. Dass die Paläste angelsächsischer Könige gezimmert waren, bezeugt ein Gesetz, welches befahl, dass sich die Vasallen zum Bau derselben mit Aexten einzufinden hatten[13]).

Das Gleiche gilt von den ältesten Kirchen der germanischen Völker. Auch sie sind vermuthlich Riegelbauten gewesen, im Gegensatz zu den Slaven, bei welchen wir den Blockbau zu Hause finden werden. Ein zweiter Unterschied lässt sich von Anfang an feststellen. Die Völker des Südens und die Slaven bauen mit Nadelholz, die Germanen und Franzosen des Nordens mit Eichenholz[14]).

Die ältesten Holzkirchen lassen sich in England nachweisen, wo das Christenthum frühzeitig Eingang fand, und Steinbauten erst spät an die Stelle derselben traten. Im Jahre 582 baute Bischof Firmian in Lindisfarne eine Holzkirche[15]), Edwin von Northumberland wurde im ersten Viertel des siebenten Jahrhunderts in einer hölzernen Capelle getauft; König Edgar stellte (nach einer Urkunde von 974) viele solche Kirchen her, deren Bohlen und Schindeln durch Wurmfrass gelitten hatten. König Knud (1016—42) unterschrieb ein Diplom in der „hölzernen Basilika" zu Glastonbury. Von dem 1149 gestorbenen Malachias, Bischof von Armagh, wurde das Kloster Bankor in Holz hergestellt[16]).

In Dänemark errichtete der erste christliche König Harald Blauzahn (936—86) drei hölzerne Kirchen in Jütland und eine vierte auf der Königsburg zu Roeskild für seine Grabstätte. Knud der Heilige wurde 1086 in der hölzernen Kirche der Königsburg zu Odensee erschlagen. In Norwegen gab Olaf III. (1066—83) den Befehl, in jeder Landschaft Holzkirchen herzustellen.

In Frankenland waren die Heidenbekehrer zugleich die ersten Kirchenerbauer. Auch hier überall Holzbauten. Severin († 481) errichtete eine Holzkirche zu Künzen (Castra Quintana) in Bayern[17]), ebenso der heil. Vedast in Arras; unter Chlodovech entstand 504 ein Holzmünster in Strassburg, welches erst 400 Jahre später durch

---

[13]) In den Leges Wallicae, s. Mitth. d. k. k. Centralkom. 1858 S. 85 (v. Wolfskron).

[14]) Eine Ausnahme macht der Harz und die Alpen, vgl. weiter unten.

[15]) Für diese und mehrere der folgenden Notizen vergl. Schnaase, Kunstgesch., 2. Auflage Bd. III, S. 574 u. IV, 574, 598, 606, sowie Mittheil. der k. k. Centralkom. 1858, S. 85.

[16]) Kreuser, Der christl. Kirchenbau Bd. II, S. 67.

[17]) Die folgenden Notizen sind zum Theil aus Otte, Gesch. d. deutsch. Baukunst, an versch. Stellen, und Kreuser, Der christl. Kirchenbau Bd. II.

ein steinernes ersetzt wurde, zwischen 680 und 717 wurden mehrere Holzkirchen in Regensburg errichtet. Bonifacius zimmerte, wie es heisst, mit eigener Hand im Jahre 724 aus der bei Geismar (unweit Fritzlar) gefällten Wodanseiche eine Capelle für den heiligen Patras. Abt Richbod fand am Ende des achten Jahrhunderts Holzkirchen in Freising und Lorsch vor, ebenso Bischof Aribo († 782). Um dieselbe Zeit wurde die St. Kilianskirche in Würzburg erst in Holz, dann in Stein aufgeführt[18]).

Karl der Grosse weihte eine Holzkapelle St. Sebald in Nürnberg. Unter demselben Kaiser wurden so viele Kirchen von den Sachsen vollständig niedergebrannt, dass dagegen Gesetze nöthig waren. Sie müssen also von Holz gewesen sein. Unter Heinrich wurde 948 (934?) die Klosterkirche Maria Einsiedeln an der Syl im damals dichten Bergwald aus Holz errichtet, ebenso St. Stephan in Mainz durch Willigis (990); St. Georg in Prag (940). In die Mitte des 10. Jahrhunderts fällt die Bekehrung und der Bau von Holzkirchen in Jütland durch Adaldag. In Magdeburg verbrannte 1013 eine Vorstadtkirche „aus rothem Holz“. Um 1090 stellte Graf Wiprecht von Groitzsch eine baufällige Holzkirche in Hila bei Borna wieder her. Im Jahre 1013 wurde ein steinerner Thurm, welchen Bischof Bernharius in Verden zu bauen anfing, als eine Seltenheit bezeichnet. 1129 baute Petrus de Roco am Rhein eine Holzkirche in Stein um. Im Norddeutschen Tieflande, wo erst seit dem 12. Jahrhundert das Christenthum bei den Wenden vollständig eingeführt wurde, baute Otto von Bamberg 1124 zu Kamin noch eine Kirche aus Baumzweigen. Durch Bischof Herbert von Brandenburg wurde 1102 in Lutzkau eine Basilika erst in Holz, dann in Stein hergestellt. Unter Heinrich dem Löwen wurde in Lübeck noch 1063 die neu erbaute hölzerne Marienkirche geweiht und in Bremen die Dominikanerkirche sogar noch 1253 als Holzbau vollendet. — Soweit die schriftstellerischen Nachrichten, die sich leicht noch vermehren liessen. Dazu kommen die zweifellosen Uebertragungen aus dem Holzbau auf den Steinbau an Kirchthüren[19]) etc. und die vielen in ganz Deutschland verstreuten Ortschaften, welche durch ihren Namen auf das Vorkommen alter Holzkirchen schliessen lassen. Wenn wir uns nun fragen, wie alle diese Kirchen wohl ausgesehen haben, so mögen

[18]) Nach Kreuser S. 221 und danach k. k. Centralkom. 1867, S. 3 wäre der Würzburger Dom noch bis 1186 (?) ein Holzbau gewesen.

[19]) z. B. an St. Peter in St. Avold im Elsass, s. Adler in der Zeitschr. für Bauwesen 1878 S. 439.

die in den slavischen Wäldern errichteten Kirchen Blockhausbauten gewesen sein, für die germanischen Länder ist der Riegelbau anzunehmen. Dafür spricht, dass der germanische Holzbau, wie der Profanbau späterer Zeiten stets der Riegelbau gewesen ist. Auch andere Gründe sprechen dafür. Die Heidenbekehrung ging im Mittelalter von England, Schottland und Irland aus, das damals, in hoher Cultur stehend, für alle Wissenschaften und Künste auf das Festland von bedeutendem Einfluss war[20]), wie ja noch im 10. Jahrhundert Marianus Scotus in Regensburg eine grosse Rolle spielte, und der Schutzpatron von Tarent ein Pilger aus Lismore gewesen war. Schottenklöster alter Gründung existiren noch in Regensburg, Erfurt, Wien und an andern Orten. Die Bekehrer und Mönche waren, wie wir wissen, zugleich auch die Baumeister der ersten Kirchen. Columban (560—615) stiftete von Bankor aus Klöster in den Vogesen und am Bodensee, sein Schüler Gallus St. Gallen, ebenso der Ire Kilian (in der zweiten Hälfte des 7. Jahrhunderts) in Thüringen. Schottische Benedictiner gründeten (im 8. Jahrh.) Klöster im Elsass[21]), Thüringen, Schlesien, Franken, Bayern und am Rhein. Der Benedictiner Bonifaz war ebenfalls ein Engländer (680 zu Devonshire geboren). Alle diese Mönche brachten ihre einheimische Bauweise mit, und dies war der Riegelbau. Für beides haben wir Nachweise. Wenn Beda der Ehrwürdige erzählt, dass Firmian eine Kirche „nach schottischer Weise nicht aus Stein, sondern aus geschnittenem Eichenholz zusammenfügte“ (more Scotorum non de lapide sed de robore secto composuit) und wenn die heilige Monena eine Kirche baute „aus behauenen Brettern nach der Weise der Schotten“ (tabulis dedolatis, juxta more Scoticarum gentium)[22]), so können diese Bretter nur die Füllungen eines Riegelbaus gewesen sein. Damit stimmt die Notiz des Gregor von Tours ganz gut überein, dass die St. Martinskirche zu Rouen aus Brettern zusammengezimmert war[23]). Wenn von Brettern die Rede sein kann, verbietet

---

[20]) „Fast allein bot im 6. und 7. Jahrh. Irland der alten Cultur eine Zufluchtsstätte dar.“ Zeitschr. f. christl. Archäol. und Kunst I, S. 22 (Wattenbach, Die Congregation der Schottenklöster in Deutschland).

[21]) Schüler des heil. Pirmin, Abtes von Reichenau, gründeten Bergholzzell, das noch seinen Namen bewahrt hat; s. Adler in der Zeitschr. f. Bauwesen 1878 S. 437.

[22]) S. d. Quellen in Schnaase IV, 598.

[23]) Gregor von Tours, Fränkische Gesch. V, 12; vgl. IV, 46, das Haus des Ursus zu Arvern. Ebenso war die Kirche des heil. Dionys zu Fleury, ehe sie 1021 in Stein umgebaut wurde, „tabulato“. S. das Leben des Gauzlinus I, 39. Diese Notiz verdanke

sich die Annahme eines Blockhauses, welches aus aufgeschichteten wagerechten Stämmen besteht. Nun giebt es aber in der ganzen Holzarchitectur nur — und dies ist stets zu betonen — zwei Arten: das Riegelwerk und das Blockwerk. Ein anderes System kommt nicht vor. Auf welche Weise der Rahmen des Riegelverbandes ausgefüllt wird, ob durch geflochtene Matten, wie in Asien, oder durch Mauerwerk, wie bei unsern Fachwerkhäusern, durch lothrechte Bretter, wie an den norwegischen Kirchen, oder durch wagerechte Bretter, wie bei den sogenannten Ständerbauten der Schweiz, mag in Hinsicht der äussern Erscheinung von Bedeutung sein, für die Technik ist es durchaus gleichgültig. Leider stand mir keine Abbildung der einzigen uns aus hochalter Zeit in England erhaltenen Holzkirche, welche zu Greenstead noch besteht, zu Gebote. Nach der Beschreibung in Schnaase's Kunstgeschichte[24]) wäre anzunehmen, dass sie aus aufrecht gestellten Eichenstämmen erbaut gewesen sei. Dann wäre sie freilich noch gar kein eigentlicher Bau zu nennen, sondern würde mehr an die Entwickelungsstadien erinnern, die wir an den altorientalischen Zeltbauten und der Stiftshütte kennen gelernt haben. Da jedoch Schnaase sie den norwegischen Kirchen — wirklichen Riegelbauten — ähnlich findet und die ihm vorliegende Abbildung nach seinen Worten stellenweise ungenau war, so ist wohl anzunehmen, dass die Schwellen, welche den Riegelbau vollenden, auf der Abbildung nicht deutlich wiedergegeben sind. Ein Bild alten Fachwerks geben aber zweifellos englische Steinbauten aus der Sachsenzeit, wie der Thurm von Earls Barton, die unverkennbare Nachahmungen eines Riegelbaus. Sogar die Schrägstreben, welche die einzelnen Wandfelder theilen, sind hier in Stein reliefartig wiedergegeben[25]).

In Deutschland hatte sich bis vor kurzer Zeit eine ganz aus Holz hergestellte Kapelle, wenn auch nicht aus so früher Zeit, so doch aus dem 13. Jahrhundert, erhalten. Es war die Jodocuskapelle auf dem Petri-(Pest-)Kirchhofe bei Mühlhausen. Der Stil der Malereien und die Majuskelschrift an denselben verweisen sie in das 13. Jahrhundert. Es ist also vermuthlich dieselbe Kapelle, welche zum Andenken an einen Sieg der Mühlhausener Bürgerschaft 1251 dem heil. Petrus errichtet wurde. 1272 verpflichteten sich die

---

ich der Freundlichkeit des Herrn P. Ewald, der das Leben des Gauzlinus in dem neuen Archiv für altd. Gesch. Bd. III herausgegeben hat.

[24]) IV, 575 nach den Vetusta Monumenta Vol. II, tab. 7.

[25]) Schnaase IV, S. 476.

deutschen Ordensherren zu Mühlhausen durch eine noch vorhandene Urkunde die Kapelle „in stetem baulichen Wesen zu erhalten und niemals eingehen zu lassen". Allein im 15. Jahrhundert wurde sie an das westliche Portal der nahen (wahrscheinlich 1356 erbauten) Petrikirche gerückt und nach Durchbrechung oder Beseitigung der östlichen Giebelwand als Vorhalle benutzt. In der Zeit des dreissigjährigen Krieges wurde sie von Neuem und diesmal in eine entlegene Ecke des Kirchhofs versetzt. Seitdem diente sie als „Bahrhäuschen" zur Aufbewahrung der Beerdigungsrequisite, bis sie leider 1846 „gemeinnütziger Zwecke wegen" abgetragen wurde. Wir verdanken dem Freiherrn Tilesius von Tilenau eine Aufnahme derselben, welche nur zum Theil veröffentlicht ist[26]). Die Kapelle war von kleinen Abmessungen (Fig. 19), 6,30 m lang und 3,80 m breit. Die Höhe be-

Fig. 19.

trug bis zum Anfang des sehr steilen Giebeldachs 1,90 m, bis zum First 6,30. Der Giebel ragte 0,60 m über die Eingangsseite vor.

[26]) Tilesius v. Til, Die hölzerne Kap. des heil. Jodoc. zu Mühlh. 1850. Die vollständigen Handzeichnungen befinden sich im Kupferstichkabinet des Berliner Museums. Ihre Nachweisung verdanke ich der Freundlichkeit des Prof. Adler.

Die Wände bestanden aus einem Rahmenwerk von wenigen wagerechten und lothrechten Balken, zwischen welchen Bretter lothrecht aufgestellt und aneinandergefügt waren. Schmale Spitzbogenfenster (vier an der Vorderseite) beleuchteten das Innere.

Die Deckenconstruction ahmte ein spitzbogiges Tonnengewölbe in Holz nach, wie wir es in Frankreich kennen gelernt haben. Ein Mittelstiel unterstützte in den Hauptgebinden den First, während in den Leergebinden die Sparren durch Kehlbalken in einer Höhe von 2,5 m über den Binderbalken auseinandergehalten wurden. Kopfbänder unter den Kehlbalken und kleine Pfosten nahe den Sparrenanfängen vermittelten die Wölbung des Innern, welche durch eine Verschalung aus wagerecht neben einander genagelten Brettern bestand. Diese Bretter waren nur gemessert, d. h. an den Ecken schräg zugeschnitten und aneinander gefügt. An den Aussenseiten jedoch vor den Fronten stiessen zwei aus je einem Stück bestehende nach derselben Form des Spitzbogens gebogene Krummsparren in der Mitte aneinander. Diese Krummsparren ahmten nicht nur ein Steingewölbe nach, sondern hatten eine constructive Berechtigung, indem sie in wirksamer Weise die weit vorragenden Sparren absteiften, welche sie tangential berührten. Ich werde bei Gelegenheit der normannisch englischen Dachconstructionen auf dieses System zurückkommen, welches seine Analogien in französischen Privathäusern[27]) aus derselben Zeit findet und heutzutage wieder in gefälliger Weise aufgenommen ist. Abgesehen von dem stiuctiven Werth wird die Steilheit des Daches durch diese gebogenen Linien gemildert und die Fläche durch eine, die wagerechte und schräge Linie vermittelnde Unterbrechung auf geschickte Weise eingetheilt. Das Dach war mit Ziegeln gedeckt. Wie die Wände im Innern verziert waren, weiss man nicht. Als ein Ueberrest der frühesten innern Ausschmückung haben sich noch einige weiss grundirte, mit abwechselnd rothen und grünen, schwarz umzogenen Rosetten, Blättern und Sternen bemalte Wandpfosten gefunden. Am besten erhalten war noch zur Zeit der Aufnahme die Decke. Auch diese war an den Innenflächen bemalt und zwar nach der Weise des 13. Jahrhunderts mit Leim- und Deckfarbe auf Kreidegrund, nachdem die Zeichnung mit Rothstift, die Umrisse mit schwarzer Farbe umzogen waren. Keine Schattirung von Mischfarben zeigte sich, nur fleischfarben, rothbraun, blau (mit der Zeit grün geworden) und Spuren geschwärz-

---

[27]) z. B. zu Orleans, Rouen.

ten Goldes. Die Bilder waren bei der Abtragung zum Theil noch ganz wohl erhalten. Die Malerei des Tonnengewölbes im Innern zerfällt in zwei besondere Theile, in einen historischen und einen decorativen. Der letztere, welcher die Legende des heiligen Jodocus darstellt, lief gleich der Predella eines Altarbildes unter den Ornamenten entlang und nahm nur den fünften Theil des bemalten Raumes ein. Die einzelnen Bilder auf der Nordwand [1. Tod des Königs Inthalus von Bretagne, 2. die Krönung seines Sohnes Judichael[28]), 3. und 4. seine Mönchwerdung, 5. gänzlich verwischt] wurden durch gemalte romanische Rundthürme von einander getrennt; die der Südwand [1. Jodocus in der Zelle; 2. derselbe mit seinem Jünger, einem Armen sein letztes Brod gebend; 3. Jodocus, der Jünger und das Schiff; 4. Ein Bischof mit Heiligenschein; 5. das Wunder mit den Hühnern] durch Bäume. Die Fläche des Gewölbes oberhalb dieser Darstellungen war durch aufsteigende Streifen in vier schmale und drei dazwischen befindliche breite rechteckige Felder getheilt. Auf den schmalen Trennungsfeldern sah man wunderschöne romanische Blätter und Zickzackornamente, welche die breiten Felder vortrefflich umsäumen. Diese letzteren haben auf rothem Grunde einander durchschlingende grüne Zweige und Blätter und zwischen diesen Zweigverzierungen je drei mit rothem Rande eingefasste kreisrunde Medaillons, in welche Brustbilder, biblische Scenen und Darstellungen aus dem Thierleben, zum Theil phantastischer und humoristischer Natur, gemalt sind. Die westliche, vermuthlich im 14. Jahrhundert abgebrochene Giebelwand enthielt anscheinend zwei auf das Lebensende des Heiligen bezügliche Bilder. Die östliche Giebelwand wurde in der zweiten Hälfte des 14. Jahrhunderts mit gothischen Mustern übermalt. Wie man sieht, muss die kleine Kapelle auch in weiterer Beziehung als für die Holzarchitectur interessant gewesen sein. Es ist sehr zu beklagen, dass dieses in seiner Art einzige Denkmal vernichtet worden ist[29]).

---

[28]) Tilenau macht auf die Form der Pabsttiara aufmerksam, welche nur bis Anfang des 14. Jahrhunderts üblich war und verweist dabei auf Bilder des Hortus Deliciarum in der Bibliothek zu Strassburg. Auch um diesen Schatz ist die Jetztzeit ärmer geworden.

[29]) Hier wäre noch als ein Rest alten Holzbaus ein hölzerner achteckiger Pfeiler mit romanischen Reliefs aus dem 12. Jahrhundert in der jetzt verschlossenen Vorhalle der Nikolauskirche zu Windisch-Matrei in Tyrol anzuschliessen. Doch ist er für uns bedeutungslos; s. Mitth. d. k. k. Centralkom. 1857 S. 179 (Tinkhauser, Baudenkm. des Iselthals).

Zweites Capitel.

Normannen.

Mit grösserer Pietät als bei uns ist eine Reihe von Holzkirchen aus dem 12. und 13. Jahrhundert im hohen Norden, in den Thälern Norwegens erhalten worden. — Es sei gestattet, einen Blick auf die geschichtliche Entwickelung Norwegens zu werfen. Die Beschaffenheit des Landes, dessen steile Gebirge sich in schroffen Felsen bis in das Meer hinabstrecken, gab wenig Raum für Ackerbestellung und Viehzucht, während seine zahlreichen tief in das Innere des Landes dringenden Meerbusen frühzeitig zur Schifffahrt aufforderten. Jagd und Fischfang stählten den Muth der Bevölkerung, welche bei der Rauhheit des Klimas auf steten Kampf mit den Elementen vorbereitet war. Bald genug dachte sie daran, das im eigenen Lande Fehlende durch Erzeugnisse von ausserhalb zu ergänzen. Sie durchfuhr furchtlos auf ihren schnellen Schiffen unbekannte Meere, landete an fremden Ufern und fand mehr Freude an Beute und Plünderung, als an friedlichem Verkehr mit den Völkern. Das neunte Jahrhundert ist voll von den Raubzügen der Normannen, welche den Rhein, die Schelde, Loire, Garonne und Rhone hinauffuhren, das Land verheerten und sich nur durch grosse Geldsummen zum Abzug bewegen liessen. Von den deutschen Küsten endlich (981) zurückgeschlagen, setzten sich die Normannen, welche inzwischen das Christenthum angenommen hatten, in dem Land an der unteren Seine, der seitdem Normandie genannten Provinz fest. Von dort aus eroberte ihr König Wilhelm (1066) England. Ihre Züge nach den Ländern des mittelländischen Meeres haben wir bereits zum Theil kennen gelernt. Dort waren sie anfangs nicht als Herren aufgetreten, sondern (wie später die Schweizer) im Dienst fremder Fürsten und Herrscher. So leistete Harald III., ehe er König wurde, mit seinen Wäringern in Constantinopel Kriegsdienste (1038), so zog König Sigurd (1103—1130) unter Balduin mit im Heere der Kreuzfahrer. Bereichert an Kenntnissen und von hoher Achtung vor der alten Cultur und feinen Bildung der südlichen Völker erfüllt, kehrten sie dann zurück und mancher Keim der absterbenden classischen Kunst wurde von dem frischen Stamm der Normannen aufgenommen. Nicht immer ist die Wirkung unmittelbar, oft auf Umwegen hinübergedrungen, so dass der gemeinschaftliche Zug zwischen Beiden manchmal versteckt ist, aber wie die von Nordlandsfahrern eingekratzten Runen in dem Rücken des jetzt am venetianischen Arsenal, einst am Hafeneingang von Athen stehenden Löwen noch erkennbar sind, so sind auch die Spuren ihrer Erfahrungen später in der Heimath nicht verloren gegangen.

Norwegische Kirchen.

Der frommen Neigung des Landes für seine Geschichte, welche durch den Mangel der in anderen Ländern so fühlbaren Einwanderung Fremder wach erhalten wurde, und der Dauerhaftigkeit des Materials verdanken wir etwa 40—50 Holzkirchen aus dem Mittelalter. Sie sind zum Theil noch in Gebrauch, manche haben durch Umbau ihre ursprüngliche Gestalt verloren, andere stehen in verödeten Gegenden, wo sie ganz vergessen waren. Die Sage erzählt, dass in dem Thale von Hedal der schwarze Tod einst so heftig gerast hatte, dass sich auf einer Strecke von 6 Meilen im Umkreis kein lebender Mensch fand, und die Kirche des Thales vollständig von Buchen und Birken umwachsen einem Bären zum Aufenthalt diente. Zwei Schützen, welche aus einem Nachbarthal zum Jagen dorthin gekommen waren, wurden durch den Klang der von einem Pfeil getroffenen Glocke auf das Dasein einer Kirehe im dichten Gebüsch aufmerksam gemacht. Sie erzählten ihr Abenteuer, Leute zogen aus, stellten die Kirche wieder her und das Thal wurde von Neuem bevölkert.

So wie diese Kirche vergessen war und wieder entdeckt wurde, haben in unserem Jahrhundert emsige Forscher und Kunstfreunde eine Reihe alter Holzkirchen in Norwegen aufgefunden und abgezeichnet. Zuerst gab der Landschaftsmaler Dahl die Kirchen von Borgund und Hitterdal skizzenhaft in Grundrissen und Ansichten wieder[1]). Dann theilte Minutoli in seinem Werke über den Dom von Drontheim die Erfahrungen einer im Jahre 1835 unternommenen Reise mit[2]). Bald nahmen sich auch einheimische Forscher dieser interessanten in neuster Zeit seltener in der Existenz bedrohten Bauwerke an; Nicolaysen veröffentlichte die Kirchen zu Hedal, Reinlied, Hurum und Lomen in Valders, welche aus dem dreizehnten Jahrhundert stammen[3]), und so sind wir im Stande uns ein Bild

[1]) Dahl, Denkmale einer ausgebildeten Holzbaukunst aus den frühesten Jahrhunderten in den innern Landschaften Norwegens 1837.

[2]) v. Minutoli, Der Dom zu Drontheim 1863.

[3]) Nicolaysen, Mindesmerker of middelalderens Kunst i. Norweg., Christiana 1855.

von diesen Holzkirchen zu machen. Wir haben somit in ihnen die ersten datirten vollständigen Denkmäler der Holzarchitectur vor Augen. Sie liegen der Zeit nach nicht weit auseinander. Die Kirche von Tind (Abro) in Obertelemarken trägt an der linken Thürpfoste des Haupteinganges eine Runeninschrift, nach der sie von Bischof Rainer, d. h. also zwischen 1180 und 1190 geweiht wurde. Aus derselben Zeit stammt die 1841 bei Miösö in Valders abgebrochene und als Bergkirche unsers Erlösers genau nach dem alten Plnn wiederaufgestellte Kirche Wang bei Brückenberg im schlesischen Riesengebirge Die spätesten in diesem Stil mögen wohl 100 Jahre später errichtet worden sein. Characteristisch ist die Uebereinstimmung dieser Holzkirchen in den meisten Punkten. Schon eine Vergleichung der Grundrisse zeigt die gemeinsame Auffassung (Fig. 20), und wo wir abweichende Grundrisse sehen, werden wir bald belehrt, dass wir es mit späteren Umbauten und Aenderungen zu thun haben. An einen

Fig. 20.

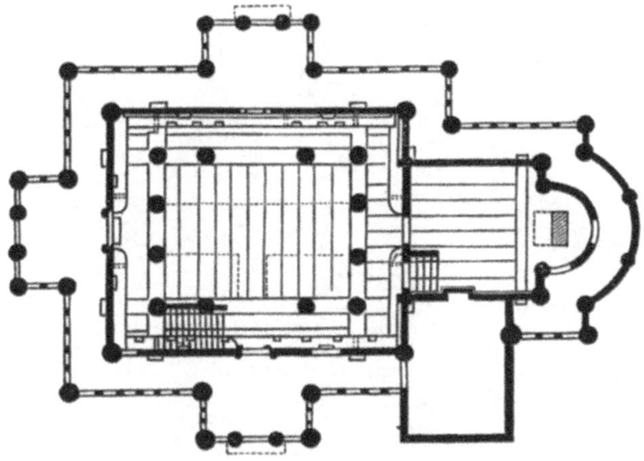

rechteckigen, nur um Weniges längeren als breiten Hauptraum, welcher durch Säulenstellungen in ein Mittel- und Seitenschiff eingetheilt ist, schliesst sich der etwas einspringende in die Länge gezogene Chor. Bisweilen ist zwischen Schiff und Chor eine Trennungswand ähnlich der Iconostasis in den Kirchen nach griechischem Ritus (so in Reinlid). Der Chor wird durch die halbrunde Apsis abgeschlossen, welche bald etwas einspringt, bald sich an die Seitenwände des Chor ohne Unterbrechung anschliesst. Rings um die ganze Kirche läuft ein Umgang (Lop oder Laufgang) als eine Art Peristyl herum. Bisweilen tritt vor diesen Laufgang noch ein kleiner Vorbau an der Eingangsseite oder an den drei Seiten der Kirche hinzu (wie in Borgund und Hitterdal), wodurch die Kreuzesform stärker betont wird.

Es erinnert diese Grundrissanlage mit den Säulenstellungen im Innern an die alte Basilika, und zwar nicht sowohl an die christliche, wie an die heidnische, wo der Mittelraum allseitig von den ringsumlaufenden Seitenschiffen durch Säulen geschieden war. Und dieser Eindruck wird noch gesteigert durch die Erhebung des Mittelschiffs über die Seitenschiffe. Auch stossen, wie bei der Basilika, die Pultdächer der Seitenschiffe an die aufsteigende Oberwand an. Aber bei den norwegischen Kirchen geht die Auflösung in Gruppen, dem Holzbaustil entsprechend, nach weiter (Fig. 21). Nicht nur,

Fig. 21.

dass das Seitenschiff von dem Mittelraum überragt wird, und der Chor, niedriger geführt als das Schiff, auch aussen von demselben verschiedene Dachhöhen zeigt, so ist der ringsumlaufende Gang niedriger gehalten, als die Seitenschiffe, sodass sein Pultdach sich an das dieser Seitenschiffe anlehnt. Die einzelnen Theile: Umgang,

Seitenschiffe und Mittelraum werden schliesslich von einem Glockenthurm über dem Mittelraum überragt, ausser welchem bisweilen sich ein niedrigerer Thurm über dem Chor (wie in Borgund), bisweilen ein dritter über dem Altarraum (wie in Hitterdal) erhebt. (Der einzelstehende Thurm neben den Kirchen zu Borgund und Reinlid ist aus späterer Zeit.) Dazu tritt eine Menge von Giebeln, welche über den Portalen aber oft in jedem der drei Dächer übereinander die Langseiten der Dächer unterbrechen. So ist der ganze Bau in viele Theile aufgelöst, welche sich pyramidal in immer neuen Absätzen erheben.

Der Grund dieser eigenthümlichen, höchst malerischen Gruppirung liegt in der Bauweise in Holz. In vollster Schönheit tritt uns hier das Wesen des Holzbaues: Klarheit und Folgerichtigkeit, entgegen. Jede Willkür, jeder falche Schein ist ausgeschlossen, von innen heraus ist die ganze Anlage entwickelt, die ganze Fassade aufs Engste mit dem Grundriss verschmolzen. Der Aufbau beruht auf dem Riegelwerk (Fig. 22). Stützende runde Pfosten aus Eichenholz bilden die eigentliche tragende Construction und werden unten durch Schwellen, oben durch Rähme zu einem festen Rahmengefüge verbunden, welches hernach durch lothrechte, neben einander gestellte Bretter ausgefüllt wird. Laufgang und Seitenschiff haben die gleiche Aufgabe, wie die in derselben Zeit bei steinernen Kirchen angewendeten Strebepfeiler und Strebebögen. Sie sollen die hohen schlanken Pfosten des Mittelraums in ihrer lothrechten Stellung erhalten und den seitlichen Druck der oft durch Schnee belasteten und auch deshalb mehrfach getheilten Dächer allmälig in die Verticale überführen. Der Laufgang sollte ausserdem einen Aufenthaltsort für Unwetter bieten und den Innenraum vor der unmittelbaren Winterluft schützen. In kunstgeschichtlichen Büchern pflegt das System dieser Kirchen, welche nach dem Eindruck, welchen die Ausfüllungsbretter machen, Stab- oder Reiswerkskirchen (reise scandinavisch = sich erheben) genannt werden, so dargestellt zu werden, als wären die Kirchen in einer ganz besonderen Construction gebaut. Dies ist durchaus nicht der Fall. Es ist hier genau, wie in der Jodocuskapelle bei Mühlhausen (und vermuthlich auch bei der Kirche von Greenstead) ein Riegelwerk, dessen Füllungen aus Brettern bestehen. Diese Bretter selbst haben keine constructive Bedeutung. Sie haben nicht das Dach zu tragen, sondern nur die Wand zu bilden und die Constructionshölzer in der gehörigen Entfernung auseinander zu halten. Sie sind auch verhältnissmässig dünn geschnitten und unter einander wie in die festen

Pfosten und Schwellen eingespundet[4]). Ein aesthetischer Unterschied macht sich freilich geltend, ob diese Bretter wagerecht auf einander

Fig. 22.

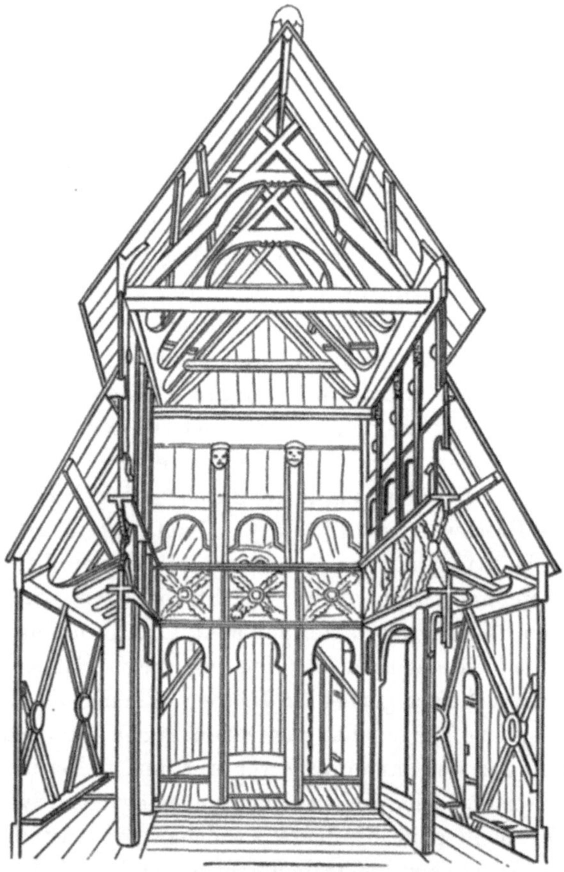

gelegt sind (wie bei den Schweizer Ständerbauten) oder durch verschiedenartige Kreuzung der Hölzer jede bestimmt ausgesprochene Richtung neutralisirt wird. Durch die lothrecht gestellten Wandbretter aber wird in den Stabkirchen auf das Schönste und Klarste der Ausdruck des Emporstrebens, des Aufsteigens über die Erde gefunden, ein Ausdruck, welchen die hier und da angebrachten Schnitzornamente,

---

[4]) S. das Detail in Dahl III, VIII und Semper, Stil II S. 293.

die gleichsam über einander emporzuwachsen scheinen, noch lebhafter steigern.

Geben so durch Gruppirung der Wände und Dächer die Kirchen ein bewegtes Bild, so zeigen sie dafür ruhige, wenig durchbrochene Flächen. Licht erhielten sie im Innern nur durch kleine, etwa 16 cm im Durchmesser haltende kreisrunde Oeffnungen, welche dicht unter dem Dach der Seitenschiffe in gleichen Abständen angebracht waren. Die Oeffnungen hatten keine Verglasung. Dieselbe, wie die viereckigen auch äusserlich als Erker vortretenden Fenster sind Zusätze aus den letzten Jahrhunderten. Der Laufgang, etwa in Manneshöhe über dem Erdboden durch Bretter fest geschlossen, öffnet sich von da ab bis unter das Dach in einer Reihe von gerade oder rundbogig überdeckten Arkaden, welche an die Gallerien schweizer Häuser erinnern. Dächer und Thurmspitzen sind bald mit Brettern, bald mit Schindeln bedeckt, wie dies noch heute in Schweden und Norwegen häufig ist, oder mit grossen Schieferplatten. In einigen Orten sind die Kirchen vollständig mit Schieferplatten belegt, welche mit Haken und Krammen an den Balken befestigt sind. Die Thürme haben meist viereckige Grundform und steigen in einem oder mehreren Absätzen auf. Zuweilen ragen ihre Dächer weit über die Wände vor, ähnlich den schweizer und tyroler Kapellenthürmen; ein Motiv, welches hier wie dort der Absicht zuzuschreiben ist, die Wand vor dem Wetter zu schützen.

Holzschnitzereien waren früher an viel mehr Stellen angebracht, als sich erhalten haben. An der Kirche zu Urnes ist aussen ein Zwischenpfosten um den andern mit reichem Schnitzwerk verziert, ebenso waren es früher die Säulen und Eckpfosten. Jetzt haben die norwegischen Kirchen hauptsächlich ihren Schmuck an Pfosten, Portalen, Giebelfeldern und Thürmen behalten. Die Pfosten im Schiff ruhen bisweilen auf Thierköpfen (so in Borgund), die Capitäle sind theils maskenartige Köpfe, theils romanische Würfelcapitäle mit Thier- und Pflanzenverschlingungen. Freistehende eigenthümliche Thiergestalten stehen auf den Portalpfosten in Borgund, Hurum etc. „Die Darstellungen an den Capitälen zu Urnes, besonders eines mit einem bewaffneten Centaur erinnern an ähnliche Motive in der Krypta des Domes zu Brandenburg“ (Minutoli). Die Schafte der Innenstützen und die Seiten der Portale sind anfangs in hohem Relief (so das älteste in Urnes) verziert, welches, je später, desto flacher wird. Wunderbare wilde Darstellungen sind es, Rankenwerk, Vogel-, Fisch- und Schlangengestalten im Kampfe begriffen und sich vielfach durch einander schlingend, so dass die Schwanzenden der Thiere wieder in Blätterwerk übergehen. Dabei sind die Figuren wie Bänder von bald zu-, bald abnehmender Breite in einander verflochten.

Ueber die Herkunft jener verschlungenen Ornamente sind die Meinungen getheilt, ob sie mehr für byzantinische Anklänge oder für alte von Irland herübergebrachte Runenmuster zu halten seien. Für jene Annahme spricht der unläugbare geschichtliche Zusammenhang, für diese die Aehnlichkeit gleichzeitiger angelsächsischer Miniaturen und Manuscripte[5]) und namentlich die hohe Culturblüthe der Insel in früher Zeit. Bücher und Pilgerstäbe irischer Mönche fanden die Normannen in Island vor[6]). Das alte Bild des Drachens, das die Normannen überall hin begleitet, ist ein Hauptmotiv. Besonders enden die Spitzen der Dachfirsten in phantastische Drachenköpfe, welche den Beschauer an Schiffszierathe erinnern[7]). Wir wissen, dass die Schiffe der alten Normannen, welche sich sowohl durch ihre Grösse, als durch ihre prächtige Ausstattung auszeichneten, oft genug mit Schlangen verglichen und als solche gebildet waren. Wie das Schiff des Frithjof im dritten Gesang als „Seedrachen“ geschildert wird, so nannte König Epstein zu Nidarosia ein grosses Schiff die lange Schlange, und Harald Hartrade baute 1061 ein Kriegsboot in Schlangenform mit einem Drachenkopf an der vorderen erhöhten Spitze. Mit Recht führt Minutoli eine Erzählung des alten Schriftstellers Snorro an. Nachdem König Sigurd (1103—30), berichtet dieser, unter Balduin die Kreuzzüge mitgemacht und zur Eroberung von Sidon beigetragen hatte, schenkte er seine Flotte dem Kaiser von Byzanz, der ihn höchst ehrenvoll empfing und die prächtigen Schiffsschnäbel zum Andenken an den Schenker auf den Dächern der damaligen Peterskirche aufstellen liess. In ähnlicher Weise mögen die Drachenköpfe auf den nordischen Kirchen ein bedeutsamer Trophäenschmuck sein.

Das Innere der Kirchen, die Stützen ausgenommen, ist einfach, ohne besonderen Schmuck an Bildern oder Figuren. Kaum, dass der Altar einigermaassen verziert ist; manchmal ist er mit der Kanzel vereinigt. Früher war alles Holzwerk mit Wasserfarben schwarz, weiss und gelb bemalt. Jetzt haben Wände, Empore und Orgel

---

[5]) Dieser Ansicht ist Nicolaysen, der Waagen, Petrie und andere Forscher als Zeugen anführt.

[6]) Wattenbach in der Zeitschr. f. christl. Archäol. u. Kunst I, S. 22, worauf Dahlmanns Gesch. v. Dänemark II, 106 ff. verwiesen.

[7]) Dieselbe Verzierung zeigt ein Reliquienkasten im Museum zu Bergen in Form einer Kirche gearbeitet. Minutoli, Drontheim T. XI, 1. vgl. oben S. 22.

(welche meist von Kiefernholz und ohne Metall zusammengesetzt ist) die natürliche Holzfarbe, insofern sie nicht neuerdings mit Oelfarbe überstrichen sind. An Festtagen wurden wohl Teppiche im Innern aufgehängt. Wohlerhalten sind noch die kleinen Nägel, welche in der Kirche zu Lomen ringsherum in den Seitenschiffen (ausser am Chorbogen) an die Architravbalken über den Capitälen und zum Theil an diese selbst in Entfernung von 30—40 cm zu diesem Zweck eingeschlagen wurden.

In folgender Weise baut sich das Innere auf. Die Trennungspfosten zwischen den Schiffen tragen die in gleicher Höhe mit den Oberschwellen der Seitenschiffe (also deren Dachanfängen) angebrachten wagerechten Balken, auf welchen wieder die Pfosten ruhen, die die Oberwand bilden. Nur das Stück der Oberwand, welches aussen sichtbar ist, wird ganz mit Brettern geschlossen. Der Theil der Oberwand, welcher noch innerhalb des Pultdachs der Seitenschiffe zu liegen kommt, ist nicht verbrettert, so dass eine Art Triforium gebildet wird. Er ist durch einen wagerecht laufenden Balken in eine untere und eine obere Hälfte getheilt; die untere hat eine Brüstung durch Andreaskreuze, welche mit Blätterwerk und Köpfen verziert sind, die obere schliesst nach oben zu in Rundbögen (wie zu Borgund, Urnes, Hurum) oder Kleeblattbögen (zu Lomen) ab.

Eigenthümlich sind diese vielfach vorkommenden Bögen im Holzbau. Unter den Architraven treten durchgehende grosse Chorbögen auf, ebenso sind Bögen an den Laufgängen und Portalen in mancherlei Formen — auch als Stichbögen — ausgeschnitten. Diese Bögen sind hier durchaus nicht als Nachahmung von Steinconstructionen aufzufassen, sondern haben ihre eigene Bestimmung. Sie sollen nicht, wie z. B. die Archivolten bei den altchristlichen Basiliken, die Oberwand tragen, sie haben vielmehr den Zweck, die Knieverbindungen abzurunden, die Balken gleichsam abzusteifen[8]). Darin liegt der Hauptunterschied und die Berechtigung des hölzernen Bogens gegenüber dem steinernen, dass er nur verstrebend, als Spreize erscheint. Der Fall steht nicht vereinzelt da, dass der Bogen früher als rein decorative Form auftritt, ehe er Nachahmung einer gleichgeformten Gewölbeconstruction wird. Nichts ist leichter, als das Ausschneiden oder Verschalen eines mit Winkelbändern gesteiften Holzsturzes in Bogenform[9]). Noch deutlicher wird dies durch

---

[8]) Nicolaysen, Mindesmerker üb. die Kirche in Hurum.

[9]) Semper, Der Stil II, 298, welcher hierbei an Indien und an die ältesten ägyptischen und vorhellenischen Monumente erinnert; vgl. meinen Aufsatz im Wochenbl. für Archit. u. Ingenieure 1879, S. 86 u. 91.

die Construction des Dachverbandes, an welchem ebenfalls der Bogen sowohl im Querverband, wie im Längenverband auftritt.

Deckenconstruction der norwegischen Kirchen.

Die Decken im Innern waren nämlich nicht, wie sie jetzt häufig in den norwegischen Kirchen gefunden werden, flach oder Holztonnengewölbe, sondern es war das Sparrenwerk, welches das Dach trug, im Innern sichtbar. Dieses Sparrenwerk war ganz eigenthümlich und abweichend von den Basilikenconstructionen, sowohl vom Stuhldach, als vom Hängewerk; es beruhte auf dem Prinzip des „Kielverbandes“, wie es Semper kurz und treffend bezeichnet, demselben, welches später in Frankreich und England durch die Normannen noch künstlicher ausgebildet wurde. Es werden hierbei nämlich die Sparren nicht von dem darunter befindlichen Binderbalken gehalten, sondern dieser Querbalken dient nur als Zugband, um die Sparren am Ausweichen zu hindern und die Wände auseinander zu spreizen; ganz wie bei den Schiffconstructionen, wo die beiden Wände des Schiffes durch eine Querspreize auseinander gehalten werden[10]). Wirksamer als durch den Querbalken allein geschieht dieses Auseinanderhalten durch ein krummgebogenes Holz, welches, indem es sich gerade zu richten sucht, durch seine Spannung die Sparren am Zusammenklappen hindert (Fig. 23). In richtigem Verfolg dieser Zerlegung des

Fig. 23.

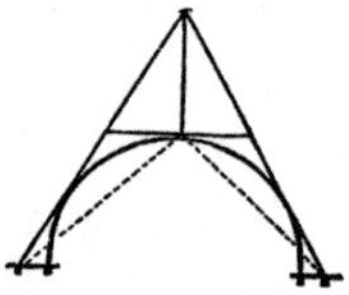

einen Giebeldreiecks in zwei gegeneinander pressende und sich so im Gleichgewicht haltende Dreiecke kamen die Normannen auf den Gedanken, den Querbalken ganz aufzugeben, oder wenigstens nur an seinen beiden Enden als Stichbalken wirken zu lassen. Das Hängewerk ist, kurz gesagt, zum Sprengewerk geworden, der Kehlbalken zum Spannriegel. In den Leergebinden genügt dieser Spann-

---

[10]) Semper, Der Stil II, 322; vgl. Viollet le Duc, Dict. de l'archit. III. Charpente Fig. 30.

riegel allein ohne die Unterstützung der Krummsparren. Weicht somit die Constructiou von der der südlichen Dächer ab, so haben diese Kirchendächer doch noch die von den Basiliken her bekannte Pfettenconstruction des Südens, welche, allgemein üblich, in Mitteleuropa erst seit dem dreizehnten Jahrhundert aufgegeben wurde. Doch sind die Pfetten nicht auf die Sparren aufgelegt, sondern (ebenfalls wie beim Schiffbau) gleich Riegeln eingeschoben und mit den Sparren zusammengeschnitten.

So bildet diese Construction ein in sich geschlossenes Ganze, unabhängig von der darunter befindlichen Wand. Der Längenverband wird durch Pfetten und Andreaskreuze in der Ebene der Sparren hergestellt. Auch in ihm sind die Ecken, welche die Sparren mit den wagerecht laufenden Hölzern bilden, durch kreisförmig ausgeschnittene Bohlen abgerundet.

Sprengewerke in Frankreich.

Verfolgen wir die Entwickelung dieses Dachverbandes weiter, so treffen wir ihn (abgesehen von dem einzigen deutschen Beispiel aus derselben Zeit, der Jodocuscapelle), zunächst von den Normannen herübergebracht, in Frankreich. Frankreich war in den Zeiten der Kreuzzüge weit entfernt davon, der festgeschlossene Staatskörper zu sein, als welchen wir ihn seit den letzten Jahrhunderten zu betrachten gewohnt sind. Ueberall war es fremden Einflüssen ausgesetzt. Der Osten (Burgund) stand unter deutscher Lehnsoberhoheit, der Süden gehörte den Königen von Arragon, den ganzen Westen von den Pyrenäen bis zu den Küsten des Canals hatten die Anjous als Erben der normannischen Könige inne.

Diese verschiedenen Einflüsse machen sich auch in derselben Zeit in der Architectur geltend. Was unsere Dachconstructionen betrifft, hatte sich im südlichen und mittleren Frankreich die Tradition der Basilikadecke und des Gewölbes erhalten. Im Norden haben wir Beispiele des normännischen Dachverbandes in Sälen und Kirchen. Auch diese Räume sind im Innern tonnengewölbeartig verschalt, sie gehen jedoch von andern Grundsätzen aus, als die vorherbesprochenen Constructionen von Lagorce, Auxerre und Mauvesin, und sind deshalb erst hier zu besprechen. Wie wir sehen werden, ist an ihnen die Hängesäule verschwunden und der Binderbalken ganz fortgelassen oder zum blossen Zuganker geworden. In dieser Eigenschaft wirkt er in dem Kreuzgang von Pont l'Abbée in der Bretagne[11]). Halbkreisförmig gebogene Balken laufen in Entfernungen von etwa einem Meter über die Halle, und die Zwischenräume sind oberhalb durch Bretter, welche aufgenagelt sind, geschlossen. Jeder fünfte dieser Krummsparren ist an seinen beiden Enden durch einen hölzernen Anker zusammengehalten. Diese sind an den Enden verstärkt und die Verstärkung als Drachenköpfe geschnitzt, welche, gleichsam bis zum Hals in der Wand sitzend, den mittleren Theil des Ankers in ihren Rachen verschlingen. Ein ächt normannisches Motiv, dem wir später bei französischen Fachwerkbauten wieder begegnen werden. Auf demselben Prinzip beruht das hölzerne Gewölbe einer Kapelle in Troyes aus der zweiten Hälfte des 14. Jahrhunderts[12]), welche sich durch besonders zierliche Holzschnitzerei auszeichnet (Fig. 24). Alle Ecken sind abgefast und profilirt, der

Fig. 24.

Spannbalken durch einen kleinen Wandpfosten und ein aus demselben vortretendes Kopfband unterstützt. Waren nun die Architecten einmal so weit gegangen, so mussten sie bald einsehen, dass bei genügender Mauerstärke die Zuganker zu entbehren waren. Denn so gut wie

[11]) Gailhabaud, Arch. du V—XVI siècle Bd. II, Schlussblatt.

[12]) Viollet le Duc, Dict. Bd. VII, Pan de bois S. 46, Fig. 7.

man das Auseinanderdrängen der Krummsparren durch eine von innen wirkende ziehende Kraft aufhob, ebenso konnte man auch demselben durch eine von aussen wirkende Druckkraft entgegenarbeiten. Im Mittelalter waren aber die Mauerstärken so bedeutend, dass es wohl kaum einer Ausrechnung der Beanspruchung dieser Widerlager bedurfte, wie sie heute unbedingt erforderlich sein würde. Darin liegt, wie zugegeben werden muss, trotz der schönen Wirkung mancher der kühnen und schwungvollen Constructionen dieser Art ein Mangel, welcher bei der heutigen Stärke unserer Mauern zu einer Gefahr werden würde. Allein zwei Hauptursachen, welche die Zimmerer des Mittelalters zur Fortlassung der Spannbalken veranlassten, fallen für die heutige Zeit fort. Die eine ist in Folge der Eisenconstructionen bedeutend in den Hintergrund getreten, die möglichste Ausnutzung des Raumes von dem Fussboden bis zur Decke bei nicht zu grosser Beanspruchung der Fundamente[13]). Viollet le Duc, dem wir einige vortreffliche Aufnahmen verdanken, macht darauf aufmerksam, dass die grossen Säle der Schlösser im dreizehnten und vierzehnten Jahrhundert zugleich für Festlichkeiten, Turniere und Jagdgesellschaften, wie zur Vertheidigung uud Aufstellung von Soldaten dienten. Der zweite Grund bestand in dem im Lauf des Mittelalters immer stärker hervortretenden Prinzip, die Horizontale möglichst einzuschränken und die Verticale mehr zu betonen. Dies führte in manchem der Säle dazu, die Wand vom Fussboden bis zur Decke in einer stetigen krummen Linie durchzuführen und die einzelnen Rippen zur Geltung zu bringen.

In einfachster Weise wurden auf die Mauern der Länge nach Schwellen gelegt und in dieselben querherübergehende Krummsparren eingezapft, deren Druck nach aussen durch das Mauerwerk aufgehoben wurde, und die Zwischenräume zwischen den Sparren durch oberhalb aufgenagelte Dielen ausgefüllt, wie wir es bei dem Kreuzgang von Pont d'Abbé sahen. Ein solches Holzgewölbe aus anscheinend sehr früher Zeit befindet sich im Kreuzgang der alten Abtei von Moissac (Depart. Tarn et Garonne, Guyenne)[14]). Dieses im Süden Frankreichs vereinzelte und darum auffallende Beispiel ist nur insofern für uns von Interesse, weil es als ein erstes Vorbild der krummen Decken zu betrachten ist, welche später in der Re-

---

[13]) Die Fundamentirung scheint trotz der constructiven Kenntnisse des Mittelalters die schwache Seite gewesen zu sein, wie manche stattliche Kathedralen beweisen. S. weiter unten.

[14]) Gailhabaud, Denkmäler d. Bauk. (Deutsche Ausg.) Bl. 80.

naissancezeit in Oberitalien, wie in Süddeutschland[15]) vorkommen, dort freilich als blosse Steinnachahmungen, überputzt und bemalt und daher werthlos.

Ganz im Sinne des Holzstiles und dabei von grosser Kühnheit ist ein Saal in dem Schlosse zu Sully an der Loire (Depart. Loiret, im alten Orléanais) und ist mit zwei Rondengängen versehen, deren einer nach dem inneren Hofe, der andere nach der Loire zu liegt[16]). Er befindet sich im zweiten Obergeschoss, 14,3 m über dem Hof und ist 12,9 m breit. Die Hölzer sind ziemlich stark. So ruhen die $^{30}/_{34}$ cm starken nach der Länge des Saales gelegten Fussbodenschwellen auf Querbalken von $^{63}/_{50}$ cm Stärke, welche an den Enden durch Consolen unterstützt sind. Auf die Schwellen ist eine zweite Reihe querlaufender Fussbodenlager gelegt, darüber an den Ecken ringsum, an der Mauer entlang Wandbalken, auf welchen zwei $^{20}/_{16}$ cm starke, einen Spitzbogen bildende Krummsparren aufsetzen. An der Flussseite, wo die Mauer inwendig absetzt, ruhen die Krummsparren auf dem Absatz, auf der Hofseite, wo die Mauer glatt durchgeht, auf einer Wandconsole. Die Krummsparren laufen an den sehr steil gerichteten $^{20}/_{16}$ cm starken Hauptsparren, sie berührend, vorbei und treffen etwa in $^{3}/_{5}$ der Höhe des ganzen Daches, 10,2 m über dem Fussboden, zusammen. Dicht über den Krummsparren werden die Hauptsparren durch Spannriegel (Kehlbalken) und in der Mitte des oben übrig bleibenden Raumes durch einen zweiten Querbalken (Hahnenbalken) auseinandergehalten. Diese Hahnenbalken sind durch Pfetten und Stiele unterstützt, welche nebst kleinen Querstreben auf dem Spannriegel ruhen. Der Druck, welchen sie auf die Krummsparren üben, hindert dieselben, oben auseinanderzugehen, und (durch die Krummsparren fortgepflanzt) die Hauptsparren, zusammenzuklappen. Dass die Krummsparren nicht aus einem Stück geschnitten sind, sondern in zwei Stücken gegen die Hauptsparren anlaufen, ist für das System gleichgültig. Der durch sie gebildete Spitzbogen ist überhöht, d. h. sie laufen in der Höhe von 2 m, soweit die Mauern reichen, lothrecht an diesen in die Höhe. Die Mauern laufen innen glatt durch, aussen bildet ihr Absatz im Niveau des Saales die Rondengänge, so dass sie oberhalb des Saalfussbodens noch 93 cm stark sind (etwa halb so stark wie die unteren Mauern). Auf jeder Oberfläche des 2 m höher geführten Stückes liegen zwei Längsschwellen,

---

[15]) z. B. in den Rathhäusern von München und Nürnberg.

[16]) Viollet le Duc, Dict. Bd. III, Charpente S. 33. Fig. 26, 27.

auf deren äusserer der Hauptsparren sein Auflager findet. Er wird dicht über diesen Schwellen mit den Krummsparren durch ein Zangenpaar umschlossen, welches als ein Rest des Binderbalkens zu betrachten ist. Diese Zangen (oder Stichbalken) sind aber dicht an den Krummsparren abgeschnitten, so dass der ganze Innenraum des Saales frei bleibt. Für das Dach der Rondengänge schliesslich, deren Aussenwand eine 2 m hohe auf Kragsteinen ruhende Brustwehr ist, bilden Aufschieblinge, von den Hauptsparren bis zur Brustwehr reichend, die eine Sparrenreihe, während die andere aus kürzeren von der oberen Ecke der Trennungsmauer gegen die Aufschieblinge strebenden Sparren besteht, eine Nachahmung des Saalgespärres im kleinen. Auch hier ist durch Ausschneiden, bezw. Biegen der Hölzer ein Spitzbogen hergestellt. Der Längenverband des Hauptdachs wird in der Mitte durch die unter dem Hahnenbalken befindliche Pfette, an den Seiten durch Andreaskreuze gebildet. Die Sparrenentfernung beträgt 63 cm. Licht erhält der Saal an jedem zehnten Sparren (also alle 6,3 m) durch Dacherker (lucarnes), welche, aus der schrägen Dachfläche heraustretend, mit einem kleinen Giebel überdeckt sind. Um die Fenster breit genug zu machen, ist der Sparren ausgeschnitten und oben und unten ein Wechselholz in die beiden Nachbarsparren eingezapft. So steht der Saal noch heute da. Neben der vollendeten Technik verdient das ausgezeichnete Material Beachtung. Alles Holz ist Stammholz, sorgfältig mit der Axt behauen, ohne Splint.

Auf demselben Princip beruhende Deckenconstructionen haben die Kirche St. Madeleine zu Dijon, Säle im herzoglichen Palast zu Chateaudun, im Rathhaus von St. Quentin. Lehrreich durch unzweckmässige Construction ist das Dachgespärre einer kleinen Kirche in Hargnies bei Maubeuge (Hennegau, Depart. Nord) aus dem Ende des 15. Jahrhunderts[17]). Hier stossen die Krummsparren nicht unmittelbar zusammen, sondern laufen gegen Stichhölzer, welche nur von kurzen, von dem Gewölbescheitel bis zum First reichenden Säulen gehalten werden. Ferner wird der Hauptsparren dadurch zu sehr geschwächt, dass Pfetten und Andreaskreuze des Längenverbandes in ihm eingeschnitten sind. In Folge dessen hat der Dachverband nach aussen geschoben und musste im folgenden Jahrhundert durch Ankerbalken zusammengehalten werden.

Die französisch normannischen Dachstühle wurden künstlerisch nicht weiter ausgebildet. Namentlich gegen Ende des Mittelalters

---

[17]) Viollet III, Charpente S. 46, Fig. 34 b, Detail M, N, P, u. S. 47 Fig. 34.

nahm, wohl als eine Folge der zerrüttenden Kriege die Einfachheit zu. In reducirter Weise haben sich die Gespärre an Fachwerkbauten bis in jüngere Zeiten hinein erhalten. So namentlich an Privathäusern in der Normandie, Orléanais und Burgund, von welchen später die Rede sein wird.

Sprengewerke in England.

Künstlerischer dagegen und bis zu grossem Reichthum sich steigernd wurde das normannische Dachsystem in England ausgebildet. Im Gegensatz zu Frankreich war dies Land unter den Anjous blühender geworden. Ja gerade die Kriege im Ausland hatten dazu gewirkt, den alten Unterschied zwischen Sachsen und Normannen völlig zu verwischen und eine feste Verfassung und Volksvertretung auszubilden. Classisch ist diese Zeit und ihre Architectur. Bis heute werden die Schlösser und Hallen englischer Lords gern im Stile jener Kunstblüthe des 13. und 14. Jahrhunderts ausgeschmückt. Wer von der heiter derben Art der damaligen Engländer, von ihren fröhlichen Festen, in denen sich Religiosität wundersam mit übermüthiger Lebensfreude paarte, hört und dazu die zierlichen lustigen, zuletzt fast in das Spielende übergehenden Architecturformen mit der späteren steifen Pracht und sittsamen Nüchternheit vergleicht, dem wird es klar, warum noch lange, nachdem sie vorüber war, die Zeit des „lustigen Altenglands" im Volk und bei den Dichtern unvergessen blieb. Ein Bild davon gewähren uns die englisch-normannischen Dachwerke. Nicht zu übersehen ist dabei, dass während Frankreich im Lauf der Zeiten immer mehr entwaldet wurde, sich in dem jagdliebenden England ein grosser Holzreichthum erhalten hatte. Die Vorliebe für den Holzbau war so vorherrschend, dass ein geistvoller Franzose selbst bei den Steingewölben in der Häufung der Rippen und dem Betonen einzelner Knotenpunkte Reminiscenzen an Balkenconstructionen erkennen zu können glaubt. Den besten Beweis dafür giebt so manches zierliche Steingewölbe, welches in den Abbildungen fast wie von Holz gebaut erscheint.

In ähnlicher Weise, wie die bisher betrachteten Dachwerke ist das eines Wohnhauses in Market Deeping (Lincolnshire) construirt[18]). Die lichte Spannweite beträgt am untern Anfang des Daches 5,4 m. Der Spannriegel, in $^3/_5$ der ganzen Dachhöhe angebracht, wird von starken aus einem Stück bestehenden

[18]) Viollet le Duc, Dict. III, Charpente Fig. 28 (nach Parker, Some account of domest. Archit. in Engl. from Edw. I — Rich. II. p. 242).

Krummsparren unterstützt, welche auf dem verzierten Ende eines kurzen Stichbalkens ruhen. Dieser ist in zwei Schwellen aus Halb holz eingezapft. Eine untere Pfette ist zwischen Krummsparren und Hauptsparren eingekämmt, eine zweite weiter oben zwischen Spannriegel und Hauptsparren. Alle Zapfenverbindungen sind gut verbolzt; sie hauptsächlich hindern das Auseinandergehen des Dachverbandes.

Einfach, aber von guter Wirkung ist der Dachstuhl in der Marienkirche zu Leicester[19]). Der Krummsparren ist an dem Punkt, wo er den Hauptsparren berührt, so schwach geschnitten, dass er eigenlich mehr als Kopfband wirkt. Ferner ist die Mauer bis zur unteren Pfette hinaufgeführt, dadurch wird diese zur Mauerschwelle, und das untere Ende des Krummsparrens zum Wandpfosten, der auf einem aus der Wand herausgekragten Consol ruht. Dies ist eine wichtige und, wie oben bemerkt, gefährliche Neuerung, indem dadurch der Schub des Daches auf die Mauer übertragen wird und diese auseinander zu drängen sucht. Gegenüber der in Frankreich für nöthig gefundenen Verschalung erscheint hier die Construction, echt mittelalterlich, zum reinen Ausdruck gebracht. Es wird durch das Fortlassen der Krummsparren in den Leergebinden ein malerischer Wechsel erzeugt. Ist hierin das Zimmerwerk dem norwegischen ähnlicher, als dem französischen, so wird es dies noch mehr dadurch, dass in den Längsverbindungen die Ecken zwischen den Pfetten und den Sparren des Bindergespärres ahgerundet sind. Geht man einen Schritt darin weiter, so werden auch die Pfetten durch runde Streben abgesprengt.

Dies Bild zeigt der reizvolle Dachverband einer Abtei in Malvern (Worcesterhire) (Fig. 25) aus der Mitte des 14. Jahrhunderts[20]). Die Pfetten werden unten durch kleeblattbogenförmig ausgeschnittene, oben durch einfachere Streben gehalten, welche zugleich auch die Sparren stützen. Die Krummsparren der Querverbindungen, zum Theil in Einschnitte des Spannriegels eingreifend, bilden einen geschweiften Spitzbogen, der, in der Spätgothik häufig angewendet, auch mit dem Namen des Eselsrückens bezeichnet wird. Das ganze Dreieck über dem Spannriegel ist durch Bohlen ausgefüllt, in welche dann wieder Vierblätter ausgeschnitten sind. Zu diesem Zimmerwerk

---

[19]) Bloxam, Die mittelalterl. Kirchenbauk. in England; deutsch übersetzt 1847, Taf. XXXV (Cap. VIII, decorativer Stil S. 120 f.).

[20]) Viollet le Duc III, Charp. Fig. 30 b. Dollmann and Jobbins, Ancient domestic. archit. etc. T. I.

ist allerdings sehr viel Holz gebraucht, dadurch aber auch eine äusserst malerische und effectvolle Wirkung erzielt worden.

Fig. 25.

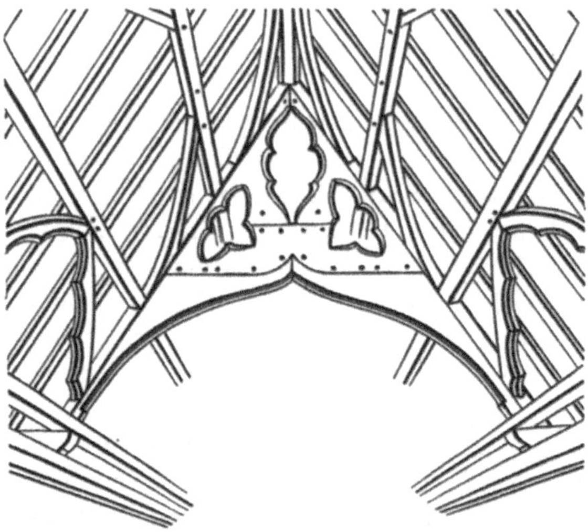

In geschickter Weise ist in der aus derselben Zeit stammenden Kirche zu Adderbury (Oxfordshire)[21]) das Strebesystem benutzt worden, um an Raum in der Höhe zu gewinnen (Fig. 26). Hier

Fig. 26.

werden die Krummsparren ganz zu Kopfbändern, welche einerseits in die Spannriegel, andererseits in Wandpfosten eingezapft werden, und die Fenster sind so hoch gerückt, dass sie zwischen je zwei dieser Pfosten zu liegen kommen. In der Mitte des Spannriegels ist eine

[21]) Bloxam Taf. XXXV.

Hängesäule eingezapft, von welcher sowohl nach der Länge, wie nach der Quere ausgezackt geschnittene Streben die feste Verbindung sichern.

Bloxam führt in seinem Werke[22]) noch eine Reihe in dieser Weise mehr oder minder kunstvoll construirter Dachverbände auf; so in der Andoverkirche in Hampshire, in den Kirchen zu Higham Terrar und Bysield in Northamptonshire, Daglinworth in Glocestershire, Wysall und Nottingham (Marienkirche) in Nottinghamshire und Cubbington in Warwikshire. Lübke nennt noch die Kirchen von Lavenham und Melford in Suffolk, von Oxford und Beverley und St. Stefan in Norvich[23]). Die schönsten haben wohl die Kathedralen von Ely und die Westminster Halle zu London.

In Ely stürzte 1322 der grosse viereckige Mittelthurm über der Kreuzung der Lang- und Querschiffe ein[24]). Der architectonisch kundige Sacristan Alanus von Walsingham begnügte sich nicht, bei der Wiederherstellung ihm die frühere und sonst übliche quadratische Form zu geben, sondern erweiterte den Mittelraum zu einem gewaltigen Achteck, um auf dem Gewölbe desselben einen schlanken achteckigen Thurm aufsteigen zu lassen. Er nahm die vier Eckpfeiler des Mittelraums fort und bildete unter den ihnen zunächst stehenden Pfeilern der acht aus den vier Seitenschiffen nach der Mitte zu laufenden Bogenreihen ein Achteck, dessen vier grössere Seiten den Breiten der Mittelschiffe, die vier kleineren den Diagonalen der quadratischen Seitenschifffelder entsprachen. Ueber jenen vier grösseren Seiten wurden dann mächtige Bögen als Zugänge zu den Mittelschiffen gewölbt, über den vier kleineren aber Bögen in der Höhe der Schiffarkaden, welche eine Oberwand und in derselben ein grosses viertheiliges Masswerkfenster trugen, während in den acht Ecken schlanke Dienste sich zu einem in Holz construirten Fächergewölbe entfalten, in dessen Mitte auf einer kleineren achteckigen Oeffnung eine Laterne aus Holz aufsteigt. Die ganze Spannung beträgt unten 20 m. Grosse, je aus einem Stück bestehende Krummsparren sind unten in etwas vorragende Stichbalken, oben in die kurzen (doppelten) Hängesäulen eingezapft. Die dreieckigen Zwischenräume zwischen Krummsparren und Hauptsparren sind ausgefüllt durch Bohlen, die vermittelst Falze in beide Sparren greifen,

---

[22]) S. 121 ff. der deutschen Uebersetzung.

[23]) Ansicht in Lübke, Gesch. d. Archit. (1875) S. 559.

[24]) Schnaase IV, S. 156. Viollet, Dict. Bd. III, Charpente Fig. 51.

um dieselben abzusteifen. Die Firstpfetten (d. h. die Seiten des oberen Achtecks) werden durch gekrümmte Kopfbänder gestützt, ebenso die Stichbalken unten. Hinter diesen füllen ebenfalls Bohlen die Oeffnung bis zur Wandfläche aus. Die unteren Kopfbänder ruhen auf einem als Säulchen geschnittenen Wandpfosten und einer in die Mauer eingefügten Console. Ein Kranzgesims von Engeln mit Schilden in den Händen verdeckt die Schwellen und Maueroberkante. Zwei mittlere Pfetten, welche zwischen Krummsparren und Hauptsparren eingeschoben (verriegelt) sind, theilen die aufsteigende gekrümmte Fläche in drei einander ungefähr gleiche Theile, so dass der Dachstuhl von unten gesehen den Eindruck eines Sechsseits macht. Seine Solidität beruht in dem genauen Einpassen der Krummsparren, welche einen grossen Theil des Druckes auf die Wandpfosten und von da auf die Mauern übertragen. Die Hölzer sind sämmtlich stark in ihren Abmessungen, doch in zierlichen gothischen Profilen geschnitten, das Ganze durch Farben belebt.

Die höchste Leistung, welches dieses Constructionssystem in seiner ganzen Entwickelung erreichte, war eine grosse Halle des Schlosses von Westminster[25]). Sie wurde von Richard II. in den Jahren 1397—1399 hergestellt, 21,3 m im Lichten breit, 75,3 m lang und bis zum First 28,9 m hoch. Diesen mächtigen Dimensionen entsprach das Zimmerwerk des Dachstuhls (Fig. 27). Unter den Fenstern läuft ein Gesims entlang. Aus demselben wurden in 5,75 m Entfernung Consolen vorgekragt und von diesen aus Krummsparren als Kopfbänder zur Endunterstützung der weit in das Innere hineinschiessenden Stichbalken hinaufgeführt. Mit ihrem andern Ende liegen die Stichbalken auf der Maueroberkante auf (6 m über den Consolen). Von ihren freien Endpunkten geht ein Pfosten lothrecht in die Höhe bis zur Dachschräge, bz. dem Anfang des Spannriegels und ein zweiter Krummsparren bis unter die Mitte des quer durchgehenden Spannriegels; ein dritter ungeheurer Krummsparren läuft unmittelbar hinter dem ersten von der Wandconsole aus, den Stichbalken und den oberen Pfosten kreuzend, ebenfalls an die Mitte des Spannriegels. Ueber dem Spannriegel ist noch etwa in der Hälfte der Höhe ein zweiter Balken (Hahnenbalken) angebracht, ausserdem wird der Spannriegel durch eine doppelte Hängesäule gehalten. So hängt das ganze Quersystem unverschieblich wie eine Tafel zusammen, vollständig die bei den norwegischen Dächern zuerst zur

---

[25]) Viollet le Duc, Dict. III, Charpente Fig. 32, 33, 34.

Sprache gekommene Aufgabe lösend, die Dachfläche in zwei feste mit den Grundlinien gegeneinander pressende Dreiecke herzustellen,

Fig. 27.

nur dass hier der Druck erst auf die Stichbalken und von da aus auf die Wand übertragen ist. Die ganze Höhe von den Wandconsolen bis zum First beträgt 20 m. Die sämmtlichen Zwischenräume sind durch durchbrochenes Holzwerk ausgefüllt, indem lothrechte profilirte Stäbe durch Spitzbogen mit einander verbunden sind. Dadurch, dass sie alle lothrecht gerichtet sind, wirken sie der Hauptgefahr entgegen, welche dem Dachstuhl droht, nämlich dem kreisförmigen Zusammenbiegen der Krummsparren.

Zur Herstellung des Längenverbandes wurden die Hauptpfetten in der Höhe der Spannriegel entlang geführt und durch nach der Länge gerichtete krumme Kopfbänder mit durchbrochenen Füllungen unterstützt, welche an die lothrechten Pfosten stossen; ausserdem mit den Spannriegeln durch kleine Querbänder verbunden. So wird dem Klaffen des Dachstuhls entgegengewirkt. Die andern Pfetten werden durch krumme Kopfbänder in der Ebene der Sparren gehalten, die unteren Pfetten, damit sie sich nicht nach innen biegen, auch noch durch Kopfbänder, welche gegen den Rücken des grossen Krummsparrens stossen, denn diese müssen nicht nur die Dachsparren, sondern auch die Giebel der hier angebrachten Dacherker tragen. Von den mächtigen Dachsparren kommen je 11 auf ein Bindergespärre. Sie sind einschliesslich der Zapfen 17 m lang. Wo sie zusammengesetzt sind, ist nicht zu sehen, überhaupt sind alle Verbindungen so vollkommen ausgeführt, dass sie schwer erkennbar sind. Mit der Kühnheit der Construction geht die meisterhafte Technik Hand in Hand. Alle Verzierungen sind aus dem vollen Holz geschnitten, nichts angesetzt, mit Ausnahme etwa der Flügel an den Engeln, welche die freien Enden der Stichbalken maskiren.

In minder reicher Weise treten diese Dachwerke an andern Hallen von Capitelhäusern, Gelehrtenschulen (Colleges) und Schlössern auf.

Durch gute Zeichnungen bekannt geworden ist die Halle des Schlosses Eltham in Kent, 11,3 m breit und 31,7 m lang[26]). Hier ist der eine grosse Krummsparren fortgelassen und nur ein Krummsparren von der Wandconsole bis an den Stichbalken, ein zweiter von da bis an den Spannriegel geführt, ein Abtreppungssystem, das, wie man sieht, noch weiter fortgeführt werden konnte. An dem Ende der Stichbalken sind herabhängende Zapfen angearbeitet, wie sie auch in der gleichartigen Steinarchitectur Englands vorkommen. Sie bezeichnen das Freischweben der wagerechten Hölzer in deutlicher, ja vielleicht in zu deutlicher Weise, denn dadurch wird der Ausdruck der Kühnheit der Construction bis zum Unbehaglichen der Gefährlichkeit gesteigert. Beachtenswerth sind übrigens auch die gewundenen Hölzer, welche, im Längenverband zwischen den Pfetten angebracht, die Dachsparren halten helfen und an die Schrägstreben in den Fachen gleichzeitiger Riegelbauten erinnern.

---

[26]) Pugin, Examples of goth. arch. I, 46 f., eine vortreffliche Publication; danach Lübke, Gesch. d. Archit. 1875, S. 559.

Beispiele ähnlicher Hallen bieten die Schlösser in Hamptoncourt bei London, Windsor Castle, Bramhill und Adlington in Cheshire, Beddington Hall in Surrey. Dollmann und Jobbins[27]) und Nash[28]) haben in ihren schönen Werken in Ansichten, Durchschnitten und Details eine Fülle von Material gegeben, welche bis auf den heutigen Tag für jeden Constructeur höchst lehrreich ist. Aus ersterem Werk nenne ich ausser der erwähnten Halle von Malvern noch die Questonhall in Worcestershire (1320), Penshurst Place in Kent (1335), Commandury in Worcestershire (1335), Lambeth Palace (1380) und die im heiligen Kreuzhospital zu Winchester (1450), welche aus später Zeit und bei verhältnissmässig flacher Neigung des Daches durch grosse und schöne Verhältnisse wirkt.

Charakteristisch ist, dass diese Hallen gleichermassen in Kirchen und Profangebäuden Platz fanden. Eine Zeit, welche in der Kirche fröhliche Feste feierte, aber auch den Geistlichen zum nothwendigen Mitglied der Familie in der Schlosshalle machte, deren Erziehungswesen vor allem bis in neuere Zeiten einen halb geistlichen, halb weltlichen Charakter bewahrte, war viel reicher an Vermischungen und Uebergängen beider Elemente, als unserm Land und unserer Zeit, welcher die Kirche systematisch immer mehr entrückt worden ist, begreiflich erscheinen mag. Ein vortreffliches Spiegelbild der damals herrschenden Gefühle bieten die geschilderten Zimmerwerke. Kräftig und aus dem Vollen geschnitzt, dabei ein wechselvolles bewegtes Bild vorherrschender und untergeordneter Theile darstellend, halten sie die richtige Mitte zwischen Feierlichkeit und Geselligkeit, zwischen nüchterner Berechnung und Phantasie. Die neuere Zeit hat wieder, wenn auch von anderen Ursachen ausgehend, das Bedürfniss nach grossen Versammlungsräumen ausgebildet, welche zugleich ernsten und geselligen Zwecken dienen sollen. Wenn von kenntnissreichen Architecten zur Bedeckung solcher Säle die herrlichen englisch normannischen Dachconstructionen wieder gewählt wurden, welche auch in akustischer Beziehung mancherlei vor Steingewölben und flachen Decken voraus haben, so sind das Versuche, die mit lebhaftester Freude zu begrüssen sind. Freilich müssen solche Holzverbindungen ganz in der Technik des Zimmermanns angefertigt werden; das Rahmenwerk und die gedrechselten

---

[27]) Dollmann and Jobbins, An analysis of ancient domestical archit.

[28]) Malerische Innenperspectiven bes. bei Nash, The mansions of England in the older times.

Zapfen des Tischlers müssen davon bleiben. Ein warnendes Beispiel bietet gerade England in dem grossen Saale des Middletemple in London[29]). Aber auch viele achtungswerthe Beispiele unserer Zeit lassen sich anführen. Hier ist schliesslich eine Stelle, wo Holz und Eisen zusammenwirken können, ohne sich zu schaden, wo noch dankbare Aufgaben in Fülle zu lösen sind.

---

[29]) Gailhabaud, Arch. du V.—XVI. siècle Bd. III, 50.

IV. Abschnitt.

Das Fachwerkhaus des Mittelalters und der Renaissance.

Erstes Capitel.

Entwickelung des Bürgerhauses.

Die Zeit der Kreuzzüge war ebenso wichtig für die Entwicklung der profanen Architectur, wie für die der kirchlichen. Das Städtewesen entfaltete sich in derselben in Deutschland, Frankreich und England, wenn auch unter verschiedenen Bedingungen. Frankreich ging in vieler Hinsicht voran, und mit Recht darf behauptet werden, dass es unter den Capetingern an der Spitze der Civilisation stand. In Literatur und Kunst übte es, wie in der Religion vielleicht einen stärkeren Einfluss auf das übrige Europa aus, als das spätere unter Louis XIV., wenn auch die Machtstellung der Könige eine verhältnissmässig beschränkte war. Die Kreuzzüge am Anfang dieser Epoche, deren Träger die Franzosen aller Provinzen waren, und das Papstthum in Avignon am Ende derselben legen Zeugniss dieses Glanzes ab, welcher erst durch die Kriege der Valois mit England Einbusse erlitt.

In Beziehung auf die Entwicklung des Privatbaus aus Holz haben wir besondern Grund Frankreich voranzustellen, denn während erhaltene Beispiele in Deutschland sich nicht über das fünfzehnte Jahrhundert zurück verfolgen lassen, wo uns das Fachwerkhaus schon völlig entwickelt, ja als eine überreife Furcht erscheint, können wir in Frankreich die Fachwerkhäuser mit Sicherheit bis in das dreizehnte, vielleicht, wenn wir dem Architecten Viollet le Duc, dessen Forschungen vorzugsweise die Kenntniss derselben zu verdanken, ist glauben dürfen, sogar bis in das zwölfte Jahrhundert verfolgen. In diesen beiden Jahrhunderten machte sich das Bürgerthum, unterstützt durch den König, von der Geistlichkeit los, und warf sich mit ebensoviel Eifer, wie vorher auf den Bau von Cathedralen, auf den seiner Häuser und Befestigungen.

Auch in Deutschland machte sich seit den Zeiten der sächsischen und fränkischen Kaiser ein grosser Baueifer geltend, doch stand er länger als in Frankreich unter dem Einfluss der Kirche und des Klosterwesens. Im dreizehnten Jahrhundert löste sich die Laienwelt von den antiken Ueberlieferungen los. Kunst und Gewerbe gingen von den Klosterbrüdern auf die Herren und Bürger über. Dies hängt mit den staatlichen und gesellschaftlichen Kämpfen jener Zeit, mit dem Streben Aller nach Erblichkeit ihrer Würden und Befestigung ihres Besitzes zusammen. Weltliche und geistliche Herren ummauerten die Städte schon mehr zu eigener Sicherheit, als zur Sicherung des Landes, und ein grosser Theil des Volkes suchte Schutz unter den Mauern der Burgen und Städte. Zugleich sonderten sich die Stände nunmehr scharf von einander ab. Vom Bauern schied sich der Bürger, die städtischen Gewerke entstanden, durch Zuzug der Grundbesitzer auch ein städtisches Patriziat. Aufblühen und schnelle Vermehrung der Städte begünstigten die allgemeinen Verhältnisse des Reichs, welche hier nicht weiter zu verfolgen sind. Auch die gesetzliche Regelung des Stadtwesens wird schon angestrebt. In Hildesheim wurden bei der Gründung der Dammstadt (1096) die Baustellen auf 45,6 m Länge und 22,6 m Breite festgesetzt. Was nach Lage des Ortes an Breite fehlte, sollte an Länge ersetzt werden[1]). In Strassburg wurde im 12. Jahrhundert das Bauen über der Strasse, das Liegenlassen des Düngers verboten. In Freiburg i. Br. wurden nach einer Stiftungsurkunde von Konrad von Zähringen (1120) dorthin berufenen Kaufleuten Wohnplätze, 31,4 m lang und 15,7 m breit, angewiesen[2]). Ein Streit, welcher 1180 um die Festungswerke und die Ueberbauten an Mauern und Gassen in Cöln entstand, ging bis an den Kaiser. Die Anlage der deutschen Städte war (im Gegensatz zu den Slavenstädten) regellos, die Gassen enge und dunkel durch die vielen Ueberbauten der höheren Stockwerke und die in der Enge hoch aufragenden Kirchen. Die Häuser waren mit geringen Ausnahmen von Holz, selbst an den Festungswerken waren Wehrgänge, Thurmauf-

---

[1]) Otte, Gesch. d. deutschen Bauk. I, S. 250.

[2]) Otte a. a. O. S.664.

sätze und andere Theile aus Balken und Bohlen gezimmert. Häufige Brände übten keinen Einfluss auf die Bauart aus, denn das Holz war so billig und leicht erreichbar, das z. B. das 1015 von den Polen verbrannte Meissen in Zeit von 14 Tagen wieder hergestellt werden konnte. Von Cöln wissen wir durch ein erhaltenes Grundbuch, dass es um die Mitte des 13. Jahrhunderts etwa 6000 Häuser hatte. Der dritte Theil derselben waren kleine Miethshäuser von 3 Zimmern, welche zu mehreren unter einem gemeinschaftlichen Dach lagen. Der Riegelbau war so allgemein, dass selbst unter den Herrenhäusern nur 10 als steinerne ausgezeichnet sind[3]). Die Bürger von Colmar bekamen 1279 aus dem Stadtwald Holz zum Bau von 400 Häusern und soviel zur Reparatur der alten, als zum Bau von 100 neuen gereicht hätte[4]).

Zweites Capitel.

Aufbau des Fachwerkhauses.

Die Construction aller Holzbauten in Deutschland, Frankreich und England befolgte das den Germanen und Romanen gemeinsame System des Riegelbaus. In Frankreich wurden die Häuser selten ganz in Holz hergestellt, gewöhnlich ist das Erdgeschoss massiv in Bruch- oder Feldsteinen aufgeführt, der Keller auch wohl gewölbt. In den älteren Zeiten verschaffte sich sogar mit einer gewissen Schüchternheit das Fachwerk nur in den oberen Geschossen Eingang[1]), umgekehrt, wie in Deutschland, wo der Holzbau als der ursprünglichere in später Zeit durch den Steinbau von unten herauf verdrängt wurde. Die Brandmauern gegen die Nachharhäuser hin werden ebenfalls häufig bis unter das Dach aus Stein aufgeführt, und dann zwischen dieselben die Schwellen der oberen Geschosse eingespannt.

Diese sogenannten Saumschwellen treten bei den Fachwerkbauten früherer Zeiten in den oberen Geschossen bedeutend vor die unteren vor. In Norddeutschland ist dieses Vorragen stärker,

[3]) Otte S. 669.

[4]) Nissen, Pompejanische Studien S. 625.

[1]) Viollet, Dict. Maison Fig. 3.

als in Frankreich, und 30—75 cm für jedes Geschoss betragend, aber auch dort beträgt der gesammte Ueberstand des Daches über die untere Fläche des Erdgeschosses bis zu 3,5 m. Diese Vorkragung ist eine so bedeutsame Erscheinung, dass auf sie etwas näher eingegangen werden muss.

Die Ausladung geschieht derart, dass die Schwellbalken über die darunter befindlichen Wandrähme und Stützen hinaus verlängert werden, und auf ihren Endpunkten die Wand des oberen Geschosses oder das Dach tragen. Die Balken sind an den Enden durch kleinere Knaggen, welche in das Rähm darunter eingezapft sind, und in grösseren Zwischenräumen durch stärkere Kopfbänder (Büge, Kraghölzer, Tragehölzer, Consolen) unterstützt, welche sich auf die Wandpfosten stützen. Die Kopfbänder, wie die geschnitzten Balkenköpfe bilden ein Hauptmotiv der Verzierungskunst an den alten Fachwerkshäusern (Fig. 28). Eine Schwierigkeit ergiebt sich durch die Ausfüllung des

Fig. 28.

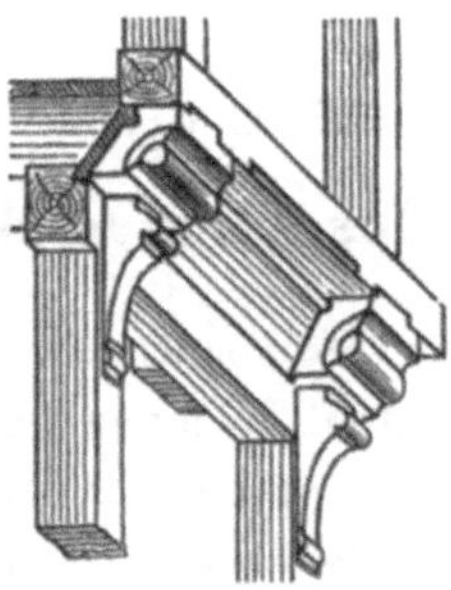

Zwischenraums zwischen den vortretenden Balken. Das einfache Fortführen der Dielenlage (welches wir bei den Lauben der Schweizer-Häuser finden werden) genügt nicht, da Feuchtigkeit und Kälte auf diese Weise nicht ausreichend abgehalten werden. So kam man darauf, schräge Füllhölzer zwischen die Saumschwelle, das Rähm und die Kopfbänder einzuschieben, später sogar ganze Füllbalken. Immer erfordert diese Zusammenfügung ein bedeutendes Maass von Geschicklichkeit und Kunstfertigkeit und dieser Theil des mittelalterlichen Holsbaues ist es vorzugsweise, welcher Achtung vor dem Verständniss und dem Geschmack der alten Zimmerleute einflösst. Beruht doch bei vielen alten Häusern, deren Schwellen im Lauf der Jahrhunderte sich krummgebogen haben, oder wohl auch von Anfang an etwas krumm gewesen sind (denn besonders zu den unteren

Schwellen scheint früher ohne Bedenken krummes Holz verwendet worden zu sein), die Festigkeit und das Zusammenhalten der einzelnen Theile auf der Dauerhaftigkeit dieser Zapfenverbindungen. Dass der Anblick solcher weitausladender und oft bedenklich schiefer Geschosse, wie er den malerischen Reiz erhöht, unter Umständen ein Gefühl der Unsicherheit und Besorgniss verursacht, ist nicht zu leugnen. Ein anderer ganz bedeutender Nachtheil der weiten Ausladungen, die Entziehung von Licht und Luft für die Strasse und die unteren Geschosse, mag darin seine Erklärung finden, dass diese beiden Factoren für den Städter der heutigen Zeit nothwendiger geworden sind, als dies sonst der Fall war. Viollet le Duc erzählt, dass die Seidenarbeiter von Lyon vor noch nicht langer Zeit ihre feinen Muster bei einer Beleuchtung herstellten, welche ihm das Lesen erschwerte. Ich erinnere auch an die seit noch nicht einem Jahrhundert stetig zunehmenden Anforderungen in Bezug auf Abendbeleuchtung. Dass die Verengung der Strasse durch das weit vorragende Holzwerk die Feuersgefahr bedeutend vermehrte, wurde schon im Mittelalter erkannt. So verordnete der Stadtrath von Strassburg nach dem grossen Brande von 1298, in welchem 355 Fachwerkhäuser, etwa $\frac{1}{5}$ der Stadt, in Flammen aufgegangen und das im Bau begriffene Münster arg beschädigt worden, dass die Ueberhänge nicht das Maass von 1,2 m überschreiten sollten[2]).

Andererseits macht das Vorkragen bei den alten Bürgerhäusern, die dadurch vorgebrachte tiefe Schattenwirkung und das stärkere Betonen der Kreuzungen rechtwinkliger und schiefwinkliger Hölzer in verschiedenen Ebenen einen so eigenartigen Eindruck, dass man oft gerade darin den Hauptcharakter der alten Fachwerkhäuser zu finden glaubte. Mit Unrecht. Wenn ich auch zugebe, dass der Riegelbau die Vorkragung der oberen Geschosse begünstigt, kann ich nicht darin etwas im Wesen des Holzbaus Nothwendiges erkennen. Es ist dafür eine Reihe von Gründen aufgestellt, welche jedoch alle nicht geradezu durchschlagend sind. Sie mögen hier genannt werden. Zunächst wird der Gewinn an Raum in den oberen Geschossen bei den raumbeschränkten Häusern mittelalterlicher Städte als Grund angeführt. Allein dieser Gewinn steht nicht im Geringsten in Einklang mit den grösseren Kosten und Schwierigkeiten, welche diese Construction verursacht. Ausserdem ist die möglichste Ausnutzung der Räume nicht gerade nur für Holzhäuser erwünscht. Sodann

---

[2]) S. die von Adler in der deutschen Bauztg. 1870 S. 368 angegebenen Quellen.

wird als Grund die Entfernung der Traufe vom Fuss des Gebäudes genannt und als Analogie die starke Dachausladung der Alpenbauten herangezogen. Dagegen lässt sich einwenden, dass die Ausladung ebenfalls und zwar vorzugsweise an der Giebelseite auftritt, wo gar keine Traufe vorhanden ist — abgesehen davon, dass die Traufrinnen und Wasserspeier, welche das Regenwasser weit ab schleuderten, seit dem Alterthum bekannt und angewendet waren. Annehmbarer als Grund ist der durch den Ueberstand der oberen Geschosse bewirkte Schutz der unteren Constructionstheile, besonders der Balkenköpfe gegen Schlagregen. Diese Begründung hat sogar einen begeisterten Freund des Mittelalters zu der Behauptung veranlasst, dass die Ueberkragungen mit eine Folge des Gemeinsinns der guten alten Zeiten gewesen seien, wo der Hausbesitzer sich bestrebt habe, den auf der Strasse gehenden Nachbar vor dem bösen Wetter zu schützen. Dies mag sich nebenbei als Vortheil herausgestellt haben, aber als Ursache wird es bei der oft planlosen Anlage der alten Häuser in unregelmässigen Strassen (wie es der Germane dem Romanen und Slaven gegenüber liebte) nicht aufzufassen sein, abgesehen davon, dass der dadurch etwa beabsichtigte Zweck in der That nicht erreicht wird. Die Regengüsse Norddeutschlands nehmen es, wie man sich leicht überzeugen kann, mit den meisten Vorkragungen auf. Das Hängenbleiben der Tropfen und die Nässe unter den Balken, welche keinem trocknenden Sonnenstrahl ausgesetzt sind, sprechen eher gegen diesen angeführten Nutzen.

Neben diesen Gründen wurde noch eine statische Begründung, wohl zuerst von Essenwein[3]) aufgestellt, dann von Semper[4]) und seitdem allgemein angenommen. Es soll nämlich die auf den vortretenden Balkenenden ruhende Last der darüberliegenden Geschosse ein Gegengewicht gegen das Einbiegen der Zwischenbalken im Innern bilden, indem die Last der Wände der Belastung des Fussbodens entgegenarbeitet. Diese Begründung, mathematische Gesetze zu Hülfe nehmend und durch Zeichnung klargelegt, hat auf den ersten Blick viel für sich, wenn man bedenkt, dass früher der Bürger seinen ganzen Wintervorrath auf dem Boden liegen hatte, wozu in vielen Städten durch die Brenn- und Braufreiheit eine beträchtliche Menge an Getreide und Obst kam. (Unter Umständen wird auch die Kartoffel als Last aufgeführt, was freilich, da die

[3]) Mitth. d. k. k. Centralk. 1858 und 1861 (das Princip der Vorkragung).

[4]) Semper, Stil II, 302.

Entwickelung der Vorkragung in das frühe Mittelalter zu setzen ist, nicht zutreffen dürfte.) Allein dies würde nur von den Böden und nicht von den weniger belasteten und dennoch vorgekragten Wohnzimmern der Geschosse gelten. Vollends spricht gegen diese theoretische Behauptung der Augenschein. Die freien Spannweiten selbst der Obergeschosse sind bei den alten Häusern so gering, die Balkenlagen so stark und oft durch Träger und Unterzüge unterstützt, dass die Gefahr der Einbiegung die alten Zimmerer gewiss nicht zu solchen schwierigen Constructionen veranlasst hätte. Steinerne Mauern dürfen sogar bekanntlich niemals unmittelbar auf dem Balkenende aufliegen. Also auch die Möglichkeit, den Fussboden stärker belasten zu können, ist, wenn auch mit zu den Vorzügen zu rechnen, welche die unleugbaren Nachtheile der Vorkragung aufwiegen, sicher nicht als ursprünglicher Grund dieser Erscheinung zu suchen.

Wenn wir diese einzelnen Gründe überblicken, haben sie zum Theil gar nichts dem Wesen der Holzarchitectur allein Zugehöriges. In dem angeführten lehrreichen Aufsatze von Essenwein ist auch in der That ausgesprochen, dass die Vorkragung ein die ganze Baukunst des Mittelalters durchdringendes Princip ist, welches schon in den Kämpfern über den Säulencapitälen, dann in den Consolen als Trägern von Säulen oder Gewölbebögen, den vorragenden Gesimsen, Gallerien und Erkern, wie auch im Innern von Wohnräumen bei Kaminen reichliche Verwendung fand. Mit dieser Neigung der ganzen mittelalterlichen Baukunst stimmt die Abnahme der Geschossausladungen während der Renaissance überein, welche in Frankreich früher erfolgte, als in Deutschland. Essenwein zieht den richtigen Schluss, dass für die Vorkragung der Festungsbau mit von vorbildlichem Einfluss gewesen sei, und verweist auf Italien, wo derselbe unverkennbar die ganze Civilbaukunst des Mittelalters beherrschte. In der That lassen sich, wenn man diesen Weg verfolgt, überraschende Aehnlichkeiten zwischen den herausgekragten Kirchthürmen und Vertheidigungsthürmen an Mauern ziehen[5]), und die hölzernen Wehrgänge und Pechnasen alter deutscher Städte[6]) zeigen auch für unser Vaterland deutlich das Princip der Vorkragung und den Zusammenhang zwischen der militärischen und der bürgerlichen Baukunst. Bei der Festungsbaukunst hat die Vorkragung einen doppelten Zweck, erstens den Feind, welcher bei der unausgebildeten Ver-

[5]) Vgl. Viollet, Dict. VI, Hourd, Fig. 10 mit Mittheil. der k. k. Centralk. 1871, Fig. 170 S. CLVIII (Grüber, Zabór).

[6]) Aufnahmen der Stuttg. Polytechniker: Rothenburg a. T. Bl. 26.

theidigungskunst des Mittelalters bis dicht an die Mauern gelangte, von oben herab zu vertreiben, sodann aber auf verhältnissmässig kleiner Grundfläche, welche die Schwierigkeiten der Fundamentirung verringerte, einen grössern Raum zu gewinnen. Dass vor allem dieser Vortheil auch bei der Vorkragung der Geschosse von Privathäusern mitwirkte, glaube ich sicher annehmen zu müssen. Er ist bisher nicht genügend betont worden. Dass er wenigstens für die Fachwerkhäuser Niedersachsens, bei denen die Ausladung am stärksten auftritt, zu beanspruchen ist, hat mir der Augenschein derselben überzeugend nachgewiesen. Unbeschadet aller Achtung vor der constructiven Meisterschaft der mittelalterlichen Baumeister in Bezug auf den Aufbau, ist als unläugbar hinzustellen, dass dieselben in Hinsicht der Fundirung ziemlich unwissend und sorglos waren. (Ich erinnere an den Bau des Doms von Speyer.) Der Begriff einer ordentlichen Fundirung gehört erst der Neuzeit an. Mit Erstaunen gewahrt man an den schiefen Stützenstellungen und Gewölben mittelalterlicher Kirchen (z. B. der Godehardkirche in Hildesheim), dass mit der sorgfältigen und correcten Durchführung des Baues selbst ein an Leichtsinn grenzender Mangel einer festen Grundlegung sich vereinigte. In noch höherem Maasse trifft dies natürlich den nicht monumentalen Privatbau, wo das ungleiche Setzen des Erdgeschosses und die schiefe Stellung der Wände oft bedeutende Ausdehnungen angenommen hat. Oft sieht man schiefe Häuser, deren Halt ganz auf die Construction der Zapfenverbindungen angewiesen ist. Wenn nun durch ungleiches Sinken der Stützen die beiden Giebelwände des Erdgeschosses oberhalb ungleiche Höhe hatten, dann wäre bei der unmittelbar darüber gestellten Wand die Balkenlage des ersten Geschosses ebenso schief geneigt. Um die Gefahr des Zusammenstürzens zu verhindern, war nun aber die Vorkragung trefflich am Platze. Denn das obere Ende des Kopfbandes bildete mit der Oberkante des Erdgeschosspfostens, in welchen es fest eingezapft war, eine wagerechte Ebene, eine zweite bildete das gegenüberliegende Kopfband mit seinem Pfosten. War also der quer herübergelegte Balken dadurch mit seinen beiden Enden auf eine ziemliche Ausdehnung hin gezwungen, wagerecht zu bleiben, so wirkte diese Lage weiter auf den freitragenden Theil desselben innerhalb der beiden Pfosten nachdrücklicher, als wenn der Balken nur mit seinen Enden auf den Pfosten auflag. Ausser diesem Vortheil der stärkeren Continuität hat man eine vierfache Verstrebung und die Pfosten wiederum sind durch die Kopfbänder, also den wichtigen Dreiecksverband in ihrer lothrechten Stellung verstärkt. Man weiss, dass die Zimmerleute den Dreiecksverband besonders gern und mit Recht anwenden, wird also in der hier dargelegten Maassregel, d. h. dem Entgegenwirken des ungleichen Setzens, den Hauptgrund für die Vorkragung der Geschosse finden können[7]).

Was die aesthetische Wirkung der Vorkragung betrifft, so liegt in ihr ein entschiedener Gegensatz gegen das oft sogenannte Princip der Vertikale, welches der romantischen Bauweise (Gothik) zugeschrieben wird. In Frankreich, dem eigentlichen Lande der romantischen Baukunst, war dies weniger der Fall. Aber in Deutschland trat namentlich in der ältesten Zeit alles andere Holzwerk, das lothrechte, wie das schräg gestellte, nur sehr gering vor die Wand vor, und um so stärker war der Ueberbau der Geschosse und des Daches. Dies ist für die äussere Erscheinung ein Moment, welches, an Ort und Stelle überraschend, durch Abbildungen gewöhnlich nicht klar genug gemacht wird. Die tief eingeschnittenen Saumschwellen und die Rähme werfen so starke wagerechte Schatten, dass ihnen gegenüber die sämmtlichen in andern Richtungen laufenden Linien zurücktreten. Gerade in der Blüthe der romantischen Baukunst sind die Vorkragungen am stärksten. Ich lasse dahingestellt, ob hierin vielleicht ein „Protest gegen die Gothik" zu suchen ist, oder nur eine grössere Unabhängigkeit des Holzbaus vom Steinbau, und das Bestreben gerade bei jenem, als dem undauerhafteren, die Lagerhaftigkeit zu betonen, wie es die Schweizer Blockhäuser in stärkstem Maasse thun. —

Wenn man die Gesammterscheinung und den Reiz des mittelalterlichen Fachwerkhauses kurz ausdrücken wollte, so könnte man sagen, es besteht in dem vollkommen ausgebildeten Subordinationssystem. Dies hängt damit zusammen, dass das mittelalterliche Holzhaus ganz organisch von innen heraus entwickelt wurde,

---

[7]) Erst nachdem ich diese Worte niedergeschrieben hatte, kam mir ein trefflicher Aufsatz von C. Schäfer zu Gesicht, welcher die Publication eines von ihm ganz im Geist der classischen Zeit des Fachwerkbaus entworfenen Hauses in der Förster'schen Bauzeitung 1868/69 S. 1 begleitete. Ich kann mir nicht versagen, die hierauf bezügliche Stelle anzuführen: „Wir möchten nicht unterlassen auf die Beobachtung aufmerksam zu machen, dass gerade die übergebauten Häuser in den alten Städten verhältnissmässig am besten Loth und Flucht zu wahren vermocht haben." Nun folgen die gewöhnlich angenommenen Gründe, dann fährt er aber fort: „Auch eine Abstrebung in Rücksicht des Querverbandes, sonst nur durch die Seiten und Scheidewände hergestellt, gewährt dies System ausserdem noch in dem Dreieckverband der Kopfbänder und Knaggen zwischen den Ständern und Balken."

dass Grundriss und Fassadengestaltung innig zusammenhingen. Der Beschauer erkennt sofort, welche Hölzer die wichtigeren und deshalh durchgehenden, und welche die untergeordneten Zwischenglieder sind[8]). Das Princip, die Construction unverhüllt zum Ausdruck zu bringen, ist klar und bewusst ausgesprochen. Ein völliger Gegensatz zur antiken Bauweise, wo z. B. sämmtliche Säulen einander gleich waren und der Architrav in sich homogen rings herumlief.

Auf den steinernen Unterbau kommt die unterste Schwelle, welche ganz durchgeht. Diese Schwelle, welche nichts zu tragen, sondern nur die Last zu vertheilen hat, wurde ohne Bedenken aus nicht ganz gerade gewachsenem Holz genommen und auf die Breitseite gelegt. Dagegen wurde alles andere Holz sorgfältig ausgesucht, unter mancherlei, selbst abergläubischen Vorsichtsmassregeln gefällt, behauen, vom Splint befreit und lange Zeit ausgetrocknet, bis es für den Gebrauch bestimmt wurde. Die oberen Schwellbalken (Saumschwellen, bez. unterste Dachpfetten) laufen ebenfalls ganz durch und ruhen auf den vorragenden Balkenenden. In die Schwellen wurden die Eckpfosten durch Zapfen befestigt aufgesetzt und laufen bis zu den Balken durch, welche die Querwände tragen. Zwischen die Eckpfosten wurden die Rähme eingezapft, auf welchen die übrigen Querbalken ruhen, dann zwischen die Schwellen und Rähme die Pfosten, welche zu beiden Seiten die gruppenweise angeordneten Fenster einfassen. Bisweilen reichten auch die Eckpfosten nur bis zu dem Rähm, welches dann ganz durchlief. In den ältesten Zeiten diente es zugleich als Fenstersturzriegel, später, da man Raum zwischen Fenster und Decke gewinnen wollte, brachte man in einiger Entfernung unter dem Rähm besondere Fenstersturzriegel an, welche ebenso wie die Fensterbrüstungsriegel zwischen den Eckpfosten der Fenster eingezapft waren. Kürzere Pfosten zur Trennung der Fenster wurden zwischen den Riegeln angebracht. Im späteren Mittelalter wurden sämmtliche Pfosten gleichmässig über dem Fenstersturz durchgeführt und nahmen die Sturzriegel auf, eine Tendenz der Verticale, welche die Renaissance wieder verdrängte. Stets aber standen die Pfosten in den verschiedenen Geschossen gerade übereinander, eine Rücksicht, die jetzt nicht mehr genommen wird. Dies vermehrte den Eindruck der Gesetzmässigkeit; dass jedoch dadurch die lothrechte Linie stärker betont wird, wie die Ansicht Mancher ist, habe ich

---

[8]) Viollet, Dict. III, Charpente Fig. 38.

nach dem Augenschein nicht finden können. Zur Versteifung derjenigen grösseren Felder, in welchen nicht Fenster- oder Thüröffnungen waren, wurden schräge Streben eingesetzt, grössere an den Ecken, welche (umgekehrt wie heute) von unten aussen nach oben innen zu liefen und manchmal absichtlich etwas gekrümmt genommen, Schwelle und Rähme miteinander oder eines der beiden Hölzer mit einem der Pfosten verbanden. Wo man des gefälligen Aussehens wegen Andreaskreuze anwendete, hütete man sich, beide Hölzer an den Kreuzungsstellen um die Hälfte zu schwächen, sondern liess das eine durchgehen und verband die beiden Stücke des andern mit dem ersten durch Zapfen. Aus demselben Grunde, die Strebe nicht auf beiden Seiten an derselben Stelle zu schwächen, liess man, wo ein Feld so gross war, dass noch weitere Theilungen nöthig wurden, ohne Bedenken kleine Pfosten über und unter der Strebe an ganz verschiedenen Stellen gegen dieselbe laufen, wenn auch diese ungleiche Eintheilung nicht schön aussah. Später treten die Wandstreben zurück und verschwinden ganz, um dann wiederum sehr reichlich, aber mehr als äusserliche Decoration angewendet zu werden. Dasselbe geschieht in Deutschland, wie in Frankreich, dort früher, als bei uns und aus anderen Gründen, wie sich bei der Besprechung des französischen Fachwerks ergeben wird.

Zwischen diesen einzelnen sich kreuzenden und verzierten Constructionshölzern bot in der früheren Zeit die Wand, aus Bruchsteinen, Luft- oder Brennziegeln oder aus Lehm hergestellt, eine ruhige Fläche dar, später wurde auch sie in den Kreis der Verzierungen hineingezogen. Durch das geringe Heraustreten der einzelnen Wandhölzer und das starke Vorragen der einzelnen Geschosse gab sich die Innenarchitectur aussen in gewissen Abstufungen kund. An den Kopfbändern schliesslich, welche die Balkenenden unterstützten, zeigte sich dasselbe Subordinationssystem. Grössere und bedeutendere liefen von den Eckpfosten aus, und stützten die Balken unter den Scheidewänden, geringere (Knaggen) sassen dazwischen unter den Balken des Fussbodens. Auch dieser Unterschied wurde später willkürlicher.

Nicht ohne Interesse ist es, die Entwicklung des Fachwerkbaues in den verschiedenen Ländern zu untersuchen[9]).

---

[9]) Das nachstehende Verzeichniss macht keinen Anspruch auf Vollständigkeit, sondern bezeichnet nur Punkte, in welchen werthvollere Holzbauten noch erhalten sind.

Geographische Uebersicht.

Der französische Holzbau ist namentlich in den Städten des Nordens zu verfolgen, in der alten Bretagne (besonders im Departement Finisterre-Chateaubriant), im Maine (Laval), Anjou (Angers), Touraine, Normandie (Caen, Rouen, Dreux, Depart. der Eure), Isle de France (Beauvais, Soissons), Picardie (Abbeville), Orléanais (Orléans, Chartres, Chateaudun) und Champagne (Reims). Nach der Schweiz zu tritt in dem alten Burgund und Lyonnais die Alpenbauart des Blockbaus auf, welche sich zum Theil in eigenthümlicher Weise mit dem Fachwerk mischt. Nach Süden bildet die Loire eine Grenze gegen den Steinbau, gegen Osten setzt sich der Fachwerkbau nach dem Elsass und dem Rheinland fort.

In Deutschland lassen sich drei Hauptgruppen erkennen. Die eine ist in Niedersachsen. Ihren Mittelpunkt hat sie in den Städten des Harzes und erstreckt sich von da nördlich durch Braunschweig und Hannover bis zur Ostsee, ostwärts nach Sachsen und Anhalt, südwärts nach Thüringen. Im Westen steht sie in Verbindung mit der zweiten Gruppe, nämlich Westfalen nördlich vom Teutoburger Wald. Im Südwesten die dritte Gruppe. Diese umfasst ganz Rheinland (besonders in der Nähe des Rheins, der Mosel und der Lahn) den Spessart, Odenwald, die Bergstrasse, Elsass, Baden, Baiern und Würtemberg. Nach dem Bodensee zu nähert sich der Holzbau dem Fachwerksystem der Ostschweiz, während der des badischen Schwarzwaldes dem Aargauer Ständerbau gleicht.

In England finden sich zerstreut bemerkenswerthe Riegelbauten. Zu nennen sind die Grafschaften Sussex (Mayfield, Chichester), Kent (Chiddington), Suffolk (Clare), Harwichshire, Lancashire, Oxfordshire, Glocester (Prestbury), Worcestershire (Malvern, Country), vor allem aber Shropshire (Shrewsbury, Ludlow) und Chestershire (Chester).

Drittes Capitel.

Die Fachwerkbauten.

Frankreich.

In Frankreich war der Holzbau abhängiger vom lange gepflegten Steinbau, als in Deutschland. Vom Süden aus früh vordringend, wo er schon zu den Römerzeiten zur Blüthe gekommen war, blieb der

Steinbau bei grösseren Bauwerken stets in Anwendung. Daher ist in den ältesten Holzbauten Frankreichs die Ornamentik verhältnissmässig einfach, in der späteren Zeit zum Theil dem gothischen Steinbau nachgeahmt. Häuser aus dem 14. Jahrhundert, welche sich im Osten der Loire finden, sind die ältesten uns erhaltenen. Sie zeigen noch romantische (gothische) Formen und veranlassten dadurch Viollet le Duc, dem wir ihre Kenntniss verdanken, sie zu weit zurück zu datiren[1]). Vermuthlich aus mehreren solcher stellt Viollet le Duc in seinem Dictionnaire eines her[2]). Auf dem steinernen Erdgeschoss erhebt sich ein Fachwerkstockwerk, welches so weit vorragt, dass es mit der Vorderseite der vor dem Erdgeschoss vorstehenden beiden Grenzmauern in gleicher Flucht liegt. Die Balken ragen frei heraus, noch durch keine Kopfbänder unterstützt und sind an den Ecken einfach profilirt. Ebensowenig sind Füllbretter angeordnet, die offenen Stellen zwischen den Balken sind nur oben durch die vorgeschobenen Dielenbretter abgeschlossen. Die Saumschwellen sind oberwärts abgeschrägt (abgewässert) und unten eingekehlt, dawischen mit einem einfachen Zickzackmuster verziert, welches in richtig mittelalterlicher Weise aus dem vollen Balken ausgeschnitten ist. Dasselbe Muster wiederholt sich an der durchlaufenden Fensterbrüstung. Dieses Ornament, sowie ein Rautenornament an dem mittelsten ziemlich breiten Pfosten, welches die sechs Fenster theilt, bilden neben der einfachen Profilirung des unter dem Dache befindlichen Rähms und der Abfasung (Abkantung) aller Fensterpfosten die einzige Schnitzverzierung des Holzwerks, so dass das gefällige Ansehen fast nur durch die geschickte Anordnung der gezeigten Construction erreicht wird. Die Fenster, lang und schmal, sind oben im Stichbogen geschlossen. Das weit vorspringende Dach zeigt die Traufseite an der Fassade. Dies war in der alten Zeit die Regel. Alles Holzwerk war bunt bemalt, gelb, schwarz, weiss und braun. Die Ausmauerung ist durch Bruchsteine hergestellt, in deren Mörtelbewurf leise Linienornamente mit dem Spitzhammer gezogen sind.

Aus etwas späterer Zeit, wie dies Haus, ist eines zu Dreux[3]). Hier ist eine mehrfache Theilung bewirkt. Nur einzelne Balkenköpfe treten vor und werden durch Kopfbänder unterstützt, welche in

---

[1]) Vgl. die sehr richtige Bemerkung von C. Schäfer in der deutschen Bauzeitung 1879, S. 338.

[2]) Viollet le Duc, Dict. Bd. VI, Maison Fig. 3; vergl. Liebold, Die Holzarchitectur des Mittelalters in Niedersachsen Taf. I, 1.

[3]) Viollet VII, Pan de bois Fig. 1. Liebold I, 6.

verschiedenen Mustern ausgeschnitten sind. Trotz des grösseren Maasses an Verzierung, die sich auch über die Fensterbrüstungen erstreckt, ist infolge der starken Hölzer und der einfachen und energischen Gliederung der Eindruck des Ganzen ernster, als sonst dem Fachwerk eigen ist.

Fig. 29.

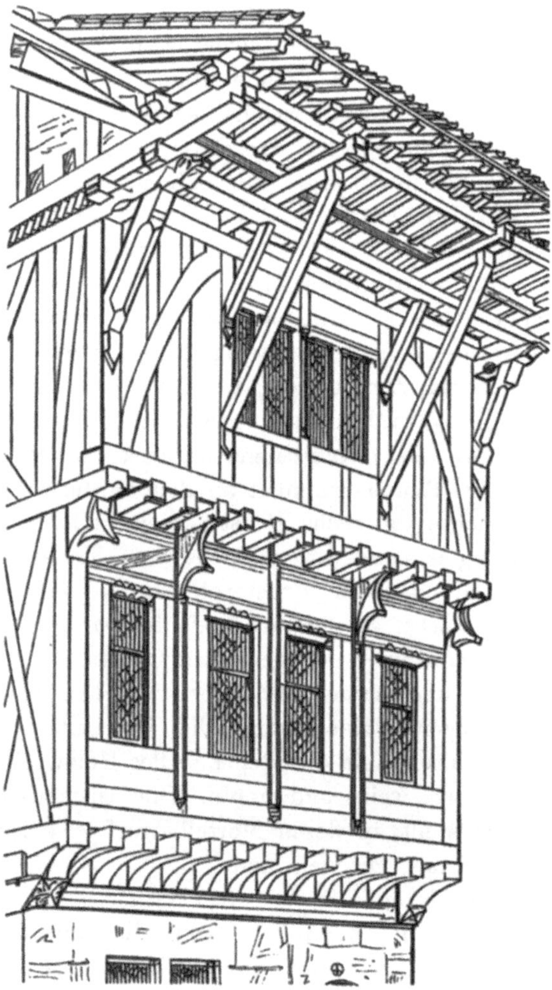

Mit der Verbreitung der romantischen (gothischen) Bauweise tritt ein lebhafteres Spiel der Linien ein, zunächst zum Vortheil der Gesammterscheinung. Die Häuser werden höher, jedes Stockwerk tritt vor das untere weiter vor, ein Unterschied in der Verzierung wird zwischen den kleineren Knaggen und den grösseren Kopfbändern gemacht. Ein malerisches Beispiel (Fig. 29) bietet ein Haus zu Annonnay[4]). Die Nase als Verzierung der Kopfbänder, sonst von den steinernen Kleeblattbogen her bekannt, ist hier mit Verständniss in die Sprache der Holztechnik übersetzt. Die wechselvolle Kreuzung der das Dach stützenden Hölzer, von denen jedes seine Schuldigkeit thut, zeigt, welche reiche Wirkung die Holzarchitectur mit einfachen Mitteln erzielen kann, so dass das Studium gerade dieses Hauses ein höchst lehrreiches ist.

Einen weiteren Schritt bezeichnet ein Haus zu Chateaudun (Fig. 30), welches, von Viollet in das 13. Jahrhundert gesetzt, wohl erst in das vierzehnte Jahrhundert gehört[5]). Hier sind die Verzierungen im Detail ausgebildeter, zum Theil der Steintechnik genäherter. Zur Ausfüllung der Felder zwischen den Kopfbändern sind Füllbalken eingeschoben und wie die Saumschwellen abgefast, bezw. eingekehlt. Die Balkenköpfe sind birnförmig profilirt, wie die gleichzeitigen Steingewölberippen, die Fenstersturze werden in der Form des geschweiften Bogens (Tudorbogens) oder des Kleeblattbogens ausgeschnitten, ebenso die Streben in mancherlei abgerundeten Formen.

Fig. 30.

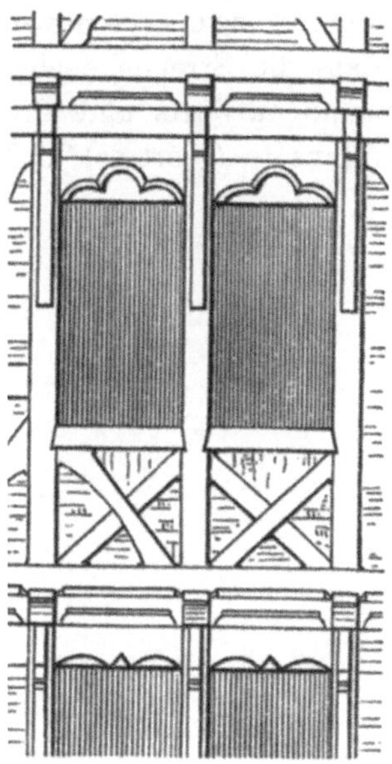

Das vierzehnte Jahrhundert ist die Blüthezeit des französischen Fachwerks. Alle Verzierungen sind echt holzmässig und bis heute als Muster für jeden Holzbau zu verwerthen. Thatsächlich hat gerade die neuste Zeit manche von diesen Formen mit Glück wieder aufgenommen. Die Fassaden machen einen tüchtigen, gediegenen Eindruck und sind belebt, ohne zu viel Einzelheiten zu zeigen. Manche Häuser dieser Zeit verrathen eine Verwandtschaft mit den deutschen Fachwerksbauten.

Nach und nach macht sich ein spielendes Element geltend. Die Streben und Andreaskreuze werden zu einem auch in den Wand-

---

[4]) Viollet, Dict. VI, Maison Fig. 22.

[5]) Viollet, Dict. VIII, Pan de bois Fig. 7. Liebold I, 2.

feldern und über den Fenstersturzen reicher angewendeten Decorationsmotiv (wie an Häusern in Rouen und Beauvais vom Anfang des 15. Jahrhunderts)[6].

Die Streben machen allmälig die Hauptwirkung. Die Schnitzornamente an Balkenköpfen und Füllbalken stellten vielfach Rosetten oder andere stylisirte Blumen und Ranken dar, der figürliche Schmuck bestand in Heiligen oder grotesken Mensch- und Thiergestalten, besonders Drachen, welche an die altnormannischen Wurmbilder erinnern.

Um die Mitte des fünfzehnten Jahrhunderts wurde es üblich, die Wandstreben in mancherlei Mustern diagonal zu kreuzen (Haus in Angers)[7]. Bei dem einfachen Rautenmuster blieb man nicht stehen, sondern suchte nach immer grösserer Mannigfaltigkeit. Besonders zwei Arten wurden damals beliebt. Die eine bestand darin, dass die Streben fischgrätenartig in zwei Nachbarfelder in abwechselnd aufwärts und abwärts geneigter Richtung gegen einander liefen (Haus in Chartres)[8]. Nach der andern Weise (Fig. 31) ging eine

Fig. 31.

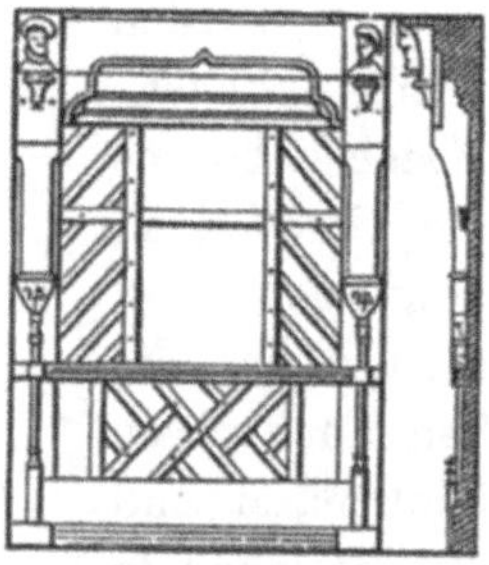

Hauptstrebe diagonal durch ein Feld, in welche zwei nach der andern Richtung abgehende Streben eingezapft waren. In diese wurden wieder in einiger Entfernung von der durchgehenden Strebe zwei kürzere Hölzer eingezapft, in diese wieder in umgekehrter Richtung noch kleinere und so fort, bis das ganze Feld ausgefüllt

---

[6]) Viollet, Dict. VI, Maison Fig. 26; Fig. 27. vgl. Pugin, Details of anc. timber houses Bl. 2.

[7]) Chapuy, Moyen âge pittoresque I, 252; vgl. Verdier et Catois, archit. civ. et dom. etc. Bd. II, Schlussbl. (Angers).

[8]) Chapuy, Moy pitt. III, 136.

war[9]). Es ist bemerkenswerth, dass diese Verzierungsweise, welche etwas Unruhiges hat und gegen das bezeichnete Subordinationssystem verstösst, später bei den Fachwerkbauten Englands und bis in unsere Zeit bei denen der Nordwestschweiz (in Zürich, Thurgau) Anwendung fand. (S. weiter unten.)

Die Dächer, welche in der romanischen Baukunst noch die antike Neigung beibehalten hatten, wurden immer höher, was zum Theil mit dem Princip der Höhenentwickelung, zum Theil mit dem Wunsch nach besserer Dachausnutzung in den raumbeengten Städten zusammenhing. Die nach der Strasse gerichtete Traufseite wurde durch Dacherker unterbrochen (welche auch bei Steinbauten ganz zum Wesen der französischen Baukunst gehörten) und das Giebeldreieck derselben in der Form des dreiblättrigen und fünfblättrigen Kleeblattbogens ausgeschnitten. Damals wurde auch die Giebelseite des Daches nach der Strasse zugekehrt. Nun bildete der normannische Dachverband mit Krummsparren und Stichbalken ein gefälliges Verzierungsmotiv (Laval)[10]), wobei wohl auch die Oeffnung zwischen den Krummsparren und den Dachsparren verschalt wurde (Rouen)[11]).

Allmälig überzogen die spielenden Formen der Spätgothik das ganze Holzhaus. Das Rahmenwerk des Tischlers und die Steinsculptur wurden in unberechtigter Weise nachgeahmt. Die Pfosten, immer schlanker werdend, wurden strebepfeilerartig profilirt. Figuren wurden an den Kopfbändern und den Eckpfosten frei herausgearbeitet, auch die Baldachine über ihren Köpfen fehlten nicht (Reims)[12]). Die Fialen mit ihren ansteigenden Krabben und Schlussblumen, die Rosetten an den Schwellen wurden der Steintechnik entlehnt, auch die Dacherker, die abgerundeten oder mit dem Tudorbogen oben geschlossenen Fenster- und Thüröffnungen bekamen allerlei Bekrönungen, welche über die Zimmermannstechnik hinausgingen (Fig. 32) (Rouen, Abtei St. Arnaud)[13]). Die Verstrebungen hörten ganz auf, die Wandfelder wurden durch ein der Tischlerei entnommenes Rahmenwerk umsäumt und die Fläche mit gefalteten Pergamentrollen und Maasswerk ausgefüllt, wozu die Kirchenfenster

---

[9]) Pugin, Details of anc. timber houses of the 15 u. 16 cent. Pl. 14, 16, 18 (Abbeville).

[10]) Viollet, Dict. VI, Maison Fig. 21.

[11]) Viollet, Dict. VI, Maison Fig. 28; vgl. Semper, Stil II, S. 305.

[12]) Viollet, Dict. VI. Maison Fig. 26.

[13]) Viollet, Dict. VI, Maison Fig. 29.

Muster darboten. Mit dieser Kunstrichtung ging die Abnahme der Geschossvorkragungen und die Vergrösserung der Fenster Hand in Hand. Das gesteigerte Lichtbedürfniss ist ein Theil jenes allgemeinen Strebens nach grösserer Behaglichkeit in den Wohnungen, welches in der Renaissancezeit zum bewussten Ausdruck kam. Stufenweise wurde die ganze Fassade in lauter einzelne Theile gegliedert und das ganze Constructionsschema in der Art aufgelöst, dass die Felder Flächen für jede beliebige Art von Mustern darboten, die ganze Aussenfläche also gleichsam maskirt war.

Fig. 32.

Daher war der nun unter den mit Italien eng befreundeten Königen Frankreichs erfolgende Uebergang zur Renaissance allmäliger und unmerkbarer, als es, wie wir sehen werden, in Deutschland der Fall war. Die einzelnen Glieder nahmen wieder die antiken Formen an, ohne dass das System im geringsten geändert zu werden brauchte (Rouen)[14]. Nur die Rücksicht auf die gleichwerthige Längen- und Höhenentwickelung wurde wieder in den Vordergrund gestellt. Die Pfosten wurden als antike Candelaber, Säulen oder Pilaster gebildet und verkröpft, die Fensterbrüstungen als Balustraden mit zwischengesetzten Füllungen, die Dacherker, welche beibehalten wurden, verloren nur ihre romantischen Auswüchse und bekamen etwa corinthische Pilaster mit Gebälk und Giebeldreieck darüber, kurz nur die einzelnen Theile des Ueberzuges hatten sich geändert. Die Einzelverhältnisse wurden dabei vielleicht wohlgefälliger und feiner abgewogen, der Gesammteindruck jedoch charakterloser. Freilich ging die Ausartung nicht so weit, wie in Deutschland, denn die geschmackvolle Anordnung, die künstlerische Ausführung der Details und die erzielte

[14]) Viollet, Dict. IV, Maison 31.

malerische Wirkung entschädigen den Beschauer für das Untektonische des ganzen Aufbaus.

Einen Fortschritt der eigentlichen Holzarchitectur können wir in der Renaissance nicht erkennen. Es macht sich daher auch im 16. Jahrhundert der Wunsch geltend, die bisherigen Richtungen zu vereinigen. Ein in dieser Beziehung interessantes Haus stand bis vor 20 Jahren in Orléans[15]). An die Pfosten waren Säulchen angeschnitten, welche (wie die Säulen mancher Kathedralportale) auf geschnitzten Köpfen ruhten und in Fialen endeten, während Perlschnüre und gewundene Rundstäbe als Einfassungen der Felder die Renaissance bekunden. Dagegen sind die Andreaskreuze in den Füllungen wieder aufgenommen, und die Querbalken, z. B. des Erckers enden in den aufgesperrten Rachen jener drachenähnlichen Köpfe, welche, von den Normannen herübergebracht, schon seit dem 12. Jahrhundert in dieser Weise verwendet wurden. (S. S. 116 Pont l'Abbée).

An andern Stellen war die Verzierung durch Diagonalstreben nie aufgegeben worden und erhielt sich auch im 16. Jahrhundert (so in Caen und Angers)[16]).

Gegen Ende des 16. Jahrhunderts wurden die Holzbauten in Frankreich einfacher, wie die ganze Baukunst unter dem politischen Unglück litt. Blutige und gräuelvolle Kämpfe im Innern, welche die ganze zweite Hälfte des 16. Jahrhunderts ausfüllen, waren wohl Ursache, dass lange Zeit hindurch keine Fortentwicklung stattfand. In Zusammenhang damit steht die Entwaldung des Landes, das noch jetzt ein geradezu holzarmes genannt werden kann. Zugleich ging in dieser Zeit jedes Gefühl für die künstlerische Ausbildung der Fassaden verloren. Im Innern aber erfuhr das Haus bedeutende Umwandlungen, und als seit der Zeit der Bourbonen die Privatarchitektur wieder aufblühte, Häuser und Schlösser entstanden, war Freude und Verständniss für den Holzbau verloren gegangen.

Fachwerkbauten in Deutschland.

Anders war der Gang des deutschen Fachwerkbaues, wenn er auch zu keinem erfreulicheren Ergebniss führte. Seine Entwickelung liegt weit hinter der Entstehungszeit der ältesten auf uns ge-

---

[15]) Verdier et Catois, Arch. civ. II, S. 118.

[16]) Verdier et Catois II, S. 210.

kommenen Häuser des funfzehnten Jahrhunderts. Von da ab vermögen wir nur Rückschritt und Verfall zu erkennen, die uns bedauern lassen, dass alles Frühere verloren gegangen ist.

Drei Perioden lassen sich unterscheiden, welche der Zeit nach in die Spätromantik (Spätgothik), Renaissance und Barocco fallen, ohne sich mit diesen Kunstrichtungen ganz zu decken. Nur von der grösseren oder geringeren Selbständigkeit von andern Techniken hängt der Holzstil ab.

Die Abgrenzungen der drei Perioden sind nicht genau festzustellen, da manches später erbaute Haus das Gepräge einer zurückgelegneren Zeit trägt, da ausserdem (oder vielleicht im Zusammenhange damit) an Bauten derselben Zeit in verschiedenen Städten gewisse Lokalunterschiede sich beobachten lassen. Damals war die Privatbaukunst eine volksthümlichere als jetzt. Bestimmte Motive und Formen waren in der einen Stadt beliebt, andere in einer andern. Der Zimmermeister einer Stadt durfte dieselben Formen an mehreren Stellen wiederholen, und durch die Geschlossenheit der Zunft hatte sich, wie in Italien, wenn auch untergeordneter und in minder künstlerischer Weise eine schulmässige Kunst ausgebildet. Manche Kunstanschauungen vererbten sich auf diese Weise, die der heutigen Zeit so verhasste akademische Gleichartigkeit erhielt die lieb gewordenen Regeln und Ueberlieferungen länger, als bei uns der höhere Schwung einzelner Künstler, und eine Stadt behielt den ihr eigenthümlichen Charakter. Gerade in einer Zeitströmung, welche, wie die unsere, alle einzelnen Provinz-Unterschiede mit fast zu grossem Eifer verwischt, berührt diese Lokalstimmung wohlthuend. Deutschland hat in früheren Zeiten mehr, als es das heutige Geschlecht anerkennt, dem Wetteifer einzelner Städte und Gemeinden und dem Particularismus zu verdanken und diese „berechtigten Eigenthümlichkeiten“ der alten Städte spiegeln sich in ihrer Baukunst ab. Mit grösserer Deutlichkeit in der bürgerlichen Holzarchitectur, als im monumentalen Steinbau, da sie, abhängiger vom Innenbau, sich weniger, als dieser fremden Aufputz gefallen lässt.

Erste Periode.

Wahrheit und Klarheit, das ist der Reiz, der den Häusern der ersten Periode innewohnt, welche etwa von der Mitte des funfzehnten bis zur ersten Hälfte des sechszehnten Jahrhunderts reicht. Vorzugsweise ist sie in Niedersachsen vertreten. Die ältesten auf uns gekommenen Fachwerkbauten sind einige öffentliche Gebäude. Diese sind unbedenklich in die Besprechung des Privathauses aufzunehmen, denn die Rathhäuser, Gildehäuser, Krankenhäuser und Schulen unterscheiden sich in ihrem Gesammtcharakter ausser durch Grösse nicht sonderlich von dem Wohnhaus. Thatsächlich ist es auch vorgekommen, dass geräumige Privatgebäude später zu öffentlichen Zwecken benutzt wurden.

Zunächst ist das Rathhaus in Duderstadt zu nennen[17]). Ein mächtiger nach Osten gerichteter Bau, im Jahre 1432 angefangen, erhielt seine Vollendung mit dem Anbau eines bedeutenden Flügels im Jahre 1528 (Fig. 33). Auf steinernem Unterbau und Erdgeschoss,

Fig. 33

welche sich unten in Stichbogenhallen, darüber in einer Rundbogenlaube öffnen, ist ein zweigeschossiger Fachwerkbau aufgeführt. Das

[17]) Mithof, Kunstdenkm. u. Alterth. in Hannover II, Taf. VI.

Dach ist in zwei ungleiche, nach der Hauptfront gerichtete hohe Giebeldächer getheilt, welche noch für zwei übereinander befindliche Dachgeschosse Raum bieten. An der äussern Ecke des rechten und in der Mitte des linken Giebels sind von der Höhe des ersten Fachwerkgeschosses an achteckige Erkerthürme vorgekragt, welche in gebrochenen schlanken Spitzen enden. Der Mittelthurm übersteigt das Dach noch um ein Geschoss, so dass er das Gebäude beherrscht. Ein dritter kleinerer Thurm steigt an der Ostseite auf. Der Westbau, einfacher gehalten, tritt um einige Meter zurück und in dem Winkel beider Flügel läuft eine an die Wand des Hauptbaus angelehnte überdeckte Freitreppe bis zum Erdgeschoss. So ist der ganze Bau, wie er nach und nach entstanden ist, in Gruppen aufgelösst, aber für den Mangel an Symmetrie ist eine wohlberechnete Abwechselung eingetreten, welche durch geschickte Eintheilung und die schönen Schnitzereien an Balkenköpfen und Fenstergewänden gehoben wird.

Symmetrisch in der Anlage sind die Rathhäuser von Fritzlar[18]) und Wernigerode[19]) (1494—98 von Thomas Hilleborch errichtet, der östliche Anbau 1584). Beide haben über einem steinernen Erdgeschoss mit Spitzbogenthür in der Mitte, zu welcher eine doppelte Freitreppe führt, ein Fachwerkgeschoss, über welchem sich der steile Giebel erhebt. Zwei Erkerthürme flankiren ihn, ein dritter erhebt sich auf der vorderen Firstkante des Giebels mit schlanken Spitzen. Der Mittelthurm in Wernigerode hat später eine sogenannte Haube erhalten. In Fritzlar führt die Doppeltreppe seitwärts in die Höhe und die Erkerthürme beginnen erst in Dachhöhe. In Wernigerode macht die von vorne zu jeder Seite des Kellereingangs aufsteigende Freitreppe, neben welcher gleich von unten aus von Pfeilern gestützt die Thürme aufsteigen, und das wegen des Vorbaus zwischen ihnen in verschiedenen Höhen anfangende Zeltdach dazwischen, einen so geschmackvollen Eindruck, dass dieses Gebäude mit Recht stets als ein Muster von feiner künstlerischer Empfindung hingestellt werden konnte, und kühn das Urtheil des Vorübergehenden durch die Inschrift: „Einer achts, der andere verlachts, der dritte brachts, was machts,“ herausfordern durfte[20]). Besonders schön geschnitzt sind die Figuren, welche an den Kopfbändern unter dem Fachwerk angebracht sind und die Jungfrau Maria und andere Heilige darstellen.

---

[18]) Moller, Denkm. d. deutsch. Bauk. III (Gladbach), Titelvignette.

[19]) Puttrich, Denkm. d. Bauk. d. Mittelalt. in Sachsen II, II, 2.

[20]) Sie ist oft variirt worden.

Von ähnlicher Anlage, aber breiter im Gesammteindruck erscheint das Rathhaus von Alsfeld[21]) (1512), welches ebenfalls durch mehrere Erkerthürme geschmückt wurde.

Einfacher und ohne Thürme ist das Rathhaus zu Stolberg im Harz[22]) und der sogenannte alte Rathskeller in Halberstadt[23]) (1461), welche vorzugsweise durch regelmässigen Wechsel der einzelnen vor- und zurücktretenden Gliederungen wirken.

Am Ende dieser Epoche stehend, aber noch ziemlich im Geiste derselben ist die sogenannte alte Waage in Braunschweig errichtet, ein riesenhafter Bau, auf allen Seiten freistehend, auf dessen kurzen Seiten in jedem der drei Geschosse 14, auf den Langseiten 33 consolengestützte Balkenköpfe sichtbar werden. Auf jeder der Langseiten führen unten zwei mächtige Thorwege in das Innere, das hohe Dach ist auf der kurzen Seite zu zwei Dritteln abgewalmt, hat einen kleinen Dacherker, auf den langen Seiten je drei kleine mit spitzen Zeltdächern in zwei Reihen übereinander und dazwischen über den Einbringelukën zwei grosse Dacherker mit vorspringenden Giebeldächern.

Von Privathäusern sind aus derselben Zeit anzuschliessen[24]), mehrere in Halberstadt (Fischmarkt No. 1, Nr. 8 von 1519, No. 9 1529, No. 10, 11 und 12), Münden (gegenüber der Kirche von 1457), Braunschweig (Brauhaus von 1450[25]), Südklint No. 1 von 1482, No. 11, No. 17 von 1469, No. 22 von 1524, Altstädter Markt No. 3 von 1470, Scharrenstrasse No. 13 von 1470, No. 19, Auguststrasse No. 32[26]), Schuhstr. No. 20, Kl. Burg No. 13, No. 15 von 1488, Petersilienstrasse Nr. 18 und Ecke der Knochenhauerstrasse von 1489, Schützenstr. No. 2 von 1490, No. 9, Hagenbrücke No. 12, Kohlmarkt No. 11 von 1491, Wendenstrasse No. 1, No. 2 von 1491, No. 6 von 1512, No. 13 von 1529 und No. 69 von 1533, Wollmarkt No. 1 von 1524, No. 4 von 1526, Steinstrasse No. 3 von 1512, Grödelingerstrasse No. 38 von 1440, Theile des abgebrochenen Rathsküchengebäudes von 1538 in der Samml. d. Neust. Rathh.), Hildesheim (zwei Häuser in der Eckemäckerstrasse, Kramergildehaus an der Andreas-

---

[21]) Denkm. d. deutsch. Bauk., dargest. vom hess. Verein für die Aufn. mittelalt. Kunstw. I, 17. Vgl. Lotz, Kunsttopographie I, S. 40.

[22]) Puttrich a. a. O. II, II, 2.

[23]) Wiener (Förster'sche) Bauzeitung 1843.

[24]) Vgl. hierfür und für die folgenden u. A. bes. Lübke, Deutsche Renaiss. S. 870 ff. u. Mithof, Archiv für Niedersachsens Kunstgeschichte.

[25]) Liebold, Mittelalt. Holzarch. III, 2.

[26]) Aufn. d. Berl. Bauakademiker v. 1869.

kirche von 1482, gegenüber die Kattentidtsche Giesserei, früher Trinitatishospital), Herford (Häuser in der Brüderstrasse von 1521 und 1522), Göttingen (Paulinenstr. No. 6 von 1495), von Süddeutschen Städten in Gmünd (Heiligegeistspital von 1495, Kornhaus von 1507), das Rathhaus in Tübingen 1435 begonnen, hat durch mancherlei Umänderungen des 16ten und 17ten Jahrhunderts sein ursprüngliches Aussehen verloren. Ueberhaupt sind noch viele zum Theil werthvolle Fachwerkbauten aus dieser frühen Zeit erhalten, welche aber durch das im Anfange unseres Jahrhunderts übliche Abschneiden der vortretenden Schnitzwerke und Ueberputzen der Flächen unkenntlich geworden sind.

Wenn wir die Bauten dieser Epoche im Zusammenhang überblicken, so haben wir das allgemeine Bild des richtigen Fachwerkbaus vor uns mit einem Flechtwerk von wagerechten, lothrechten und schrägen Hölzern, dem gegenüber die Wandfelder als „Ruheplätze nicht dynamisch thätig“ sind[27]). Die sämmtlichen Pfosten, auch die Fenster- und Thürpfosten gehen von der Schwelle bis zum Rähm durch. Riegel werden sparsam verwendet. Wie bereits erwähnt, wurde der Fenstersturzriegel durch das Rähm ersetzt oder dicht unter demselben angebracht; als Fensterbank diente oft statt des Riegels eine starke, mit Abwässerung und Anschlag profilirte Leiste, welche vor den Pfosten vorbeilief und an dieselben angenagelt war[28]). Alles Holzwerk war ziemlich stark genommen (Pfosten 26—30 cm breit, 15 cm stark, Schwellen 30—45 cm breit, 15—18 cm stark, Balken 15—18 cm breit, 22—26 cm hoch, Rähme 8—16 cm breit und ebenso stark, Streben, Kopf- und Fussbänder 10—20 cm breit und stark). Eine Hauptrolle spielten die Verstrebungen in den Wandfeldern. In denjenigen unter den Fenstern wurden ausser Andreaskreuzen Fussbänder angewendet, welche von den Fensterpfosten dicht unter der Brüstungsunterkante nach der Schwelle zu liefen. Bei dem Holzreichthum nahm man nicht nur schmale Fussbänder, sondern ganze dreieckige Tafeln, welche später in den Bereich der Verzierung hineingezogen wurden. Alles dieses lothrecht oder schräg gestellte Holzwerk trat einige Centimeter vor die Wand vor, die Vorkragung der Geschosse und des Daches betrugen bis zu 75 cm bei jedem Geschoss. (Dass die hierdurch entstehende Schattenwirkung die sämmtlichen in anderen Richtungen laufenden Linien

---

27) Semper, Stil II, 304.

28) Liebold, Mittelalt. Holzarch. in Sachsen Taf. I, 1.

zurückdrängte, hat bereits Erwähnung gefunden.) Die Fenster waren klein und niedrig. Das steile Dach war nicht allgemein mit dem Giebel nach der Strasse zu gerichtet, sondern gerade bei den ältesten Häusern oft mit der Traufseite, welche dann durch Dacherker unterbrochen wurde. In Halberstadt, Münden, Braunschweig hat sich diese Anordnung länger erhalten.

Die Verzierungen sind aus dem vollen Holz in Relief geschnitten (nicht angesetzt) und treten bescheiden hinter das Architektonische zurück Sie sind vorzugsweise an den Saumschwellen, Balkenköpfen und Kopfbändern angebracht[29]). Die Saumschwellen, am einfachsten zwischen den Balkenköpfen an den Kanten abgefast oder ausgekehlt, wurden an den Ecken durch Lilienverzierungen, innerhalb der Kehlungen an der Unterfläche durch mehrere Linien oder den romanischen, einem gewundenen Tau ähnlichen Fries ausgefüllt. An den Seitenflächen werden die Stellen über den Balkenköpfen durch Rosetten etc. ausgezeichnet und Blumenmuster, Figuren oder Inschriften dazwischen durch ein dem gerade überdeckten Kleeblattbogen ähnliches Rahmenwerk eingefasst (Halberstädter Rathhauskeller) (Fig. 34). Eigenthümlich ist ein anderes Verzierungsmotiv der Schwellen, der zwischen den Balkenköpfen zu beiden Seiten stufenförmig aufsteigende Fries (Treppenfries, Mäanderschema, häufig in Braunschweig) (Fig. 35), in dessen Umrahmung figürliche Darstellungen, oft auch humoristische Scenen Platz finden[30]). Mit der Zeit verwandeln sich die geraden Linien dieses Stufenfrieses in freigeschwungene Profile[31]), oder es treten fortlaufende Friese ein, in welchen der mittelalterliche laubumwundene Stab eine beliebte Füllung

Fig. 34.

[29]) Zeichnungen von Fassadentheilen und vielen Details in dem öfter angeführten Sammelwerk von Liebold. Der Text ist grossentheils dem Aufsatz von Egle in der Förster'schen Bauzeitung von 1843 entlehnt; aber seine Schilderung des Entwickelungsganges und Periodeneintheilung nicht zutreffend.

[30]) Liebold II, 1. Beispiele aus Brandenburg und Magdeburg, Bötticher, Holzarchit. XIX, 2 u. 4.

[31]) Liebold VIII, 1.

bildet. Bis in die Zopfzeit hat sich derselbe erhalten, freilich zum trockenen, kaum erkennbaren Schema herabgesunken (Fig. 36). Die

Fig. 35.

Fig. 35.

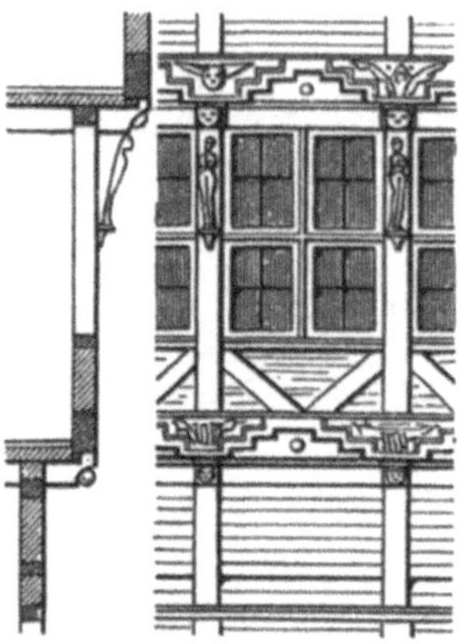

Fig. 36.

Balkenköpfe unter den Schwellen sind zugleich als Ausläufer und Träger der oberen Wand in realistischer Weise durch Menschen- und Thierköpfe charakterisirt. Die Kopfbänder darunter sind schlank und reich gegliedert und zeigen namentlich zu Anfang der Epoche Wappen, Thiere, oder unter Baldachinen Figuren von Heiligen und Wappenträgern, manche mit Porträtzügen zum Theil voll von Leben und derbem Humor. Eine systematische Eintheilung zwischen den längeren Kopfbändern, welche an die Pfosten anlaufen, und den kürzeren einfacheren Knaggen, welche dazwischen nur bis zum Rähm oder Fensterkreuzriegel reichen, wird nicht gemacht. Gegen Schluss der Epoche werden Balkenköpfe und Kopfbänder einfacher, in gewöhnlichen, dem Zimmermann geläufigen Profilen ausgeschnitten, eingekerbt, abgerundet und abgeeckt. (In Hildesheim gern an der Vorderseite mit eingestemmten Dreiecken versehen.) Das übrige Holzwerk an Pfosten, Rähmen und Streben wurde anfangs nicht verziert, dann begann das Ornament sich auf die Brüstung unter den Fenstern auszudehnen. Der Schluss der Zwischenräume zwischen dem Rähm des unteren und dem vortretenden Balken des oberen Geschosses wurde in einfachster Weise, wie bei Hintergebäuden nur durch Fortsetzung des Dielenfussbodens und zwischen die Balken gesteckte Staken (Wellerung), unserm Windelboden entsprechend, ausgefüllt. Später wurden sogenannte Füllbretter zwischen seitwärts angebrachte Nuthen der Balkenvorsprünge eingeschoben. Sie boten in ihrer schrägen Unterfläche einen vortrefflichen Grund für ornamentale und figürliche Malerei, seltener für Relief dar. Malerei hat man sich auch an den übrigen Theilen des Hauses zu denken. Es ist die Farbenfreude des Mittelalters (welche sich recht in der bunten Männertracht des 14ten Jahrhunderts gegenüber der Farblosigkeit des folgenden bekundet) in Deutschland so vollständig verloren gegangen, dass es uns schwer möglich wird, uns in den Geschmack daran zurückzuversetzen, noch schwerer scheint es zu sein, ein Haus in den ursprünglichen Farben wieder herzustellen. Darin haben selbst die besten Restaurationsversuche gefehlt. Die Wandfelder (Gefache) zwischen dem Holzwerk wurden zuerst kunstlos, dann in Mustern ausgemauert oder verputzt, wobei die alten Handwerker, um die Berührung mit Holz zu vermeiden, eine Fuge ringsum stehen liessen. Ueberhaupt verräth sich allerorten an diesen ältesten Holzhäusern eine ausgebildete Technik und eine wahrhaft erfreuende Blüthe eines jeden Handwerks, vor allem der Zimmermannskunst. Die Holzverbindungen sind so sinnreich erfunden und so genau abgemessen, dass bei der Stärke der Zapfen und Blätter manche Verriegelung noch hält, wenn sich Balken und Pfosten im Lauf der Jahrhunderte ganz krumm gebogen haben.

Diese Sicherheit verleitete die alten Zimmerer unter Umständen selbst zu mit Unrecht gelobten Missgriffen, denn als solcher ist es wohl zu bezeichnen, dass wie an manchen Häusern in Braunschweig die Balken eines Zwischen- oder Dachgeschosses nur durch Zapfen gesichert sind, welche durch die durchgehenden Pfosten durchgesteckt und aussen vermittelst vorragendem Splint und eingesteckten Holzbolzen gehalten werden[32]). Freilich hat auch diese kühne Verbindung sich an Häusern 4 Jahrhunderte hindurch gehalten.

Zweite Periode.

Die zweite Periode, welche ungefähr von der ersten Hälfte des sechszehnten Jahrhunderts bis zum Anfang des siebzehnten reicht, lässt sich durch das Eindringen der Renaissance bezeichnen, welche in Deutschland sehr bald in das Barocke ausartet. Die in den damaligen Culturverhältnissen Deutschlands liegenden Gründe hierfür treten bei Gelegenheit des Innenbaus deutlicher hervor und mögen deshalb dort angeführt werden. In Bezug auf die Entwickelung der Fassade ist zunächst ein grösserer Reichthum des Ornamentalen im Geist der neuen Richtung festzustellen, mit welcher nicht immer zugleich ein Aufgeben der mittelalterlichen Ueberlieferungen stattfindet. Es ist die Zeit des sechszehnten Jahrhunderts die kurze Blüthezeit Deutschlands, die Bauthätigkeit ist ungemein gesteigert, die Fassaden werden auf das Reichste ausgebildet. Im Laufe des Jahr-

[32]) Ebenso bei den Schwellenverbindungen Schweizer Häuser (s. weiter unten). An einem jetzt abgebrochenen Hause in Marburg, das C. Schäfer dem 13. Jahrh. zuschreibt, fand er die Pfosten durch vier Geschosse durchgehend und die Balken jedesmal in den Pfosten eingezapft (Vortrag, geh. im Berl. Architektenverein am 9. Febr. 1880).

hunderts macht sich von Italien her die Trennung des schaffenden Architekten von dem ausführenden Handwerkmeister geltend, der freien Kunst wird ein grösserer Spielraum gewährt und die Idee der vom Stoff losgelösten Formen führt nach und nach zu einer Vernachlässigung des Constructiven — zum Verfall der Technik. Es ist daher natürlich, dass wir gerade aus dem Anfang dieser Zeit eine Reihe schöner, geschmackvoller Häuser haben, die das Auge jedes Beschauers erfreuen, und dagegen im ganzen Verlauf dieser Epoche keinen künstlerischen Fortschritt erkennen[33]).

Fachwerkbauten aus dieser Periode sind besonders in Hildesheim (Knochenhaueramthaus von 1529 und Wedekinds Haus von 1598 beide am Markt, Judengasse, Ecke des Altstädter Marktes No. 385, Rathsbauhof in der Wollenweberstrasse von 1540, Brauhaus in der Schelenstrassen- und Rathhausstrassenecke von 1550, Schelenstrasse No. 280 von 1560, No. 281 von 1582, No. 286, No. 312 von 1563, Gasth. zum goldenen Engel in der Kreuzstrasse von 1548, Almstrasse No. 32 von 1557, No. 25, No. 28 von 1585, im Kurzen Hagen von 1564, in der Eckemäckerstrasse von 1566, 1608, 1615, Rolandshospital von 1611, im Langen Hagen von 1591, Hoheweg No. 391 von 1608, No. 393, No. 394, Marktstrasse No. 318 von 1611, No. 60, Altpetristrasse, Osterstrasse von 1604, an der Andreaskirche von 1623), Halberstadt (Holzmarkt Nr. 4 von 1532, No. 5 von 1512, Breiteweg No. 38 von 1529, No. 39 von 1588, Schmiedstrasse No. 17 von 1584, Ecke des Holzmarktes von 1576; Hoheweg No. 13 und No. 16, Schuhhof in der Schuhstrasse von 1579, Griddenstrasse No. 13 und eines von 1586, Hersleberstrasse No. 6 von 1589, No. 9 von 1604, No. 10 von 1618, No. 15), Goslar (An der Gose No. 24 [früher 674]; Peterstrasse No. 31 [früher 735] Frankenbergerstrasse No. 566, Bergstrasse No. 10 [631] No. 633, No. 637, Markt und Langestrassenecke No. 871, Marktstrasse No. 384, daneben das sogenannte Brusttuch, Mönche- und Jacobistrassenecke No. 442, Jacobistrasse No. 11 [früher 443], Bäckerstrasse 3, Glockengiesserstrasse No. 1142 und 1143), Braunschweig (Papenstieg No. 5 von 1537, No. 2 von 1581, Wendenstrasse No. 14 von 1536, No. 49 von 1545, No. 34 und 35, Langestrasse No. 9 von 1536, Sack No. 5 von 1536, No. 9, Burgplatz No. 2 von 1573, Wilhelmsplatz No. 8 von 1590, Beginen Haus im Prinzenwinkel von 1619, Merkels Haus im Bäckerklint) Hannover (Schmiedestrasse No. 15, No. 43 von 1554, eines

[33]) Die Häuser dieser Periode sind zum Theil in Ortweins deutscher Renaissance (Leipzig bei Seemann) veröffentlicht, in Lübkes deutscher Renaiss. aufgeführt.

von 1533, Köblingerstrasse No. 6, No. 57 von 1585, Burgstrasse No. 28, No. 33 von 1581, No. 23 von 1620, Knochenhauerstrasse No. 7 von 1594, No. 36, No. 61, Marktstrasse No. 37 von 1580, Rossmühl No. 8, Schuhstrasse von 1594, Röfelerstrasse von 1566, im goldenen Winkel und der Seilwinderstrasse), Stadthagen (Amthaus in der Oberstrasse von 1553, Kirchhofstrasse No. 2), Hameln (Pferdemarkt No. 7 von 1536, Osterstrasse No. 8, Baustrasse No. 7 von 1600, Neuthor und Thiethorstrassenecke, Bäckerstrasse von 1546, Fischpfortenstrasse No. 20 von 1561, Wenden- und Kupferschmiedstrassenecke von 1560), Celle (Poststrasse Ecke Rundstrasse von 1532 und von 1549, Schuhstrasse No. 157, Canzleistrasse No. 222), Höxter (Dechanei von 1561, Haus Hüttes von 1565, Freises von 1569, Wilkes und Tillys von 1642), Münden (Langestrasse von 1548, Markt Eckhaus von 1554, Pfarrhaus an der Kirche von 1580, daneben ein anderes, Rathhausstrasse von 1648) Allendorf, Fritzlar (Hochzeitshaus) Marburg (Markt und Wettergassenecke, Steinweg No. 408, an der Hofstatt No. 207, Markt No. 76), Lemgo (Breitestrasse von 1598), Salzuffeln, Herford (Haus am Markt von 1587, gegenüber der Radegundiskirche von 1638), Bielefeld (Gehrenberg No. 127 Ecke der Niedern- und Obern Gasse), Osnabrück (Krahnstrasse No. 7 von 1586, Dielingerstrasse No. 43), Göttingen (Kaufhaus von 1545, Junkerhaus, Wunderstrasse No. 51).

In Wernigerode und Meiningen sind viele der alten Häuser durch Brände in neuerer Zeit vernichtet.

Die zweite Periode bekundet sich zunächst durch Abnahme der Geschossvorkragungen, welche in der ersten Hälfte des 16. Jahrhunderts im Maximum noch etwa 50 cm und gegen Ende desselben 30—40 cm. beträgt. Das Subordinationssystem, womit ich das Betonen der Haupttheile bezeichnete, beginnt zu schwinden und einem Neutralisirungssystem Platz zu machen. Dasselbe zeigt sich im Innenbau darin, dass die mittelalterliche Balkendecke um diese Zeit durch die antike Felderdecke verdrängt wird. Die Schwelle erhält statt der Abfasung kräftige Wülste, welche mit gewundenen Bändern und Schnüren ausgefüllt werden. Andererseits wird an manchen Orten schon früh die Unterschneidung ganz aufgegeben, die Schwelle in antiker Weise als Gurt durchgeführt und mit einem ununterbrochenen Orament ausgefüllt. Das Knochenhaueramthaus in Hildesheim hat den schönsten Balken dieser Art („den schönsten geschnitzten Holzbalken Deutschlands"). Auf der Schwelle findet auch die Schrift Platz, welche den Erbauer, das Jahr der Erbauung und bisweilen in Versen einen bedeutsamen Spruch trägt; welcher durch moralischen, humoristischen, oft auch bitteren Inhalt seine Zeit so vortrefflich abspiegelt, dass die Sammlung solcher Sentenzen heutzutage zu einer Liebhaberei geworden ist[34]). Die Balkenköpfe werden im Allgemeinen einfacher. Wo noch wirkliche Köpfe vorkommen, sind sie nicht mehr naturalistisch, sondern ornamental gehalten. Die Kopfbänder unter ihnen ahmen bisweilen (fehlerhafter Weise) (Fig. 37) die über ihnen

Fig. 37.

befindlichen Balkenköpfe nach[35]), oder es wird auf antike Consolenprofile zurückgegriffen. Nicht nur korinthische Consolen, sondern auch dorische Triglyphen und jonische Volutenmotive (Fig. 38)

Fig. 38.

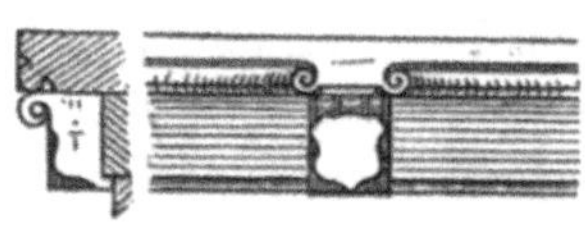

werden benutzt und in der ersten Zeit mit Geschick in die Holztechnik übersetzt[36]). Die Ausfüllung zwischen den Balken durch Füllbretter erhält sich in Braunschweig und Hildesheim länger, als in den andern Städten, wo statt derselben starke Füllbalken eingeschoben werden, welche, unterwärts ausgeschnitten, in ihrem Schnitzwerk die darüber befindlichen Schwellbalken nachahmen. Die Ornamentik dehnt sich immer mehr aus. Fussbänder und Pfosten

---

[34]) Für Freunde dieser nenne ich Mithof, Archiv für Niedersächs. Kunstgeschichte; Mittelalt. Baudenkm. Niedersachsens; Führer durch Hildesheim (dort bei Gerstenberg). Eine Sammlung der Haussprüche von Hameln ist nicht mehr im Buchhandel. Deutsche Inschriften an Haus u. Geräth, Berlin, Bessersche Buchhandlung, 3. Aufl. in Vorbereitung.

[35]) Liebold XI, 2, 12.

[36]) Bötticher, Holzarch. II, 3 u. 5; IV, 6.

unterhalb der Brüstungen werden mit in ihren Bereich gezogen. Namentlich tritt hierbei ein Rosettenmuster (Scheiben-, Muschel-, Fächer-, oder Stern-Ornament) häufig auf (besonders in Halberstadt, Hildesheim, Höxter). Es werden unterhalb der Brüstung sowohl der Pfosten als auch beide von ihm ausgehenden Fussbänder mit einem etwas überhöhten Halbkreis umzogen, welcher durch mehrere von einem kleineren concentrischen Kreisbogen auslaufenden Strahlen palmetten-

Fig. 39.

förmig getheilt wird. Ob diese an jener Stelle durchaus unorganische Verzierung der Steintechnik entlehnt ist, und welche Bedeutung dieselbe hat, vermag ich nicht zu bestimmen, vielleicht mag das Bild der Sonne oder der Gestirne ihr zu Grunde liegen, wenigstens sah ich gerade an älteren Häusern in dem kleinen Innenkreise deutlich einen Stern eingeschnitten.

Das herrlichste Beispiel der zweiten Periode, das Knochenhaueramthaus in Hildesheim von 1529 steht noch an ihrem Anfang. Ein wahres Muster der Holzschneidekunst, liegt es an einer Ecke des alten grossen Marktes[37]). Eine Wiederherstellung im Jahre 1853 ist dem Eifer und Kunstverständniss des Senators Römer zu verdanken (Fig. 39). Es erhebt sich in fünf Geschossen, und sein mächtiges Dach bietet noch Raum für mehrere Geschosse. Die Einfassung der breiten Hausthür zeigt schön geschnitzte Candelabersäulchen, Figuren und Laubgewinde. Die Schwellbalken sind nach dem Marktplatze zu mit allegorischen und phantastischen Figuren im Stil der Renaissance geziert, nach der Marktstrasse zu ist der berühmte in Holz geschnitzte mittelalterliche Eichenlaubfries. Die Menschen- und Thierköpfe auf den Balkenköpfen, die Figuren und Muster auf den sie tragenden Kopfbändern (unter welchen sich das in Hildesheim beliebte eingestemmte Dreieck befindet), die nach den alten Farbenspuren wiederhergestellten Brustbilder auf den Füllbrettern zeigen eine solche Fülle von Phantasie und Geschicklichkeit, dass der Beschauer immer wieder Ueberraschendes findet, und der Bau in seiner Gesammtheit ist so individuell und charaktervoll ausgedacht, dass er ein unvergessliches Bild einprägt.

Ein zweites vortreffliches Beispiel bietet die Justizkanzlei zu Stolberg, welche ebenfalls mittelalterliche und Renaissanceformen in glücklicher Mischung noch ohne Charakterlosigkeit aufweist[38]). Sie wurde laut Inschrift im Jahre 1535 am Tage Kiliani vollendet (Fig. 40). Das erste Geschoss trat nur in seinem mittleren Theil über dem Erdgeschoss vor. Das zweite Geschoss kragte wieder über, doch nur an den Seiten, so dass es im Mitteltheil mit dem Erdgeschoss in eine Flucht kam, das dritte Geschoss trat in der ganzen Länge vor. War hierdurch eine malerische Abwechselung bewirkt, so wurde dieselbe noch durch einen dem Mittelbau vorgesetzten Achteckerker gesteigert, welcher, das Haus um ein Stockwerk überragend, in einen schlanken Thurm endete. An allen Ausladungen wurden die Balken stark unterkehlt, die Kopfbänder reich in mittelalterlicher Weise profilirt. An sämmtlichen Brüstungen ist das Stern-

---

[37]) Reiseskizzen der Berliner Bauakademiker von 1869.

[38]) Puttrich II, II.

ornament angebracht, welches jedoch durch seine regelmässige Wiederholung die Einheit des Ganzen verhältnissmässig wenig stört.

Fig. 40.

Der Kampf der mittelalterlichen Kunstanschauung mit der Renaissance ist in dem Knochenhaueramthaus, wie in der Justizkanzlei mehr angedeutet, als zum Ausbruch gekommen. Einzelne mittelalterliche Verzierungen, wie der erwähnte Laubstab, erhielten sich während der Renaissance. Man sieht noch lange neben den Fenstern und Thüren mittelalterliche Ranken-Kreuzungen, sowie über denselben (Fig. 41) den sogenannten Vorhangbogen[39]). Ja auch romanische Motive werden noch in dieser Zeit wiederholt, das gewundene Tau, welches wir an Schwellen und Füllbalken sahen. In charakteristischer Weise dient diese Verzierung als Einfassung einer Rundbogenthür an dem Amtshaus zu Stadthagen (Fig. 42), einem einfachen Fachwerkhaus (1553) von hübschen Verhältnissen, dessen sämmtliches Schnitzwerk geradezu musterhaft ausgeführt ist. An der Eingangsthür geht ein dreifaches gewundenes Tau rings um die Be-

[39]) Liebold IV, 1.

kleidung, welches im Scheitel und an den Seiten in der Mitte durch je drei dicke Ringe läuft, während das mittelste Tau abwärts laufend unten durch eine Schlinge jedesmal zum äusseren und aufwärts laufenden wird.

Fig. 41.

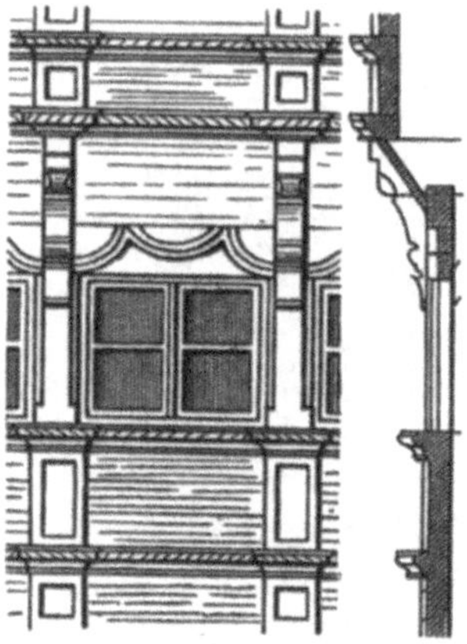

Fig. 42.

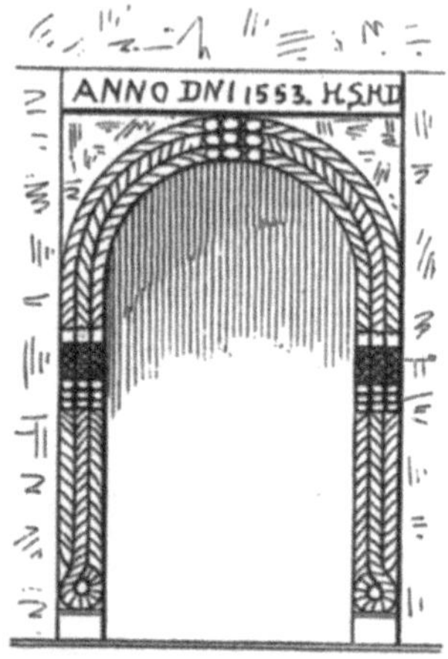

Was uns noch das Knochenhaueramthaus in Hildesheim lehrt, ist das beginnende Vorwiegen des malerischen Princips. Das Ornament dehnt sich im Lauf dieser Zeit immer weiter aus und löst sich immer mehr von dem structiven Kern los. Die Schrägstreben werden zu blossen Decorations-Motiven und hören schliesslich ganz auf. Unter die Brüstungen werden Schalbretter vorgenagelt oder ganze Relieftafeln eingefügt. Schön geschnitzte Füllungen dieser Art bietet das zu wenig geschätzte Hameln (z. B. Stilisirte Greifen, Löwen und vegetabilische Muster in dem Hause in der Baustrasse 7 von 1600). Das Holzwerk des Hauses in Hameln wirkt dadurch angenehm, dass der schöne braune Holzton sich erhalten hat, während in Hildesheim manches Wiederhergestellte durch einen missfarbigen Oelanstrich entstellt ist. Diese altersgraue Färbung lässt in dem Benteschen Haus am Pferdemarkt die beiden unteren Geschosse aus Stein mit den drei darüber befindlichen aus Holz ganz harmonisch zusammenstimmen[40]). Eine Füllung, eine Nymphe zwischen Blumen und Ranken darstellend, von wahrhaft italienischer Anmuth,

[40]) Aehnl. der sogen. Zwicken in Halberstadt.

sah ich an einem Hause in Goslar (Fig. 43) (Bäringerstrasse 1, leider übel angestrichen).

Fig. 43.

Aber die Renaissanceformen wurden selten richtig von den alten Handwerksmeistern verstanden und schlecht mit der Construction in Einklang gebracht. Die Verachtung der Technik rächte sich. Die Folge war, dass die nach malerischer Wirkung suchenden Zimmermeister andre Materialien, Stein und Metall in Holz nachahmten. So lange sie noch die Pfosten wie Candelaber oder wie Säulen mit jonischen Capitälen schnitzten und sie verkröpften, mochte es noch gehen, denn hieraus hätten sie vielleicht die der Holztechnik angemessenen Formen finden können, wie es den Italienern und später den Schweizern gelang. Auch die Arkadenreihen in den Brüstungen würden sich, wie wir an den altnordischen Bauten sahen, vertheidigen lassen. Allein es war ein Verhängniss, dass Deutschland diese Ausbildung nicht erreichte.

Ein glänzendes Beispiel solcher Versuche bietet (Fig. 44) der jetzt drei Häuser bildende sogenannte Schuhhof in Halberstadt aus dem Jahre 1579[41]) (am Breitenweg). Die vorkragenden Schwellen, Kopfbänder und Wandfelder sind noch in alten Motiven, doch die Pfosten als Pilaster mit Füllungen ausgebildet geschnitzt, und die Verkröpfungen und Blendarkaden zeigen die missverstandenen classischen Formen, welche sich mit glatten Wandflächen nicht vereinigen wollen. (Aehnliche Häuser in Goslar z. B. Bäckerstrasse No. 3 [256] von 1592.) Was der Holzarchitektur am meisten schadete, war die Verschalung. Mit ihrer Hülfe wurde das ganze System des Stein-

[41]) Lübke, Deutsche Ren. Fig. 237. Eine ähnliche Fassade Fig. 53.

baus nachgeahmt. Die Fassade wurde vollständig mit Holz verkleidet, die Schwellbalken wurden als Architrave und die Brüstungen als Friese gebildet, welche durch Vertikaltheilungen gegliedert waren, über welchen dann flachgeschnitzte eingeblendete Säulen, Pilaster und Hermen emporstiegen. An allen Flächen finden sich zum Theil ziemlich rohe figürliche Reliefs allegorischen, mythologischen oder geschichtlichen Inhalts (in Hildesheim immer wiederkehrend die Spes, Fides und Caritas). Die Gliederungen werden mit Eierstäben,

Fig. 44.

Fig. 45.

Perlstäben, Zahnschnitten und Consolen an passenden und unpassenden Stellen versehen, so dass selbst die „classische Anmuth mancher Häuser nicht den Mangel eines constructiven Grundprincips der Ornamentik“ [42]) übersehen lässt. Nur die Balkenköpfe und Kopfbänder sind noch stilgemäss ausgebildet. Wo etwa noch die Gruppirung des Hauses in vortretende und zurücktretende Theile, und die charakteristischen Dacherker beibehalten sind, wird noch manches geschmackvolle und bestechliche Aeussere hergestellt, wie in Hildes-

---

[42]) Lübke, Deutsche Renaissance S. 889.

heim am Rolandshospital (1611)[43]) und an dem Wedekindschen Haus von 1598 am Markt. Hier macht sich die Decoration noch nicht so breit, der Fensterreichthum, welcher zwischen den Pfosten gar keine Wandfelder frei lässt (Fig. 45), zwingt zu energischen Theilungen und der zurückgezogene Mittelbau mit dem mächtigen Giebel zwischen den beiden kleineren aber vorspringenden Giebeln an der Seite giebt ein malerisches Bild. Aber wo in Holz Spundquadern (Haus in Bevern[44]) von 1612) oder Diamantquadern (Wilkes Haus in Höxter von 1642[45])) nachgeahmt werden, wo schliesslich die Decoration das Ganze so überspinnt, dass ein Haus, wie ein Schmuckkasten aussieht, wie das berühmte Salzhaus in Frankfurt am Main[46]), da kann der Beschauer sich wohl an der Meisterschaft des Reliefs und der plastischen Wirkung der Darstellungen erfreuen, aber er muss mit Bedauern anerkennen, dass das architektonische Gefühl, das Urtheil über die Unterscheidung des Wichtigen und des Beiwerks verloren gegangen war. Der neue künstlerische Aufschwung, der dafür hätte eingetauscht werden mögen, kam nicht. Man hat mit Unrecht den dreissigjährigen Krieg als Ursache der Verwilderung und Barbarei in Deutschland genannt. Die wahren Ursachen liegen schon in den Verhältnissen, welche die zweite Hälfte des 16. Jahrhunderts betrafen. Es ist seit dem 12. Jahrhundert, wie in der Religion, so auf allen geistigen Gebieten in Deutschland ein langsamer stiller und dabei stetiger Fortschritt festzustellen. Er war in der Blüthe der Reformation zum bewussten Ausdruck gekommen. Falsch wäre es, von einem plötzlichen Aufschwung nach langer Dunkelheit zu reden. Diese herrliche Blüthe deutscher Cultur entwickelte sich nicht zur erhofften Frucht. Nicht erst im dreissigjährigen Krieg trat die Verkümmerung ein, sondern schon mehr als 50 Jahre vor seinem Ausbruch, in derselben Zeit, da das Tridentiner Concil 18 Jahre lang vergeblich tagte, um die ersehnte Versöhnung der Religionsparteien zu bewirken. Der dreissigjährige Krieg war nicht die Ursache, er war die traurige Folge dieser Rückbewegung. Wenn wir im Verlauf unserer Schilderungen öfter gesehen haben, dass die Privatarchitektur deutlicher, als die monumentale das Wesen ihrer Zeit durchschauen lässt, so gilt dies in vollem Maasse von den deutschen Fachwerkhäusern. Wir erkennen es als nicht zufällig,

[43]) Mithof, K. u. Alterth. in Hannover Bd. III, Taf. XI.

[44]) Liebold IV, 5.

[45]) Liebold IV, 2.

[46]) Lübke, Deutsche Renaiss. Fig. 109.

dass die Verschlechterung des Holzbaus bei aller äusserlich reichen Entfaltung sich schon in der zweiten Hälfte des sechszehnten Jahrhunderts zeigt. Wenn der Beschauer durch manches Prächtige und Elegante in ihrer Erscheinung bestochen wird, so liegt dies daran, dass er sie mit den noch späteren immer schlechteren Holzbauten, vielleicht mit den heutigen vergleicht, nicht aber mit den älteren einfachen und oft verwahrlosten, aber weit gediegeneren und werthvolleren.

Es ist unnötbig, die allmälige weitere Ausartung der geschilderten Periode bis in neuere Zeiten zu verfolgen. Denn wenn auch noch im Stil der üppigen Renaissance und des nüchternen Barocco mehr oder minder reiche Häuser entstehen, von welchen einige es zu besonderer Beachtung gebracht haben, wie das Frankenfeldsche Haus in Wernigerode von 1674[47]), das sogenannte Brusttuch in Goslar und einige Häuser in Münden, Höxter und Cassel, so zeigt sich an ihnen nichts Neues. Nach und nach verdrängt sogar der wirkliche Steinbau den scheinbaren. Von unten herauf bemächtigt er sich der einzelnen Stockwerke.

Dritte Periode.

Gegen dieses Scheinwesen macht sich eine Richtung geltend, welche man direkt als romantische Reaction bezeichnen kann. Sie bezeichnet die dritte Periode, welche ungefähr vom Ende des 16ten bis in die des achtzehnten Jahrhunderts reicht. Sie lässt sich auch in Norddeutschland erkennen, vorzugsweise aber in Süd- und Westdeutschland. Die Vorkragung ist nur noch gering oder fällt ganz fort. Aber was charakteristisch für diese Periode ist, die sämmtlichen Bretterfüllungen verschwinden wieder, und wenn auch nicht gerade die Construction vorherrscht, so wird doch der oft recht gelungene Versuch gemacht, die Decoration nur durch einzelne Hölzer herzustellen, welche, wo nicht einen constructiven Zweck, so doch einen solchen Schein haben. Was zunächst die niedersächsischen Bauten betrifft, so verschwinden die Kopfbänder unter den Balkenköpfen, und die Balkenköpfe selbst zeigen geringe Verzierungen. Ebenso die Schwellen, welche, unterwärts abgefast oder mit Rundstab versehen, an der Vorderfläche nur mässig verziert sind. (Haus in Polle 1600.)[48]) Die Füllhölzer werden durch lothrechte, mit der

---

[47]) Puttrich II, II.
[48]) Liebold XIV, 3.

Wand bündige oder schwach geneigte abgerundete Bohlen ersetzt. Statt der Wandfüllungen neben und unter den Fenstern treten Streben auf, welche sich in mannigfaltigen Mustern kreuzen und zu einer Art Flechtwerk verschränken. Diese Muster erinnern zum Theil an die in Frankreich in der Mitte des 16. Jahrhunderts aufkommenden Ornamente, theils sind sie bescheidener und geschmackvoller. Beliebt ist namentlich ein Andreaskreuz, welches durch eine übereck gestellte Raute mit geraden oder eingebogenen Seiten gekreuzt wird. Hübsche Häuser dieser Art finden sich in Halberstadt (eines von 1669)[49]), Wernigerode (Steineckersches Haus)[50]), Quedlinburg, Münden, Goslar[51]). (Viele sind in neuerer Zeit nicht mehr erkennbar, da man die nur wenig hinter das Holzwerk zurücktretenden Wandflächen in neuerer Zeit oft sorgfältig überputzt und das Ganze dick mit Oelfarbe bestrichen hat.)

Bötticher[52]) zeigt an einem hübschen Haus in Thüringen, wie diese Diagonalkreuzungen in Verbindung mit dem Stern- (Muschel-) Ornament auftreten. Bis zu welchem Grade von Vollendung die hier beschrittene Bahn führen konnte, zeigen die Bauten Süddeutschlands. Mit Geschick und feinem Verständniss hat Lübke in seiner deutschen Renaissance einige Beispiele ausgesucht, wie überhaupt in Bezug auf die Holzarchitektur gerade dieser Theil der vorzüglichste ist, so dass ich nichts besseres als ihn hier anzuführen wüsste. „Die Elemente der Fachwerkconstruction werden oft in einer geradezu naiven Weise zur Geltung gebracht, wie an dem Hause zu Eppingen[53]) bei Heilbronn vom Jahre 1582, welches nur an den Eckconsolen und dem mittleren Hauptständer Formen der Renaissance aufweist, in dem untergeordneten Riegelwerk aber durch einfaches Ausschneiden nach Art des gothischen Stils eine decorative Wirkung hervorbringt. Bei diesen Bauten pflegt das Erdgeschoss aus Quadern aufgeführt zu sein, und es bedarf dann, um den vorkragenden Oberbau zu stützen, kräftiger Steinconsolen, welche oft zu reicher Ausbildung Anlass geben. Ein charakteristisches Beispiel einfach gediegenen und doch zierlichen Fachwerkbaus gewährt ein Haus in Schwäbisch Hall vom Jahre 1609[54]). Hier zeigt der vorgebaute Dachgiebel

---

[49]) Liebold IV, 3.
[50]) Puttrich II, 2.
[51]) Mithof, Arch. f. Nieders. Bd. III, Taf. XXXIII.
[52]) Holzarch. VI, 1.
[53]) Lübke, Deutsche Ren. Fig. 51.
[54]) Lübke, Fig. 82.

eine Vorrichtung zum Anbringen der Rolle für das Hinaufwinden von Vorräthen. Ein anderes Beispiel aus Grossheubach bei Miltenberg vom Jahre 1611 ist interessant durch den Erker, welcher auf einer kräftigen Steinconsole aus dem Quaderbau des Erdgeschosses hervorkragt[55]). Zierlich und reich, zeigt es bereits künstlerisch ausgebildete Eckpfosten und hübsche Muster in den Riegeln der Fensterbrüstungen.“

Wahre Perlen der Holzarchitektur sind schliesslich die rheinischen Bauten. An ihnen ist wirklich die Aufgabe gelöst, die Construction klar zum Ausdruck zu bringen, sie zugleich durch eine Fülle der reizvollsten Ornamente zu umhüllen, und diese Ornamentik ganz im Geiste der ihr zukommenden Technik auszubilden. Die Schwellen, welche kaum noch vorkragen, werden durch mehrfache glatte oder tauartig gewundene Linien verziert. Dagegen werden jetzt die Pfosten kräftig betont und namentlich die Eckpfosten als Candelaber und Säulen mit schöngeschwungener Silhouette gebildet, cannellirt, mit mathematischen Linien, Blättern und Rankenwerk, oben oft in reizende Köpfe auslaufend. (Vortreffliche Beispiele hat Boppard.)[56]) „Das Riegelwerk wird in mannigfachen Formen ausgebildet, indem man dasselbe in verschiedenen Biegungen schweift und ausschneidet. Diese dem Holzstil durchaus entsprechende Technik bringt dann häufig Combinationen hervor, welche an die Gothik erinnern“ (Lübke). Ja noch mehr, diese gewundenen und geschweiften Muster, welche an den Ufern des Rheins und der Mosel getroffen werden, erinnern so überraschend an die altnordischen Holzschnitzereien, dass hier auf eine Völkerverwandtschaft geschlossen werden könnte, hätten wir nicht bei allen Schifffahrt treibenden Völkern die Freude an solchen bald an Schiffsschnäbel, bald an Rudergaffeln erinnernden Schweifungen mit einer gewissen Uebereinstimmung getroffen.

Die Fenster sind ähnlich denen der Schweizerhäuser meistens von einem etwas vortretenden Rahmenwerk eingefasst, welches bisweilen auf hübschen Consolen stärker vorspringt (Fig. 46) (Häuser in Boppard[57]), am Fischmarkt in Strassburg)[58]). Ihre Pfosten werden, wie die Eckpfosten als Säulen behandelt, oder, wie auch die Rähme, nur abgefast und mit decorirten Rundstäben gegliedert, sowie durch

---

[55]) Lübke, Fig. 52.

[56]) Lübke, Fig. 255. Studienreise d. Berl. Bauakademie 1865.

[57]) Lübke, Fig. 256.

[58]) Dollinger, Reiseskizzen Heft VI, Blatt 6. Leipziger Illustrirte 1873, S. 309.

geschmackvolle Muster in verschlungenen Bändern, Schuppen oder Blätterwerk reich geschmückt[59]). Ein Gesims mit oder ohne Ver-

Fig. 46.

dachung bildet den oberen Abschluss des Fensters (Fig. 47). (So in Traben an der Mosel in dem Siebenerschen Haus von 1606.)[60]) Der malerische Reiz dieser Fassaden wird häufig durch weit vortretende Erker erhöht. Diese sind viereckig, an die Fläche des Hauses angefügt (wie in einem Hause in Oberlahnstein)[61]), oder nur zweiseitig

---

59) Studienreise d. Berl. Bauak. 1865. Kolscher

60) Lübke, D. R. Fig. 257. Das Trabener Rathhaus 1612 hat in der Deutschen Bauzeitung 1870 S. 273 durch Doell eine liebenswürdige Beschreibung gefunden. Leider ist Traben in neuester Zeit abgebrannt.

61) Lübke, Fig. 258.

übereck gestellt (Haus in Zabern von 1605)[62]), am gefälligsten achteckig an einer Ecke des Hauses, wie an dem berühmten Hause zu

Fig. 47.

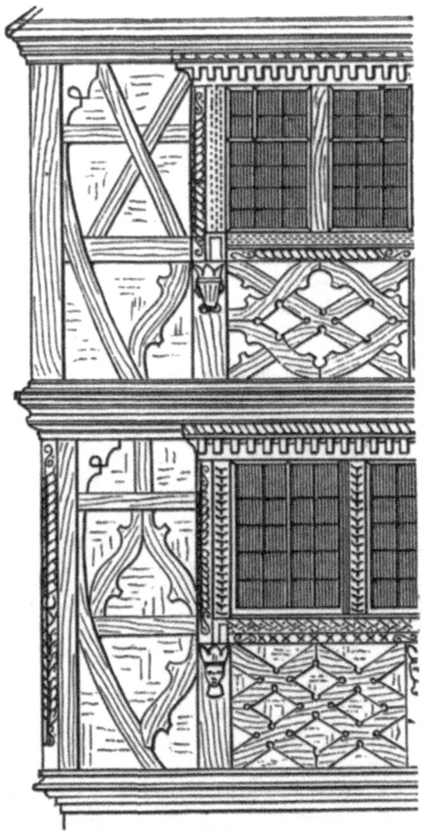

Bacharach (Fig. 48), wo der Erker in einen schlanken Thurm ausläuft, dessen Zeltdach mit den vielen einander kreuzenden Giebeldächern ein Bild von seltener Anmuth und Feinheit giebt[63]). Von der Wirkung einer ganzen, aus solchen Häusern bestehenden Strasse zu Rhense giebt Chapuy eine gute Anschauung[64]).

Reizende Häuser sind ausser den genannten in Frauenstein bei

62) Bilder aus Elsass-Lothringen.

63) Dollinger, Reisesk. Heft I, Bl. 4.

64) Chapuy, Moyen âge pitt. III, 171.

Wiesbaden, in Strassburg (eins am Schmiedegraben mit Erker und reichen Schnitzereien vom Ende des 16. Jahrh.), Oberehnheim bei Rosheim (alte Kornhalle von 1554), Weissenburg (1599), Bremmen und

Fig. 48.

Enkirch a. d. Mosel, Calw, Alken, Oberwesel (Gewandhaus), Helmstadt, Soest, Obernkirchen, Stuttgart (Marktpl. No. 5 von 1614), Dinkelsbühl[65]), Rothenburg a. T. (Haus am Galgenthor 1614) und weiter nach Franken hinein.

Davon, dass auch im hohen Norden Deutschlands diese Technik Ausübung fand, giebt in Danzig das Müllergewerkhaus Zeugniss[66]). Das die Fenster der einen Seite umgebende Rahmenwerk und die aussen angelehnte, bedeckte Treppe, welche zu einer ebenfalls bedeckten, auf langen Kopfbändern ruhenden Vorlaube führt, erinnert lebhaft an Schweizer Holzbauten.

[65]) Det. Lübke, Fig. 55.

[66]) Lübke, Fig. 200.

Nur aus einer flüchtigen Skizze bekannt ist das Schloss in Niederweigsdorf in der Oberlaulitz, welches drei Bauzeiten aufweist[67]).

Holzconstructionen an Steinhäusern.

Bei dem Holzbau lassen sich einige Zimmererarbeiten anschliessen, welche auch an steinernen Häusern vorkommen. Es sind dies vorzugsweise Gallerien an den Steinfassaden oder auf den Höfen, die Treppen mit ihren Unterstützungen und einzeln vorkommende Holzconsolen und Ständer. Nur die letzteren verdienen eine besondere Beachtung, denn die Brüstungsfüllungen an Gallerien und Treppen und die Consolen unterscheiden sich in nichts von den schon besprochenen Formen und theilen das Schicksal des gesammten Fachwerkbaus, mit dem ersten Eindringen der Renaissance Nachahmungen der Steinarchitektur oder des Möbels zu werden. Einen Beweis dafür geben die Beispiele in Lübkes deutscher Renaissance aus Görlitz, Breslau (Tannengasse No. 3, Groschengasse No. 39), Oels (Schloss), Würzburg (Wohlfahrtsgasse No. 205, Sarbacherhof in der Domschulgasse), Ulm (Schadisches Haus von 1599), Amberg (Bezirksgericht), Rothenburg a. T. (Geiselbrechts Haus von 1596), Nürnberg (Tuchers Haus Hirschelgasse No. 9 von 1533, Funks Haus Tuchergasse No. 21, Egidienplatz No. 13, Tetzelgasse). Gerade Nürnbergs so malerische Höfe und Vorbauten lassen vielfach den Beschauer im Zweifel, aus welchem Material das gothische Mauerwerk in einer Galleriebrüstung oder die antiken Gesimse darüber hergestellt sind. Auch in dieser Beziehung haben die rheinischen Zimmerer bei malerischer Wirkung verstanden den Charakter festzuhalten, wie in Frankfurt a. M. (Mainzerstrasse No. 15), in Mainz (Hof im König von England) und in Colmar in einem Eckhause in Frührenaissanceformen mit Erker von 1538, dessen Holzgallerie mit zierlichem Geländer versehen auf Consolen ruht und die das Dach stützenden Ständer trägt.

Besondere Beachtung verdienen die freistehenden Ständer (Träger), welche, ein vorzugsweise beliebter Gegenstand künstlerischer Ausschmückung, sowohl die vorgekragten Balken der Fachwerkhäuser trugen, als auch zum Tragen von Gallerien an Steinhäusern, Treppen, Kirchenemporen und Geräthen überall von der Kleinkunst bis zum Monumentalbau Verwendung fanden und seit den ältesten Zeiten

---

[67]) Dorst, Reiseskizzen No. 10.

nach demselben Gesetze geschnitzt wurden. Daher bieten Ständer aus verschiedenen Zeiten und Gegenden die interessantesten Vergleichungspunkte dar. Selbst bei Steinbauten wurde häufig schon im frühesten Mittelalter der Holzpfeiler angewendet, wie in dem Ziegel bau der im 5. Jahrhundert erbauten St. Andreaskirche zu Ravenna

Fig. 49.

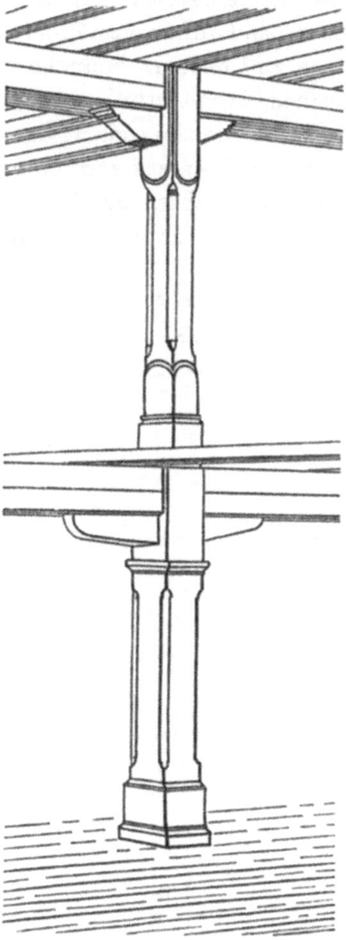

Nussbaumsäulen standen. Einer der ältesten noch erhaltenen Holzpfeiler befindet sich in der jetzt vernachlässigsten und gewöhnlich verschlossenen westlichen Vorhalle von St. Nicolaus zu Windisch-

Matrei in Tyrol[68]). Er ist roh geschnitzt, aber eigenthümlich und phantastisch der romanischen Zeit gemäss; der Schaft achteckig, Capitäl und Basis fast nur durch den Uebergang in's Viereck gebildet, unter der Basis ein sehr langer Sockel, tauartig gewundene lothrechte Linien laufen an den Flächen des Schaftes hinauf, während Basis und Capitäl durch ähnliche gewundene Schnüre, welche eher Bretzeln als Palmetten gleichen, verziert sind, der Sockel aber durch gekreuzte Stäbe, welche Halbkreise durchschneiden. Muster der Holzarchitektur dagegen sind die Holzständer, welche sich an dem 1388 erbauten Zollhause zu Constanz befinden[69]), und welche ich bei Gelegenheit der indischen Architectur angeführt habe[70]). Es sind zwei Ständer übereinander, welche das Erdgeschoss und erste Geschoss tragen. Auch hier sind Anlauf und Ablauf (Basis und Capitäl) in gleicher Weise durch den Uebergang des achteckigen Schaftes in das Viereck gebildet (Fig. 49.), aber die Verhältnisse, sowohl der

Fig. 50.

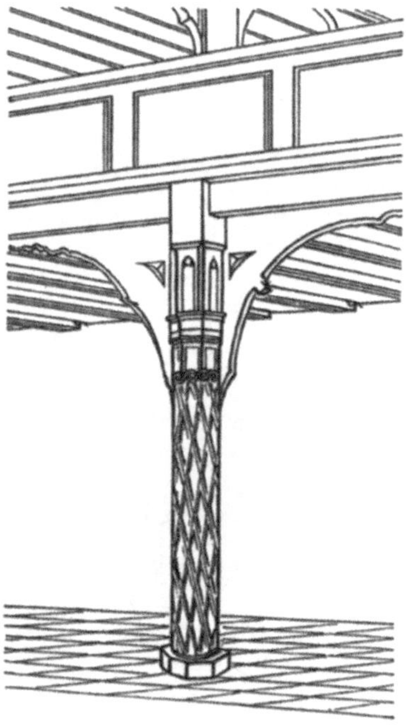

[68]) Mitth. d. k. k. Centralkom. II (1857) S. 179. (Tinkhauser, Baudenkm. d. Iselthals.)

[69]) Viollet le Duc, Dict. VII, S. 474, Artikel Poteaux. Ebendort nennt Viollet eine Reihe schöner Pfosten zu Rouen, Orléans, Sens, Beauvais, Reims, Chartres, Angers, Paris.

[70]) S. o. S. 14.

einzelnen Theile untereinander, als auch der unteren stärker beanspruchten Pfeiler gegen alle oberen minder belasteten richtig und ausdrucksvoll. Der Unterzug ist durch das Capitäl durchgesteckt, ebenso das darunter befindliche Sattelholz, welches recht hübsch consolenartig ausgeschnitten ist. Noch halb gothisch ist ein Pfeiler, welcher die Empore der im Jahre 1562 eingeweihten Gottesackerkirche vor Rothenburg a. T. trägt[71]), schrägaufsteigende sich kreuzende Linien umziehen netzförmig den Schaft der Säule (Fig. 50), über deren Capitäl noch unter dem Unterzug ein vermittelnder Aufsatz eingefügt ist, während mächtige bogenförmig ausgeschnittene Bohlen zu seinen Seiten die Knieverbindungen herstellen, die wir aus den alten nordischen Bauten kennen. Die Renaissance nahm die antike Stütze als Säule, Pilaster oder Candelaber gestaltet auf, wie sie sich an den Wandpfosten der rheinischen Bauten gezeigt hatte. Hübsch geschnitzte Kämpfer als Sattelhölzer zur Vermittelung zwischen stei-

Fig. 51.

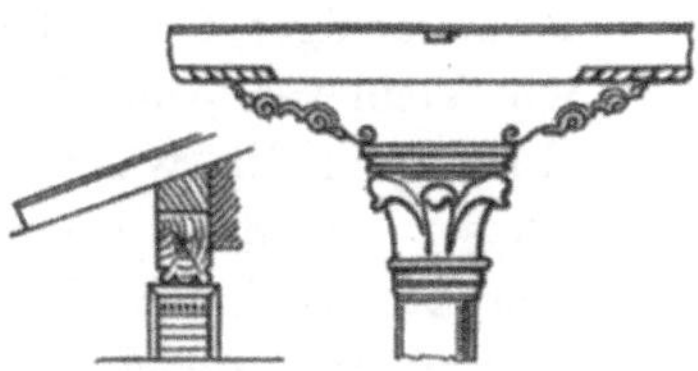

nernen Säulen und Holzbalkendecken kommen zum Theil in typischer Wiederkehr in Süddeutschland und Oberitalien vor (Fig. 51); z. B. einander sehr ähnliche in Trient[72]) und Venedig.

Fachwerkbauten in Belgien und Dänemark.

Belgien hält in seinen Fachwerkbauten die Mitte zwischen dem deutschen und nordfranzösischen Typus. Vereinzelt ist die Publikation eines Hauses zu Mecheln (Malines) aus dem 16. Jahrhundert mit stark vortretenden Kopfbändern, lothrechter Bretterverschalung und Kleeblattbogen im Dachgiebel[73]). Ihnen schliessen sich interessante Häuser zu Ypern an, welche Ewerbeck auf der Berliner Reiseskizzenausstellung 1879 ausgestellt, meines Wissens jedoch leider bisher nicht veröffentlicht hat.

---

[71]) Aufnahmen d. Stuttgart. Polytechn. in Rothenbg. Bl. 17.

[72]) Mitth. d. k. k. Centralkom. 1861, S. 64 (Essenwein).

[73]) Chapuy, Moyen âge pittoresque etc. II, 74. Kunsthistor. Bilderbogen Bl. 134.

Mehrere Dänische Fachwerkhäuser, welche sich eng an die deutsche Weise anschliessen, sind in neuster Zeit von Einheimischen herausgegeben[74]). Häuser und Details aus dem 16. und 17. Jahrhundert repräsentiren Nestved (1500 und 1600); Egetraees Vindueskarm (1600), Nykjöbing, Randers, Korsör, Kjöge, Aalborg und einige andere Städte.

Fachwerkbauten in England.

In England sind im Verhältniss zu der einstigen grossen Menge der Fachwerkbauten nur wenige erhalten. Feuersbrünste, aber auch beabsichtigte Zerstörung sind die Ursachen davon. Dies Wenige ist zerstreut in den Massen anderer Bauten und nur zum geringsten Theil der Aufnahme in die sonst so vortrefflichen und umfassenden Sammlungen gewürdigt worden. Und doch verdienen auch diese englischen Fachwerkbauten wohl der Erwähnung. Eines der ältesten erhaltenen Häuser ist wohl das Refectorium der Abtei zu Malvere von 1340[75]). Es ist ein einstöckiges Gebäude, welches einen Saal von 13,5 m Breite, einen kleineren von 6,25 m Breite und eine Durchfahrt von 3,05 m Breite enthält, während die Länge der drei Räume 9,3 m beträgt. Dieser einfachen Disposition entspricht der Aufbau. Auf einem kurzen Steinsockel und einer (bei der Durchfahrt fortgelassenen) Schwelle sind auf der langen Seite 6 Pfosten errichtet, deren Rähme unmittelbar die Dachbinder tragen. Nur ein Zwischenriegel ist durchgeführt, niedriger auf der Seite des kleinen Saals, der durch hoch angebrachte Fenster erleuchtet ist, höher auf der des grossen, wo ausser den oberen Fenstern eine zweite Reihe unter der Verriegelung angebracht ist. Von dem Riegel aus gehen kleinere Pfosten lothrecht in unregelmässigen Abständen nach unten und oben, während die Wandfelder noch durch grosse etwas gekrümmte Schrägstreben versteift sind. Die kurze fensterlose Giebelseite wird nur durch mehrere (9) lothrechte durchgehende Pfosten und eine dreifache Verriegelung eingetheilt, der Giebel selbst durch ein aufrechtstehendes Kreuz und zwei Schrägstreben. Dieser Schmucklosigkeit gegenüber sind die Fenster mit reichem, derbe, aber wir-

---

[74]) Tegninger of Aeldre Nordisk Architektur samlede og udgivene af V. Dahlerup, Hans J. Holm og H. Storck. I. Kopenhagen 1872 (Bl. 6, 10, 11); II. Kopenhagen 1877 (Bl. 8, 12, 13); III. Kopenhagen 1879 (Bl. 13).

[75]) Dollmann und Jobbins, Ancient domestic. Architecture in Great Brittain Bd. I. Die anschaulich gezeichneten Blätter sind nicht nummerirt.

kungsvoll geschnitztem, mittelalterlichem Maaswerk in lauter verschiedenen Mustern versehen. Was die englische Zimmermannskunst damals konnte, zeigte sie in dem trefflichen offenen Dachwerk, dessen bei Gelegenheit der normännischen Dachverbände Erwähnung geschah.

In späteren Zeiten bestand das Riegelwerk der Wände nur aus lothrechten und wagerechten sich kreuzenden Balken ohne Schrägverbindungen, sodass lauter rechteckige, seltener quadratische Felder entstanden. Da die Füllungen meist weissgetüncht sind, heben sie sich scharf von dem dunkelgebeiztem Holzverband ab. Die sparsame Ornamentik, welche sich auf die Schwellen, Fenstereinfassungen und einzelne Pfosten beschränkt, bewegt sich mehr in den der englischen Spätromantik eigenen schlanken, viele gleich starke Glieder zeigenden und zum Theil charakterlosen Formen, welche gleichermassen in Stein, Holz oder Metall hergestellt wurden. Shrewsbury ist reich an solchen Holzhäusern, deren eines am Butcher Row (Fleischerweg) vom Jahre 1490 stammt[76]). Die beiden oberen Geschosse sind um 30 — 40 cm vorgekragt, die in eins durchgehenden Schwellen ruhen auf Kopfbändern, welche in einem flachen Bogen auf den Capitälen der Hauptpfosten aufsetzen. Füllhölzer oder vortretende Balkenköpfe kommen nicht vor. Im sechszehnten Jahrhundert nimmt die Verzierung zu, indem den Pfosten strebepfeilerartige, fialenbekrönte Säulchen vorgesetzt werden (Fig. 52). (So das Gray Friars oder Fords Hospital in Coventry von 1529[77]). Besonders aber wirft sich die Decoration auf die Giebel sowohl der Dächer selbst, wie der vielfach heraustretenden Dacherker. An den äussersten Sparren werden Laufbretter angebracht und reich mit mittelalterlichen Ranken und Laubstabmustern geschnitzt; ebenso die zwischen denselben an der Fassade wagerecht lang laufenden Balken, deren oft mehrere übereinander, zum Theil wunderlich als gesprengte Balken angeordnet werden, und welche den Einfluss der Renaissance bekunden. Diese Giebelverzierungen blühten namentlich zur Zeit der Königin Elisabeth[78]), aber trotz alles Reichthums wohnt ihnen eine

---

[76]) Dollmann u. Jobb. Bd. II. Wie viel die moderne Wiederherstellung dazu gethan hat, vermag ich nach der Ansicht nicht zu entscheiden.

[77]) Dollmann u. Jobbins I.

[78]) Wilson, A series of ornament timber gables from existing examples in England and France of the 16 century, London 1831. Die engl. Häuser werden auch bisweilen in Zeitschriften veröffentlicht, so im Builder 1879 S. 98 eines im Clare Suffolk aus dem 15. Jahrhundert; im London news 1877, 1. Sept. the feathers Inn Ludlow.

Nüchternheit bei, welche den Vergleich mit den Fachwerkhäusern Deutschlands zu Gunsten der letzteren ausfallen lässt.

Fig. 52.

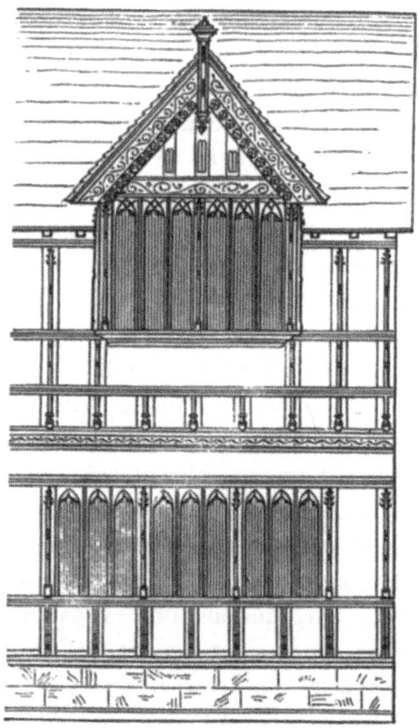

Die Bauweise, welche ich in Deutschland mit der der zweiten Periode bezeichnet habe, scheint in England gänzlich zu fehlen. Dagegen finden sich Häuser, welche sich dem Stil der dritten Periode nähern. Die Felder werden nämlich durch allerlei Querverbindungen gegliedert, welche jedoch weniger einen constructiven, als einen spielend decorativen Charakter haben. Häufig ist die auch in Deutschland vorkommende über Eck gesetzte Raute mit gekrümmten Seiten, dann Andreaskreuze, ebenfalls geschweift, und namentlich Kreise, welche aus einzeln geschnittenen und zusammengesetzten Bohlenstücken bestehen. Häuser dieser Art sind in Mayfield (Sussex)[79] und Prestbury[80] (Glocestershire) vom Ende des sechszehnten Jahrhunderts.

[79]) Dollmann u. Jobb. I.

[80]) Dollmann u. Jobb. II, Schlussblatt.

Die Fensterrahmen werden zum Theil erkerartig um einige Centimeter auf Consolen vorgekragt und mit einem Schutzdach, ähnlich, doch in einfacherer Weise, wie bei den Schweizer Häusern überdeckt, an den Traufseiten treten Giebel von verschiedenen Abmessungen heraus und die einzelnen Hölzer werden mit Sauberkeit und Genauigkeit geschnitten. Im Laufe des 17. Jahrhunderts, also verhältnissmässig spät gegen Frankreich und Deutschland entwickelte sich der Fachwerkstil zu seiner Blüthe. In dieser Periode ist sogar eine Zunahme der Vorkragungen und die Aufnahme von Schrägstreben zu bemerken. Hübsch in den Verhältnissen ist ein Doppelhaus zu Ludlow (Shropshire) von 1600[81]), welches mit zwei nebeneinanderstehenden Giebeln ganz symmetrisch aufgebaut ist, und dessen Verstrebungen, grösser und bedeutsamer als sonst üblich, gute Wirkung machen. Das erste Stockwerk ist über das ebenfalls verriegelte Erdgeschoss um 40 cm vorgesetzt, das zweite über das erste um 15 cm; hier treten sogar die Balkenköpfe des oberen Stockwerks, an deutsche Art erinnernd, nach aussen vor. Ebenso an einem Haus in Chiddingstone (Kent)[82]). Ein wechselvolles Bild bietet ein anderes Haus zu Chiddingstone von 1637[83]) in drei Theilen, deren jeder mit eigenem Giebeldach versehen ist; der mittelste springt in dem Erdgeschoss zurück, dagegen in den oberen Geschossen vor den andern vor und ruht auf zwei viereckigen, abgefasten Pfeilern. Das vor dem rechten Haus vortretende Fenster wird von verschiedenartig geschnittenen Consolen und Kopfbändern gestützt. Es ist zu bemerken, dass in dem Maasse, wie die Ausbildung des ganzen Hauses zunimmt, die Pfosten und Fenster einfach und unverziert gelassen werden. Die Fensterkreuze und Theilungen, welche unbeweglich sind, werden etwas zu stark und eckig genommen, dadurch bekommen die Fassaden etwas Steifes.

Reich entwickelt und künstlerisch durchgebildet wird der Fachwerkbau in Chester während des 17. Jahrhunderts[84]). In Chester sind die Laubengänge vor den Häusern, welche in Deutschland früher viel allgemeiner waren und es in der Schweiz und Oberitalien (dort freilich meist von Stein) noch sind, durch einen eigenthümlichen

---

81) Dollmann u. Jobb. II.

82) Dollmann u. Jobb. I.

83) Dollm. u. Jobb. I, Anfangsbl. und The Architecte Jahrgang 1879, 4. Oct.

84) Ueber diese durch ihren Käse wohl bekannte Stadt s. den guten Aufsatz von Tschudi, Ein Besuch in Chester mit Illustrationen in Lützow's Zeitschr. f. bildende Kunst 1877, S. 97 f.

Umstand noch erhalten. Die Strasse ist nämlich durch Ausgrabung tiefer gelegt worden (Höfe und Gärten liegen noch in der früheren Höhe und sind durch Treppen mit der Strasse verbunden) und die Lauben dadurch in das erste Stockwerk versetzt worden, wo sie nun für die Bewohner vor Regen und Sonne schützende Loggien bilden[85]). Der ein ganzes Geschoss einnehmende Unterbau ist massiv in Ziegel oder Bruchstein aufgeführt, darüber erhebt sich der Fachwerkbau (Fig. 53). Die Fenster und das Dach, welches gewöhnlich

Fig. 53.

ein einfaches oder dreifach getheiltes Giebeldach ist, treten mässig über die Wandfläche vor. Die sämmtlichen Vorkragungen ruhen auf hübsch geschnitzten Kopfbändern, in deren manchen sich mittelalterliche Ueberlieferungen mit barocken Schnörkeln vermischen. Gekrümmte Hölzer werden öfter angewandt, theils als Blendarkaden, im Sinne der Renaissance, theils ähnlich den gothischen Kleeblattbögen als Giebelbretter. Aber diese Bretter sind nicht recht

[85]) Solche mit Absicht in höheren Geschossen angelegte Lauben, welche ganz ähnlich erscheinen, kommen jedoch schon im Mittelalter vor und sind von dem Einfluss der Festungstechnik abzuleiten. S. Viollet, Dict. VI, Loge mit Abb. aus Vire und Laon.

im Geist der Holztechnik und daher nicht mit den alten, der normannischen Holzkunst eigenen gekrümmten Hölzern zu verwechseln. Die ganze Ornamentik des damaligen Steinbaus, besonders die Zahnschnitte werden, wie v. Tschudi[86]) sich treffend ausdrückt, mit mittelalterlichen und antiken Elementen principienlos verquickt. „Funktionen sind symbolisch angedeutet, die factisch gar nicht existiren, und die vorhandenen werden ignorirt. Etwas von dieser Verkehrtheit hat sich auch in Chester erhalten. Nirgends wirken die Bauten durch energische bedeutsame Gliederung. Ueberall erscheint der constructive Eindruck verhüllt und zurückgedrängt, um Platz zu schaffen für eine reiche, aber meist willkürliche Ornamentik. Das ist ein Zug, der sich durch die ganze englische Architektur verfolgen lässt. Von den ältesten Zeiten her waren die Engländer nicht productiv, am wenigsten glücklich in neuen architectonischen Gedanken, stets aber haben sie das Gebiet der Decoration phantasievoll und originell weiter ausgebildet, zu weit für den harmonischen Ausdruck ihrer Bauten.“ Nachdem Tschudi in kurzen Zügen den Gang, die Blüthe und den Verfall der ornamentalen Richtung in England der englischen Architectur verfolgt, schliesst er: „Nur am bürgerlichen Wohnhaus und etwa an dem abgelegenen Adelssitz hält sich im Holzstil die alte gute Zeit mit Zähigkeit. Langsam und stetig, wenn auch mit mancherlei Rückfällen, bildet er sich weiter. Chester ist freilich nur eine Station auf dieser langen Wanderung und Wandlung, zu der die Anfangs- und Mittelglieder in ganz England zerstreut sind, aber eine um so interessantere, als es der Zerfahrenheit und schulmässigen Unselbständigkeit der monumentalen Kunst gegenüber das stille und unbewusst consequente Walten des nationalen Geistes wiederspiegelt.“

Grundrissanlage der Fachwerkhäuser.

Wie ich vorher erwähnte, ist für die Entwicklung des Privathauses in der Renaissancezeit die Ausbildung des Innenraums und seine Einrichtung von Wichtigkeit. Es sei gestattet, diesen Gedanken in Bezug auf die Rolle, welche das Holz dabei spielt, etwas zu verfolgen.

Ein allgemeines Schema eines Grundrisses lässt sich bei der oft planlosen Anlage und allmäligen Erweiterung der alten Häuser nicht

---

[86]) a. a. O. S. 103.

wohl geben. Trotz mehrfacher Untersuchungen habe ich nicht einmal für die Stellung des Daches und für die Disposition der Fenster und Treppen bestimmte Normen feststellen können. Im Allgemeinen scheint in Deutschland bei einem rechteckigen Bauplatz der ganze zur Verfügung stehende Raum durch Scheidewände der Länge nach in drei, der Breite nach in zwei Theile getheilt worden zu sein. Die für altdeutsche Städte als charakteristisch genannte Giebelstellung nach der Strasse hin scheint erst die Folge des überschnellen Wachsens der Stadtbevölkerung gewesen zu sein, und in den älteren Zeiten war, wo es anging, das Haus mit der Langseite nach der Strasse zu gerichtet und hatte nur Fenster nach vorn und rückwärts, wo Hof und Garten, eventuell im Seitenflügel die einfach eingerichtete Brauerei lagen. Der mittelste der drei Vorderräume ist dann der grösste, zugleich Eingangsflur und Treppenhaus und geht durch die Hauptgeschosse durch. Er heisst noch im Niedersächsischen Deele, im Allemannischen Vorplatz. Er ist zu längerem Aufenthalt und nicht nur zur Passage bestimmt, unter Umständen stehen sogar Tisch und Bänke darin, denn bei der früheren Schankgerechtigkeit verkaufte dort der Hauseigenthümer eigenen Wein und Bier an Jedermann, eventuell zum sofortigen Genuss, sodass der Vorplatz eine Menge Fremder oder Gäste aufzunehmen eingerichtet sein musste. Die Treppe, auf schöngeschnitzten Pfosten aus starkem Eichenholz gezimmert, lief offen in das zweite Geschoss und statt des heutigen Corridors diente eine ringsumlaufende Gallerie zu ihrer Verbindung mit den einzelnen Zimmern. In den Zeiten des frühen Mittelalters haben wir uns diese Treppe freilich noch ziemlich kunstlos und steil zu denken. An die Diele schloss sich nach hinten zu die Küche an, welche eine unmittelbar auf den Hof führende Thür hatte. In den ältesten Zeiten waren Hausflur und Küche nicht durch eine Wand getrennt, und so kann man noch jetzt in kleineren Stadthäusern nicht nur der ärmeren Bevölkerung gleich beim Eintritt in das Haus die Hausfrau am Kochherde stehen sehen (wie ich in Häusern zu Stadthagen) (Fig. 54). Dies ist uralte deutsche Sitte, wie es bei den Griechen des heroischen Zeitalters und bei den Scandinaviern war, dass der Herd den Mittelpunkt des Hauses bildet. Erst im späteren Mittelalter wurde die Küche ein eigener Raum, der je später, um so ängstlicher den Blicken des Fremden entzogen wird. Neben dem Vorplatz sind zu beiden Seiten Zimmer, im ersten Geschoss wohl nach hinten durchgehend, der Saal unter dem Erdgeschoss; durch einige Stufen von dem Vorplatz aus leicht zugänglich befinden sich die geräumigen Kellereien, im Dache die ebenfalls umfangreichen Bodenräume in mehreren Geschossen übereinander. Ausser der Haupttreppe liegen nicht selten kleinere Nebentreppen und Verbindungsstufen in demselben Geschoss. Die Kammern sind an Raum ver-

Fig. 54.

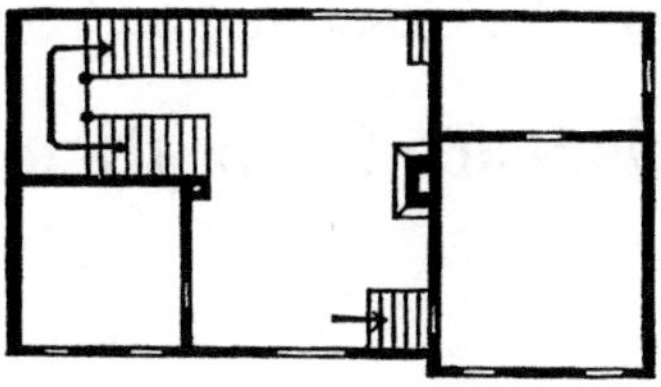

schieden, nicht nur durch Verschiebung der Innenwände, sondern auch dadurch, dass die Aussenmauer selbst bei nebeneinander liegenden Räumen mehr oder minder vorgekragt werden. Nur das Bedürfniss ist hier massgebend und die Fassade muss sich in den Grundriss schicken. So wird die Innentheilung aussen gezeigt und die glatte Bauflucht ohne Bedenken aufgegeben. Beispielsweise erhält eine an der Ecke des Hauses liegende Treppe, welche in den verschiedenen Geschossen gleichwerthig ist, eine Aussenmauer ohne Vorkragung, während danebenliegende Räume eine solche erhalten, oder die Vorkragung ist, wie bei der besprochenen Stolberger Justizcanzlei, im Erdgeschoss nur auf den Mitteltheil, im ersten Geschoss auf die Ecken beschränkt. In den einzelnen Zimmern gehen dagegen die Balken und Schwellen stets, wo irgend möglich glatt, um mit den sie kreuzenden Balken einen festen Verband zu bilden, und wo etwa ein Erker vorgebaut ist, lässt man nie die Schwellen um ihn herum laufen, sondern führt sie durch und die Schwellen des Erkers für sich auf die überstehenden Balkenenden, so dass im Innern der Erkerfussboden um ein oder zwei Stufen höher liegt, als der der Zimmer[87]). Auch an den Fenstern kommen solche Stufen vor, denn die Brüstungen sind sehr hoch und mit breiten Brettern zum Aufstellen von Blumentöpfen versehen.

[87]) Viollet, Dict. VII, Pan de bois Fig. 8.

V. Abschnitt.

Die Renaissance-Decoration in Holz.

Erstes Capitel.

Einfluss des Möbels auf die Baukunst.

Eigenthümlich der Renaissance ist, dass das Möbel, das Haus- und Küchengeräth mit zur ganzen Ausbildung des Innern gezogen wird; es ist sogar die Ausstattung des Innern, wie sie der neuen Kunstrichtung zum Theil die ersten Aufgaben stellte, von vorbildlichem Einfluss für die ganze Baukunst gewesen. In der hellenisch-classischen Zeit ist eine ausgesprochene Trennung zwischen der monumentalen Structur und dem Möbel zu erkennen. Deshalb durfte dort das Holzmobiliar nicht in den Bereich der Holzbaukunst gezogen werden. Eine Ausnahme macht die römische, unter alexandrinischem Einfluss stehende Zeit, von welcher lehrreiche Beispiele sich auf den Wandgemälden Pompejis darboten. Mit Recht kann dieser Zeit die Renaissance an die Seite gestellt werden. Hohe Ausbildung in der Kunst und technische Fertigkeit führen hier, wie dort von schweren, ernsten, zu schlanken, zierlichen Formen. An die Stelle der derbgeschmiedeten Eisen- oder Bronzeverzierung tritt die Goldschmiedekunst, die fest und gleichartig gefügte Arbeit des Zimmermanns weicht dem profilirten Rahmen- und Leistenwerk des Tischlers, kurz die Kleinkunst, das Kunstgewerbe beeinflussen die Architektur, wie sie vorher von derselben beeinflusst waren. Die Blüthe des Handwerks macht sich die Kunst zu Nutze, um mittelst derselben sich über das Structive zu erheben. Freilich wird in der Renaissance nicht, wie in der classischen Kunst des Alterthums, die Gleichgültigkeit gegen den Werkstoff zum Gesetz gemacht. Darin liegt ein unläugbarer Fortschritt, dass die Renaissance zugleich verstand, den stofflichen Körper mit der Form zu umkleiden, und doch das Körperliche, soweit es nöthig war, gleichsam durchscheinen liess. Nicht überall gelang es ihr vollkommen, wie in der Malerei, die Richtigkeit und die Schönheit miteinander in Einklang zu setzen. In der Architektur hat sie denselben Weg beschritten, aber hier hat sie das Ziel nicht so völlig erreicht. Der Geist der romantischen Kunst (Gothik) hatte nicht umsonst gewirkt, die Herrschaft der Constructionssymbolik war nicht zu vergessen. Wenn er auch in Italien, wo die Renaissance entstand, nicht so zur vollen Erscheinung gekommen ist, wie im Norden, so ist doch der Zauber der Romantik, welcher der Renaissance überall anhaftet, auf Rechnung der gothischritterlichen Zeit zu setzen. Der Schritt von der Gothik zur Renaissance ist überhaupt kein so plötzlicher und gewaltiger. Die Gothik hatte sich durchaus nicht so völlig von den Traditionen der Antike losgelöst, als man öfter annimmt. In vielen Beziehungen muss man sogar in Deutschland den bewussten oder beabsichtigten Zusammenhang des Mittelalters mit dem Alterthum anerkennen, umsomehr vor allem aber in Italien, wo sich bereits seit den Kreuzzügen ein fast wehmuthsvoller Zug nach den alten Dichtern und Helden ausgebildet hat. Hier brauchte die Renaissance nur anzuknüpfen. Wie in der Literatur, so zeigt sich im kleinen, aber um so überzeugender dieser Zusammenhang in der gewerblichen Kunst und zwar vorzugsweise in der Möbeltechnik. Der profane Hausrath des frühen Mittelalters, verhältnissmässig dürftig, von einfacher Form und durch Malerei mehr, als durch Schnitzwerk ausgezeichnet, ist uns nicht genügend erhalten. Reicher und künstlerischer waren die Holzmöbel in der Kirche, welche auch von ihr in den Formen abhängig waren, Bischofsstühle, Bet- und Beichtstühle, Kanzeln, Lesepulte, Sacramentshäuser, Schränke für Messgeräth, Waschgestelle in den Sacristeien und die Chorstühle[1]). Sie zeigen alle die in Holz übertragenen Formen der monumentalen Architektur, Säulen, Spitzbogen, Baldachine, Fialen und Maasswerke. Zur Zeit des Mittelalters wurde Italien in der Schnitzerei dieser Möbel von Deutschland übertroffen, in welchem, wie wir gesehen haben, die Holzarchitektur bis in späte Zeiten sogar Einfluss auf die monumentale Baukunst ausübte. Der Kirchenstuhl von Bö (Fig. 55), in dessen Seitenschnitzereien Semper die Nachahmung der norwegischen Gallerien

[1]) Schöne Chorstühle aus Ratzeburg, Cöln und Siena in Gailhabaud, Arch. du V.—XVI. siècle Bd. III.

findet[2]), ist nur ein Beweis des Zusammenhanges zwischen der ganzen mittelalterlichen Holztechnik. Denn diese derbgeschnitzten Rundbogenmotive passen vortrefflich als Verspannung zwischen den

Fig. 55.

Füssen, die Drachenköpfe auf den Lehnen drücken die freie Endigung aus, und die figürlichen und ornamentalen Schnitzereien sind zwar etwas kindlich, aber an ihren richtigen Stellen angebracht. Aehnliches ergeben die Chorstühle der Kirche in Ratzeburg (Fig. 56)

Fig. 56.

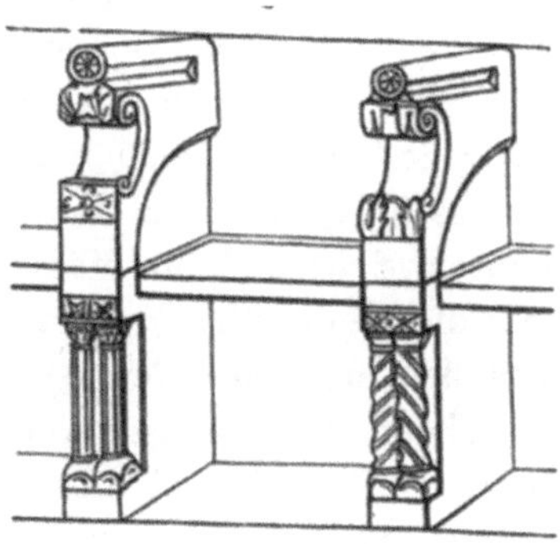

aus dem zwölften Jahrhundert[3]). Die Sitze ruhen auf Säulen, wie wir sie an den romanischen Kirchen gewohnt sind, aber gerade diese gewundenen und geriefelten Schafte zeigen so deutlich das Gedrech-

---

[2]) Semper, Stil II, 286.

[3]) Gailhabaud, Arch. S. V—XVI, s. III, 67, restaurirt durch Herrn Baurath Richard.

selte, dass wir eher umgekehrt von ihnen Schlüsse auf die monumentale Architektur machen können. Ihre geschweiften Seitenlehnen, die mit dem Stemmeisen eingeschnittenen Auskehlungen ihrer abgerundeten Oberkante sind von der Holztechnik erfunden und sehen, wenn in Stein gemeisselt, roccocomässig aus.

Die Vorbereitung zur Renaissance in sehr früher Zeit bezeichnen die schönen Chorstühle im Dom zu Orvieto vom Jahre 1331[4]). Gothische Kleeblattbögen und antik gebildetes Gesims auf Consolen sind von derselben Hand geschnitzt.

Italien.

Seit dem fünfzehnten Jahrhundert wurden in Italien schöngeschnitzte Holzmöbel in Kirchen und Klöstern ein Gegenstand besonderer Pflege. In Stühlen, Schränken, Pulten und kleineren Geräthen wurden hier wahre Muster an Geschmack und Feinheit geschaffen, welche bis heute mit Recht weit über die Grenzen der kirchlichen Zwecke hinaus nachgeahmt werden. Die Holzschnitzerei entfaltet sich in der Hand trefflicher Meister[5]) und an Stelle der Malerei [Giotto (1276—1337) hatte die Sacristei von S. Croce in Florenz mit seinen berühmten Täfelchen bemalt] tritt die eingelegte Arbeit, die Intarsia, in der gothischen Zeit noch in einfachen geometrischen Mustern (Marquetterie) in von Natur hellem oder dunklem Holz, bisweilen mit Zuhülfenahme von Elfenbein. Man stellt diese eingelegte Arbeit noch heute in der Art her, dass aus dem Fournirblatt des betreffenden Möbels nach aufgetragener oder aufgeleimter Zeichnung ein Stück herausgeschnitten und ein anderes gleichgeformtes eingelegt wurde. Häufig werden hierbei zwei Fournire aus verschiedenen Hölzern übereinander gelegt, und mit der Laubsäge aus beiden dasselbe Muster auf einmal herausgeschnitten, sodass das aus dem Fournir des einen herausfallende Stück in die Lücke des andern gefügt werden kann (Genre Louis XIII genannt), oder es wird aus Prismen von gleichem oder verschiedenem Querschnitt ein Block zusammengeleimt und von demselben die Fournire quer gegen die Länge der Stäbe herausgeschnitten (Tunbridge). In der Renaissancezeit nun ging man mit den Darstellungen im Holzmosaik in die Malerei über

---

[4]) Kugler, Gesch. d. Bauk. IV (Burkh.) Abth. I, S. 251.

[5]) Die folgenden Notizen zum grossen Theil aus Burkhardt, 2. Aufl., (Zahn), Cicerone S. 256 ff.

und bildete Landschaften, Figürliches, Architekturen oder Geräthschaften oft mit raffinirter Anwendung der Perspective.. Dabei lässt sich in der ganzen Disposition eine Zeitlang der interessante Conflict zwischen Renaissancegliederungen und mittelalterlichen Details verfolgen. So behält der Baldachin an den Chorstühlen den Spitzbogen oder die Fialen bei. Schöne Beispiele geben die Chorstühle in der Capelle des Pal. Riccardi in Florenz und der Kirche S. Miniato aus der ersten Hälfte des 15. Jahrhunderts, in der Capelle des Palazzo pubblico in Siena (1429), der Dome zu Modena (1465) und Parma (1473), beide von demselben Meister Lendenari. Prächtig sind die Intarsien der Chorstühle in S. Giovanni zu Parma, besonders die an den Rücklehnen mit Architecturbildern eingelegten, deren muschelförmig gebildete Baldachine und mit Drachen geschnitzte Seitenlehnen Muster von Holzschnitzerei sind. Aehnliche Muschelbaldachine hat das vortreffliche Chorgestühl der Frarikirche in Venedig von Marco da Vicenza (1468), noch voller anmuthig gothischer Anklänge in der Bekrönung mit geschwungenen Giebeln und der über das Ganze sich hinziehenden Balustrade. Gegen das Ende des 15. Jahrhunderts erreicht diese Kunstgattung ihre Blüthe. Es entsteht das Stuhlwerk im Dom zu Pisa mit reizenden Intarsien, Geräthe, Figuren und Architekturbilder darstellend, vielleicht von Giuliano da Majano. Dann das Getäfel in der Sacristei von S. Croce in Florenz (jetzt z. Th. in der Akademie). Hier sind die Pilaster und das Gesims mit Reliefs geschmückt, die Mittelfelder nahmen Bilder von Giotto ein. Aus derselben Zeit stammen die Rückseiten der Chorstühle in S. Maria Novella von Baccio d'Agnolo. Mit rührendem Fleiss widmete der Mönch Giovanni da Verona bis zum höchsten Alter sein Leben der Ausschmückung seiner Klosterkirche S. Maria in Organo. Er fertigt für sie einen Holzcandelaber von reichster Arbeit, ein Lesepult, dann das Stuhlwerk im Hochaltar (1499) mit den wechselvollsten Motiven und schliesslich das überreiche Wandgetäfel in der Sacristei[6]). Andere Arbeiten von seiner Hand, für die Kirche von Monte Oliveto bei Buon Convento (1503) gearbeitet, kamen zum Theil in den Dom von Siena[7]). In Siena selbst war die Künstlerfamilie der Barili ansässig, von welcher ein schöner Lettner in der dortigen Kirche della Scala (1511) und die trefflichen (jetzt in der Akademie befindlichen) acht Pilaster für den Palast del

---

[6]) Gailhabaud, Arch. du V.—XVI. siècle Bd. IV.

[7]) Gailhabaud a. a. O. Bd. III, 78.

Magnifico hergestellt wurden. Vereint arbeiteten sie mit Fra Giovanni in Rom nach Rafaelschen Zeichnungen. Ihnen reiht sich Fra Damiano an, welcher in seiner Vaterstadt Bergamo das hintere Stuhlwerk im Chor von S. Maria maggiore mit historischen Darstellungen schmückte und in Bologna innerhalb 23 Jahre (1528—51) im Chor von S. Domenico nach Burkhardts Urtheil „die schönsten figurirten Intarsien von ganz Italien“ fertigte, an den Stuhlrücken Scenen aus der Bibel, darüber um eine Inschrift tanzende und spielende Kinder. Ein anderer Künstler aus Bergamo vollendete 1535 das Stuhlwerk im Chor von S. Pietro in Perugia, ein dritter Bergamasker zu Anfang des 16. Jahrhunderts das im Dom zu Genua. Aus späterer Zeit sind in Venedig eine Reihe reicher und effectvoller Chorstühle, wie in S. Giorgio Maggiore von dem Niederländer Alb. di Brule, in S. Giovanni e Paolo, S. Maria della Salute, S. Maria del Carmine und dem oberen Saal der Scuola S. Rocco. Aus der Barockzeit stammt das in S. Giustina in Padua.

Die profane Holzarbeit stand in Wand- und Stuhldecorationen der kirchlichen nicht nach. Die maassvollen Schnitzereien in dem Amtsgebäude der Wechsler (dem Cambio) von Perugia um 1500, sowie der wohlerhaltene medizinische Hörsaal im Archiginnasio zu Bologna (1567), in welchem Wandvertäfelungen mit Porträtfiguren in den Nischen, das Katheder mit einem von Muskelmännern getragenen Schalldeckel und die Decke (alles ist von Cedernholz) sehr schön zusammenstimmen.

Eine andere Stelle für die Schnitzereien, wo Zimmermannskunst und Tischlerei unzertrennlich sind, bieten die Thüren und Decken. Gerade in ihnen lassen sich das Auftreten und die einzelnen Phasen der Renaissancekunst deutlicher verfolgen, als in vielen Werken des Steinbaus. In Thüren und Decken wird zu gleicher Zeit das Rahmenwerk und die antike Feldereintheilung beliebt. Bei den Holzthüren vielleicht nie ganz aufgegeben, lässt sie sich bis in das 13. Jahrhundert mit Sicherheit verfolgen. Eine am Dom von Spalato, gewiss gleichzeitig mit ihm 1214 von Guvinas entworfen[8]), ist 5,14 hoch, 3,18 breit, 0,07 stark, zweiflügelig. Jeder Flügel ist in 14 Felder getheilt, welche durch antike mit Linien- und Bandmustern ornamentirte Umrahmungen eingefasst sind. In der Mitte einer jeden Füllung liegen 3 cm tiefe Reliefs, welche eine Breite von 42 cm, eine Höhe von 31 cm haben. Diese Felder, je zwei neben-

[8]) Jahrb. d. k. k. Centralkom. III.

einander und sieben übereinander stellen Scenen aus der Passionsgeschichte dar. Auf den Rahmenstücken sind Bandornamente, in welchen Vögel mit Trauben spielen, Menschen, Schlangen und phantastische Thiere angebracht, bei welchen sich ein fremdartiger Zug nicht leugnen lässt. In den Kreuzungspunkten treten Nagelköpfe vor. Die Technik ist gut, die Befestigung nur mit Holznägeln hergestellt.

Betrachten wir dagegen die zwei Jahrhunderte später vollendete Thür an der St. Anastasiakirche in Verona (aus Cedernholz?), so sehen wir hier das Holz nur vom Zimmermann geschnitten, die Verzierung rein aus der Construction hergeleitet (Fig. 57). An ihr wird

Fig. 57.

durch ein Gerüst sich kreuzender Balken, Bohlen auf einer festen darunter befindlichen Lage von dichtnebeneinanderstehenden Bohlen eine Art weitmaschiges Gitter hergestellt, welches ganz dem Geiste der Gothik entspricht[9]). Die Bohlen sind in der Mitte zwischen je zwei Kreuzungspunkten halbkreisförmig ausgeschnitten, so dass eine Reihe von Quadraten mit in der Mitte ausgekehlten Seiten entsteht. Auf den Kreuzungspunkten sind kleine Rosetten eingestochen. Aehnliche eingestochene Ornamente von Blättern bilden einen Rahmen rings um die Flügel, der sich in der Mitte der Höhe wiederholt, wo das Gitterwerk durch einen breiten Stab unterbrochen wird. Die

---

[9]) Mitth. der k. k. Centralkom. V, S. 52 (Essenwein).

Nägel, mit denen die oberen Bretter an die untere Balkenlage befestigt sind, sind in regelmässiger Zeichnung eingeschlagen und vervollständigen das Muster. Die Thürbänder sind zwischen beiden Lagen eingelassen.

Dieselbe Vergatterung, nur mit schräg gestellten und sich diagonal kreuzenden Nussbaum-Bohlen zeigt noch die Thür der Sacristei von S. Maria di Biagio in Montepulciano, welche in der ersten Hälfte des 16. Jahrhunderts gebaut wurde[10]). Die Wirkung dieser Thüren ist im Verhältniss zu ihrer einfachen Herstellung eine günstige und macht den Eindruck des festen, dauerhaften gegenüber der in der Renaissance wieder aufkommenden Füllungsthür. Aehnliche Thüren sollen sich am Niederrhein, in Belgien und Nordfrankreich zum Theil aus weit älterer Zeit finden. Als deutliches Zeugniss treten sie uns entgegen, wie lange sich in Italien neben der herrschenden Renaissance das Verständniss für die gothischen Formen erhielt. — Bezeichnend für den Uebergang zur Renaissance erscheint eine Thür an der im 13. Jahrhundert erbauten Kirche S. Croce in Florenz, eine „Vorstufe zur cassettirten Füllungsthür"[11]). Sie besteht aus lothrechten Eichenholzbohlen, welche mit Querbändern zusammengefasst sind; die profilirten Gliederungen sind aufgenagelt. Auch die Umrahmung beider Füllungen bilden Leisten, welche an dem vorspringenden glatten Sockel aufhören. Zweiflüglig hat sie die beliebte Zahl von 4 Theilungen in der Breite, 7 in der Höhe. Die innere Umrahmung der so entstehenden Füllungen ist mit kleinen Zahnschnitten geschmückt. Alle Profilirungen sind wenig charakteristisch und von geringer Wirkung, die vielen Nagelköpfe rein decorativ. Die Füllungen der dem gewöhnlichen Verkehr dienenden Schlupfpforte sind ganz ohne Ornament gelassen, während die übrigen Felder mit einem übereck stehenden Quadrat, das von dem Vierpass durchschnitten wird, versehen sind. Brunelleschi, der Begründer der Renaissance (1377—1446), trat auch auf diesem Gebiete umbildend auf. Er entwarf zu der für die ganze Entwicklung der Renaissance so bedeutsamen Capelle Pazzi (im vorderen Klosterhof von S. Croce) eine Thür, welche wohl eines der anmuthigsten Schnitzwerke der

[10]) Redtenbacher, Samml. von Bautischlerarb. der Renaiss. in Ital. Bl. 29. Wie sich dies Motiv dorthin verirrt, ist mir räthselhaft, da der untere Theil der Thüre in schon barocken Formen geschnitzt ist. Dass aber die Kunst der dortigen Gegend dem Beschauer mehr Räthsel aufgiebt, bezeugt Burkhardt in seinem Cicerone, 2. Aufl. S. 132.

[11]) Redtenbacher a. a. O. I, 1.

ganzen Renaissancekunst ist[12]). Sie ist zweiflügelig, aber nur schmal, so dass sie zwei Felder in der Breite, 5 in der Höhe hat. Das zweite Feld von unten ist mit einem durchbrochenen Gitter ausgefüllt, die übrigen Felder mit grossen Rosetten. Auch die vier Ecken der Umrahmungen haben Knöpfe als Rosetten ausgebildet, die Rahmstücke dazwischen Flechtbänder und antikisirende Blätter, besonders Palmetten. Redtenbacher, welchem wir die Aufnahme derselben verdanken, hat noch eine ganze Reihe theils einfacherer, theils reicherer Thüren veröffentlicht, so aus Pistoja[13]) vom Dom, von einem Privathaus, aus Brescia von der 1509 erbauten Kirche S. Maria dell' Umiltà, aus Florenz[14]), von dem zweiten Kreuzgang der Kirche S. Croce, von der Capelle dei Depositi an der Kirche S. Lorenzo, von der Laurentianischen Bibliothek (eine einfache, aber stattliche und vorzüglich ausgeführte Arbeit nach einer Zeichnung von Michel Angelo aus dem Jahre 1524) vom Palast Pitti und mehrere von der Gallerie der Uffizien, aus Rom[15]) von den Stanzen des Vaticans, 1514 nach Raphaels Zeichnungen durch Antonio Barili aus Siena ausgeführt, aus Montepulciano[16]) von der M. di S. Biagio, aus Siena[17]) vom Palazzo magnifico, aus Genua[18]), Neapel[19]) (aus kleinen Holzstücken zusammengefügt) und Verona[20]) (nach alter Weise durch die Ueberdeckung der ausgeschnittenen Bohlen). Gewaltige Abmessungen zeigt die Thür des von Brunelleschi erbauten Pittipalastes, 3,60 m breit (nach der Detailzeichnung sogar 4 m) und bis zum Scheitel 7,60 m hoch. Thüren von schöner Arbeit befinden sich ausserdem in Parma (am Dom und Baptisterium), Florenz (am Palazzo vechio in der Sala de' Gigli aus dem Ende des 15. Jahrhunderts) und Bologna (am Palazzo del Governo aus dem Anfang des 16. Jahrhunderts).

Hand in Hand mit der immer freier werdenden Feldereintheilung der Thüren geht die Vertäfelung der Wände und Decken. Hier wurde zunächst durch die strenge Nachahmung der antiken Cassettendecken dem classischen Sinn Rechnung getragen. In Rom wurde die

[12]) Redtenbacher a. a. O. Taf. 2 u. 3.
[13]) R. a. a. O. Taf. 4, 5, 6, 7.
[14]) a. a. O. Taf. 9, 10, 11, 12, 12a, 32 Fig. 31, 34. 35.
[15]) a. a. O. Taf. 25, 28.
[16]) Taf. 29.
[17]) Taf. 30.
[18]) Taf. 32 Fig. 3.
[19]) Taf. 33 Fig. 1.
[20]) Taf. 33 Fig. 7.

alte, im 9. Jahrhundert erbaute Basilica S. Marco in der zweiten Hälfte des 15. Jahrhunderts von Giuliano da Majano mit einer flachen Cassettendecke versehen, gegen Ende desselben die Decke der im 5. Jahrhundert erbauten S. Maria Maggiore durch Giuliano da Sangallo[21]) ganz einfach in Quadrate getheilt, weiss und nur durch Vergoldung ausgezeichnet, so dass sie von Einigen für wirklich antik gehalten wurde. Ausserhalb Roms hielt man an dieser strengen Richtung noch lange fest. Gegen Ende des 16. Jahrhunderts versahen die Pisaner ihren Dom mit einer ebenfalls vergoldeten Felderdecke[22]). Für die Architekten Roms selbst erschien diese Anordnung, welche die Licht- und Schattenwirkung zu sehr neutralisirte, monoton. Anschaulich stellt Redtenbacher den Entwicklungsgang der Felderdecke vor Augen[23]). Vier Cassettenfelder wurden zu einem grossen Mittelfeld combinirt, wie in S. Maria in Domnica, indem der Länge nach statt drei nur zwei Balken gelegt, die Querbalken aber durch Wechsel mit einander verbunden wurden. Liess man die Wechselhölzer fort, so wurde das grössere Mittelquadrat durch kleinere Quadrate an den Ecken und dazwischen durch Rechtecke eingefasst (so eine Decke in Palazzo Massimi und in S. Martino ai Monti). Weiter theilte man die Fläche der Decke durch Fortlassen und Einfügen von Wechselbalken in grössere und kleinere Quadrate und rechteckige, wie kreuzförmige Figuren (Fig. 58). (Sta. Maria in Trastevere, Querschiff, Fig. 4; Sta. Francesca Romana, Fig. 1; S. Maria in Aracoeli 1575, Fig. 7). Immer willkürlicher und unabhängiger von der Dachbalkenlage darüber wurden die Theilungen. Mehreckige Figuren durchschneiden sich (S. Maria in Trastevere Langhaus, 1617 von Domenichino, Fig. 6). Gebogene Hölzer werden als volle, Halb- und Viertelskreise eingefügt (S. Cosma e Damiano, Fig. 5 und S. Crisogono, Fig. 8), sodass jedes beliebige Flächenmuster möglich wird. Die Nagelköpfe, welche zunächst zur Befestigung der Hölzer untereinander und mit den Dachbalken dienten, sinken zur Decoration herab und werden später ganz fortgelassen. Lebhafte Farben werden aufgemalt, Stuck (nicht in Form gegossen, wie heutzutage, sondern aus freier Hand modellirt) überzieht als Rankenwerk oder Figurenschmuck in Relief das Holzwerk, und Gemälde, beziehungsweise Gobelins werden von

---

[21]) Gutensohn u. Knapp, Die Basiliken Roms.

[22]) Burkh., Cicerone S. 260. Gally Knight, Italy L, XXXVII.

[23]) Redtenbacher, Taf. 31, 3.

den ersten Künstlern zur Füllung der Felder angefertigt. Reliefs, Gemälde und Teppiche zieren auch in immer ausgedehnterm Masse die Füllungen der Wandvertäfelungen, welche zum Theil die Aussen-

Fig. 58.

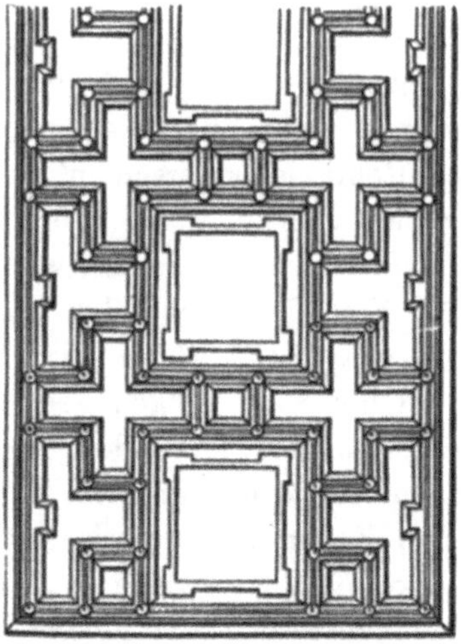

architektur nachahmen, also nicht immer auf der Höhe des constructiven Gefühls stehen. Quaderwerk, Verkröpfungen, Arkadenreihen, und manche andere nicht dem Wesen des Holzes entsprechende Bildungen treten auf, andererseits werden aus der kleineren Möbeltechnik leichte und spielende Formen entlehnt. Dagegen versöhnen ganz im Geist der Holzarchitektur gedachte Schnitzwerke den strengen Kritiker und über dem Ganzen ist ein solcher Zauber der Phantasie, der Anmuth und der Lebensfreudigkeit ausgegossen, überall spricht sich (namentlich in der ersten Zeit der Renaissance) ein solcher feiner Sinn in Gliederungen und Profilirungen aus, dass diese Vertäfelungen in glücklichster Weise, sei es Würde und Feierlichkeit in der Kirche oder behagliche Heiterkeit im Palaste gegenüber der Macht und monumentalen Grösse des Aeussern, betonen. Einfacher, weil unbemalt und auf die Wirkung der Holzfarbe berechnet, sind die Plafonds in S. Lorenzo und S. Agnese fuori le mura.

Neben Rom ist Florenz zu nennen. Noch aus dem 15. Jahrhundert ist die reiche Decke in der Sala de' Gigli im Palazzo vecchio mit sechseckigen Feldern und einem ringsumlaufenden Löwenfries; aus der ersten Hälfte des 16. Jahrhunderts (von Michelangelo?) die der Laurentianischen Bibliothek, von 1623 die der Badia, von Segaloni entworfen. Padua besitzt noch im Obergeschoss der Scuola del Santo eine schöne Decke mit gemalten Feldern. Die Ausbildung der Palastarchitectur hat ihre glänzendste Blüthe in Venedig, wo sich im Dogenpalast aus den Zeiten der Hochrenaissance bis zum Barockstil prächtige, reichvergoldete, zum Theil durch Malereien Paul Veroneses und anderer Meister geschmückte Decken finden. Die Decke des Festsaals im Palazzo Farnese zu Rom soll, wie es von so Vielem behauptet wird, nach einem Entwurf von Michelangelo hergestellt sein.

Ueberreste äusserer Holzconstructionen finden sich nur vereinzelt und dann auch nur als kühne Nachahmung des Steinbaus.

Die Renaissance in Deutschland.

Von Italien nahm die Renaissance ihren Siegeslauf nach allen Richtungen hin. Was Deutschland betrifft, so war, wie stets, die Steinarchitektur nachgiebiger gegen fremde Einflüsse, der Holzbau nationaler. Verschieden sind die politischen Verhältnisse Italiens und Deutschlands. Dort nach einer Jahrhunderte langen Zersplitterung und Barbarei ein plötzlicher Aufschwung, lange von wenigen erleuchteten Geistern vorbereitet, dann kraftvoll und ganz bewusst, zum Theil von der Theorie ausgehend, ins Werk gesetzt. Die Rückkehr der Päpste aus der Fremde, die Anstrengungen der Stadtstaaten, das Vortreten der einzelnen Persönlichkeiten, alles dies gehört zu dem Bilde der italienischen Renaissance. Ganz anders in Deutschland.

Die Reformationszeit bildet nicht den Anfang, sondern den Schluss einer langen Culturarbeit. Wir sind so glücklich von ihr in Freitags Bildern aus der deutschen Vergangenheit meisterhafte, ebenso poetische, wie lebenswahre Schilderungen zu besitzen. Wir sehen daraus, „dass die vierhundertjährige Periode von 1254 — 1648 ein einheitlicher geschlossener Zeitraum der deutschen Geschichte ist, welcher sich von der Vorzeit und Folge stark abhebt, in dem wir einen innerlich festzusammenhängenden, tragischen Verlauf des nationalen Schicksals erkennen. Die Deutschen erstarken in zahlreichen Schwurvereinen durch Handwerk und Handel, sie breiten ihre Herrschaft über weite Länder des Ostens, ihre Flotten beherrschen die Nordmeere. Es ist eine Zeit, in welcher das Leben des Einzelnen sich in der Genossenschaft birgt, welcher er angehört. Wie das gemeinsame Hausen der Mönche unter einem Dach deutscher Natur gemäss war, so erscheint jede Kraftentwickelung in Form eines Bündnisses. Am Schluss dieser Periode überwindet der fürstliche Staat alle Genossenschaften. Aber nicht in friedlichem Siege über die egoistischen Interessen der Ritterschaften, Städte, Häuser, Innungen, sondern nach einem grossen mörderischen Kriege, der in Deutschland fast alles selbstkräftige Leben zerbricht.“ Das Subordinationssystem, welches so deutlich in den mittelalterlichen Fachwerkhäusern hervortrat, war der richtige Ausdruck des damaligen Deutschlands.

Tritt so das Wollen des Einzelnen hinter der Genossenschaft zurück, so ist es uns erklärlich, dass die Einrichtung der Wohnung viel länger mässig und anspruchslos blieb, als im Süden. Als in Italien schon die aesthetische Rücksicht auf die Strassenanlage selbstverständlich war, als sich dort schon der Zug von der Stadt auf das Land geltend gemacht hatte, da drängte noch der Deutsche von der engen schwer zugänglichen Burg nach der Stadt, da lag der Gedanke noch fern, dass auf das Behagen des einzelnen Bürgers Rücksicht genommen werden sollte. Dürftig war den öffentlichen Gebäuden, besonders den Gotteshäusern gegenüber die Ausstattung des Hauses, nicht aus Mangel an Wohlstand, denn dieser war in stetem Wachsen begriffen, sondern einem der Grundzüge des damaligen deutschen Wesens entsprechend. Die Klagen des Erasmus von Rotterdam über das unmässige Heizen der grossen Oefen, oder die vielen unnützen Fenster im Norden gegenüber dem Süden mögen berechtigt gewesen sein. Am besten war wohl der Vorplatz, vielleicht durch Teppiche, aufgehängte Waffen und Hausgeräthe ausgestattet, wenn auch nicht annähernd so glanzvoll, wie die englischen Hallen, am dürftigsten war die Schlafkammer bestellt. Holzschnitt und Ablassbrief bilden den Zierrath, dazu wohl ein kleiner Spiegel. Fensterscheiben aus Glas waren im Mittelalter in Deutschland ziemlich unbekannt. Wenigstens konnte sich Ulrich von Lichtenstein 1225 in das Fenster seiner vornehmen Freundin ziehen lassen, nachdem nur der Vorhang aufgezogen war, während wir hören, dass in England Heinrich III. um 1251 im Fenster der Garderobe seiner Frau den Holzladen durch Glasfenster ersetzen lässt[24]). In Deutschland werden sie in den Städten seit dem 15. Jahrhundert allgemein, noch 1546 wird ihres Daseins in der Schlafkammer von Luthers gräflicher Wohnung zu Eisleben besonders Erwähnung gethan.

---

[24]) Mittheil. der k. k. Centralkom. 1863, S. 89 (Falke, Das engl. Haus im Mittelalter).

Unter solcher Bedingung drang die neue Richtung von Süden aus ein. Sie fand trefflich geschulte Handwerker und reiche Besitzer, aber sie konnte in Bezug auf die innere Ausstattung wenig an Vorhandenes anknüpfen. Von Oberitalien, besonders Venedig wurde der Luxus des Eichengetäfels nach Augsburg und Nürnberg getragen. Der deutsche kunstverständige Mann fühlte den eigenen Mangel gegenüber Italien und versuchte die Renaissance heimisch zu machen. Aber das Ergebniss glich mehr einer schlechten Uebersetzung, als einer Uebertragung, wie wir mit Bedauern eingestehen müssen. Eine kurze Zeit, etwa vom Anfang bis um die Mitte des 16. Jahrhunderts schien es, als ob die Nationalisirung des fremden Elementes glücklich von Statten ginge. Es war dies die Zeit, da Italien und Deutschland sich auch wirklich, wenn auch von anderer Vorgeschichte ausgehend, in ihren Bestrebungen und Anschauungen ähnlich waren, als Dürer und Burgkmair sich in Venedig glücklich fühlten, und die reichen Patrizier von Nürnberg, Ulm und Augsburg zu Hause die prachtvollen Paläste, welche sie in Italien gesehen hatten, nachzubilden versuchten.

Schaaren von Architekten werden von Italien nach Deutschland berufen und nun beginnt der interessante Kampf der Antike mit der Gothik. Oft auch werden beide naiv genug vereinigt. Heidnische Weltlust und christliche Symbolik sind friedlich nebeneinander gestellt in dem Grabdenkmal aus Eichenholz, das dem friesischen Häuptling Edo Winken 1561—64 von seiner Tochter Maria in der Kirche zu Jever in Oldenburg errichtet wurde, einem Denkmal, das erst von Lübke gewürdigt ward[25]). Ueber dem Marmorsarkophag erhebt sich ein achteckiger Kuppelbau in zwei Absätzen, den unteren umgeben 8 Tonnengewölbe aus Eichenholz, welche aussen auf kurzen Säulen, innen auf Pfeilern mit angelehnten Atlanten ruhen. Durchbrochene Balustraden schliessen den Raum ab, aussen mit zierlich gedrechselten Stäben, innen mit einer Reihe von Karyatiden. Das Ganze ist leicht construirt, weitgeöffnet und der Blick von allen Seiten frei auf das Grabmal. Ueber den inneren Pfeilern bilden acht weitere Stützen, durch Bögen verbunden und mit einer schöngeschnitzten Decke überdeckt ein zweites Geschoss. Wie die ganze pyramidale Zuspitzung nach oben an mittelalterliche Thurmbauten anklingt, so lehnen an den oberen Pfosten in gothischer Reminiscenz Eckfiguren, aber sie tragen die Namen Mercurius, Venus und anderer

[25]) Lübke, Deutsche Ren. S. 772.

heidnischer Gottheiten. Dazu auf den Bogenscheiteln barocke Giebelaufsätze mit den Bildern Christi, Gottvaters, der heil. Taube, Moses Petrus, Paulus. Zwischen den Bogenanfängen des unteren Geschosses stehen in noch gemischterer Gesellschaft die Rhetorica, David, Dialectica, Salomon, Musica, Jonas, Memoria und Saul nebeneinander.

Derselbe Versuch, die alte und die neue Zeitrichtung mit einander zu vereinigen, zeigt sich in dem Holzwerk der Decken und Wände. Die mittelalterliche Holzdecke in Deutschland war durchweg die Balkendecke. Sie erhielt sich noch lange neben sonstiger Renaissancebildung. Ein schönes Beispiel bietet die Decke im Vorplatz des Rathhauses zu Rothenburg a. T.[26]). Die Balken, an den Kanten und in der Mitte ausgekehlt, ruhen auf einem starken durchgehenden Unterzug, welcher an den Kanten und Seitenflächen ausgekehlt, an der Unterfläche nur rahmenartig profilirt ist. Die Binderbalken sind jedesmal an den Enden mit einer stilisirten Lilie verziert, der Unterzugsbalken mit einer hübsch geschwungenen Console. An seinem oberen Ende hat er eine Reihe Zahnschnitte. In derselben Stadt hat der reich vertäfelte Saal des Haffnerschen Hauses aus dem Ende des 16. Jahrhunderts[27]) schon eine durch Leistenwerk gegliederte Felderdecke, aber der Unterzug, der auch diese Decke stützend durch das Zimmer geht, ist einfach an den Ecken und unterwärts ausgekehlt — der letzte Rest der mittelalterlichen Richtung, das Ornament aus der Construction zu gewinnen. Die Unterzüge wurden bei Anlage eines Hängewerks durch die Hängesäulen umfasst, welche, im Innern des Raumes sichtbar, mit zur Decoration gezogen wurden, während das Hängewerk selbst durch die über den Bindern angenagelte Bretterlage dem Blicke entzogen wurde[28]). Wo ein solches Hängewerk nicht anzubringen war, also bei den Zwischendecken zwischen den Geschossen, musste man den Unterzug auf Ständer setzen. Mehrere bemerkenswerthe Holzbalkendecken und Ständer macht Lübke in seiner Geschichte der deutschen Renaissance namhaft. Trotz der Vortrefflichkeit dieses Werkes ist es dem Leser bisweilen schwer, bei seiner nur geographischen Einzelaufzählung daraus Schlüsse und Gesammtresultate zu gewinnen. Danach wurden besonders in den Rathhäusern des 16. Jahrhunderts die Vorsäle, welche oft bedeutende Abmessungen haben mussten und deren Raum doch von

[26]) Aufnahmen der Polytechniker in Stuttgart von Rothenburg a. T. Bl. 11; danach Lübke, Deutsche Ren. S. 208.

[27]) Polytechniker Bl. 24. Lübke, Fig. 58.

[28]) Polytechn. Bl. 7.

Stützenstellungen unterbrochen werden durfte, mit Holzbalkendecken auf Ständern versehen. In Heilbronn (1535) ist eine solche Decke auf mächtigen achteckigen Pfeilern. In Ulm (1539) ruhen auf acht reich geschnitzten gothisch-profilirten Säulen in zwei Reihen die starken Unterzugsbalken mit Renaissanceprofilen. Umgekehrt wird die gothisch ausgekehlte Decke des Kaufhauses von Freiberg in Sachsen (1545) von einer phantastisch geschnitzten Renaissancesäule mit mächtigen, in Rosetten auslaufenden Kopfbändern getragen. Eine reichgegliederte Decke auf canellirten jonischen Säulen hat das Rathhaus zu Altenburg in Sachsen (1564). Meisterwerke ersten Ranges sind nach Lübkes Urtheil die Stützen, welche in den Vorsälen des Schweinfurter Rathhauses (1570) die Balkendecke tragen, diejenigen im ersten Stock auf allen Seiten mit Schnitzerei bedeckt und mit Hermen geschmückt, die im zweiten Stock kurz und stämmig, mit reichem Ornament und schönen aus zusammenstossenden Voluten gebildeten Kopfbändern. Ungefähr aus derselben Zeit stammt die Decke des Strassburger Frauenhauses und des Braunschweiger Neustädtischen Rathhauses, von 1591 die der sogenannten Schmalzgrube in Gmünd, von 1594 die auf gothischen Säulen ruhende der gewaltigen Halle im Ulmer Kornhaus. Die letzten schönen mittelalterlich profilirten Balkendecken finden sich im Vorsaal des Rathhauses zu Marktbreit (1600) und im Flur des Ehinger Hofes in Ulm (1603).

So weicht nur allmälig die Balkendecke der getäfelten Felderdecke. Zugleich mit dieser kommt von Italien her die Wandvertäfelung. Durch angelehnte oder vortretende Pilaster und Säulen und Rahmenwerk dazwischen wird die Wand in einzelne zurücktretende Felder getheilt, welche durch Schnitzerei, Malerei, oft durch die aus Italien übertragene eingelegte Arbeit oder durch Anbringung von Geräthen ein wechselvolles Bild darbieten. Das Gebälk ist verkröpft, gerade abgeschlossen oder durch allerlei Giebel stärker von der Decke getrennt. In der ersten Zeit des neuen Stils sind die Gliederungen kräftig, ruhig und in vorwiegend geraden Linien, die Flächen von den umgebenden Profilen noch nicht überwuchert. Die Hauptlinien sind energisch durchgeführt ohne willkürliche Unterbrechungen und ohne Vordrängen des Untergeordneten, die Profile dem Material angepasst. Ein bisweilen unterschätzter Grund, weshalb die so ausgestatteten Zimmer jener Periode uns immer wieder entzücken, liegt in der vortrefflichen Arbeit, der genauen Fugung und der sicheren Führung des Hobels und Stemmeisens, deren Technik seitdem niemals wieder in dem Grade erreicht ist. Das

Möbel wird bei der Einrichtung des Zimmers mit berücksichtigt und im Charakter desselben componirt[29]), das Bett im Schlafzimmer wie der Essschrank im Wohnzimmer sind sogar fest und unverrückbar in die architectonische Ausbildung der Wand hineingezogen. Wohlgeformte, oft fernhergeholte Geräthe aus Metall und Thon, schöngemusterte Teppiche und Decken, selbst das an den Rändern buntgestickte Linnenzeug vollenden die behagliche Pracht in der Wohnung des wohlhabenden Bürgers oder der Burg des Fürsten. Besonders die reichen Kaufherren der süddeutschen Reichsstädte liessen es sich angelegen sein, das Kunstgewerbe zu pflegen. Als Prachtstück an Ausstattung wird das Fuggerhaus in Augsburg von Zeitgenossen beschrieben. Ein vertäfeltes Zimmer aus dem Fuggerschloss zu Donauwörth (1546) ist nebst mehreren Vertäfelungen aus andern Häusern in das Nationalmuseum zu München übergeführt worden.

Leider wurde die Nationalisirung der italienischen Kunst in Deutschland nicht zu Ende geführt, im Innenbau so wenig, als im Aussenbau, dessen plötzliche Verschlechterung schon erwähnt wurde. In Bezug auf die innere Einrichtung bin ich noch mehr zu der Ueberzeugung gelangt, dass die Formensprache der feinen italienischen Renaissance bei ihrer Aufnahme dem Deutschen nicht verständlich genug geworden, ihm nicht in Fleisch und Blut übergegangen ist. So lassen sich auch die wunderlichen Recepte erklären, welche deutsche Theoretiker nach den Werken und Aufzeichnungen italienischer Künstler geben. Waren es doch vielfach Italiener selbst, welche von deutschen Fürsten und Bischöfen berufen wurden, um deren Wohnhäuser ganz nach wälschem Muster einzurichten. Oft genug wurden die schönsten Einrichtungsgegenstände, seien es Zeugstoffe oder Gläser, seltene Gewächse oder Bilder ohne Verständniss des Käufers eingeführt. Wie weit der Steinbau, der ja von jeher fügsamer gegen fremde Einflüsse war, das fremde Element vertrug oder selbst zu verwerthen wusste, ist hier nicht zu untersuchen. Die Holzarchitektur, nationaler angelegt und gleichsam anfälliger gegen fremde Einwirkung, erlitt durch die missverstandene Renaissance unläugbaren Schaden. Es mag gewagt klingen, allein ich glaube, was uns an diesen Vertäfelungen der Anfangszeit anspricht, ist gerade etwas Fremdartiges, Undeutsches. Wir bekommen eine Ahnung von südlicher Heiterkeit und Lebenslust in diesen mit ausländischer Pracht ausstaffirten Zimmern, und fühlen uns dem nordischen Himmel

---

[29]) Schöne Beispiele in Ortweins deutscher Renaissance.

entrückt. Auch die Zeit tritt uns vor Augen, da der deutsche Besitzer die Befangenheit und Bescheidenheit früherer Jahrhunderte verwarf und, in allen Beziehungen seines Lebens die einst gezogenen Schranken überschreitend, die persönliche Freiheit und das sichere Auftreten des Italieners erstrebte. Dieser mit Willkür verbundenen Ausbreitung des Neuen folgte die plötzliche und heftige Gegenströmung.

Verfolgen wir diese Wahrnehmung auf dem Gebiet der Holzvertäfelung, so tritt im Lauf des 16. Jahrhunderts unruhiges Schwanken hervor und eine immer stärkere Lust nachzuahmen. Mit dieser Neigung halten Erfindungsgabe und Schaffenskraft nicht Schritt. Die Folge ist, dass auch die Steintechnik mit ihren Eigenthümlichkeiten zum Vorbild dient, dann wieder das biegsame und zu Ausblätterungen und Rankungen geeignete Metall, oder das zierliche Schnitzwerk von Bilderrahmen und Kästchen, ja selbst die Malerei mit allen Raffinements der Perspective. Besonders schädlich war das sogenannte Cartouschenwerk; wobei „aufgerollte, abgeschnittene, mit ihren Ecken scharf herausgebogene und frei vorspringende Bänder, die einer biegsamen Masse nachgebildet sind, sich mit einer Flächendecoration verbinden, die auf's Genauste, bis zu den facettirten Nagelköpfen den Stil von Metallbeschlägen nachahmt“ [30]).

Die Beispiele prachtvoller und üppiger Vertäfelungen an Wand und Decke sind so zahlreich, dass ein Anführen Einzelner nur willkürlich sein kann. Ich greife einige (wiederum nach Lübkes deutscher Renaissance) heraus, aber indem ich sie der Zeit nach anordne. Mehrere Zimmer in Kloster Bebenhausen in Schwaben (1550), der Rathhaussaal in Lüneburg (1566—1578), durch Albert von Soest reich bis zur Ueberladung geschnitzt, besonders an den vier Thüren des Saales, während die Wand und die cassettirte Decke mit vergoldeten Rosetten einfacher gehalten sind, dann mehrere Räume, besonders das Schlafzimmer und das Speisezimmer in der Burg Ambras (1567), ein Zimmer des Rathhauses zu Görlitz (1568) „von der schönsten Theilung und Gliederung, das Schnitzwerk von geringerem Werth, aber die eingelegten Ornamente köstlich“. Aus derselben Zeit die Burg Trausnitz oberhalb Landshut mit anmuthigen und feinen Vertäfelungen, aber überall italienischer Einfluss erkennbar. Der 1579 angebaute Theil des Rathhauses zu Marktbreit hat ein grosses Zimmer, in welchem die Vertäfelungen noch ihre alten

---

[30]) Lübke, Deutsche Ren. S. 176; vgl. Semper, Stil II, 337.

Farben Blau, Weiss, Gold und Schwarz haben und vortreffliche Wirkung machen. Ein Meisterwerk an Effect ist ein mächtiger Saal im Schlosse zu Heiligenberg in Baden[31]) (1584) 10,67 m breit, 33,90 m lang und nur 6,90 m hoch. Die Wände sind durch Pfeiler gegliedert, zwischen denen an den Langseiten Fensternischen und Bildnisse, an den Schmalseiten Kamine eingeordnet sind. Darüber zieht sich ein triglyphengetheilter Fries. Die Decke meisterhaft aus Lindenholz geschnitzt, besteht in der Haupttheilung aus vier Kreisen, welche von Rechtecken nach den Seiten zu und kreuzförmigen Figuren zwischen einander durchschnitten sind, so dass nur vier Kreisstücke übrig bleiben. Der Raum zwischen ihnen wird durch kleinere Figuren getheilt. Die Füllungen innerhalb der einzelnen mit Zahnschnitten und Perlschnüren profilirten Umrahmungen zeigen einen unerschöpflichen Reichthum an Figuren- und Pflanzenmustern, zum Theil auch die erwähnten Metallmuster, so dass die Decke in ihrer Art einzig in Deutschland ist und an die schönen italienischen Palastdecken erinnert. Allerdings trägt sie nur noch wenig dem Holzcharakter Rechnung und könnte ebenso gut von Gips gefertigt sein. Die schönen Farben und Vergoldungen sind neuerdings wiederhergestellt worden. Aus dem Jahre 1588 stammt die Vertäfelung eines Saales im sogenannten neuen Bau in Ulm (jetzt Cameralamt), welche an den Wänden durch dorische Pilaster, an den Thüren durch korinthische Säulen gegliedert wird. Die schöne rautenförmig eingetheilte Decke ruht in der Mitte auf einer Säule, die am Schaft reich mit Rankenwerk, am Sockel mit Waffen geschnitzt ist. Eine Decke des Haffnerschen Hauses in Rothenburg a. T. (1592) zeigt jonische Säulen und zum Theil directe Steinnachahmung. In Gmünd hat die sogenannte Uhrstube in dem an das Heiligegeistspital anstossende Gebäude schönes Täfelwerk und eine stattliche Thür von 1596. Aus derselben Zeit sind einige schöne Vertäfelungen an zwei Stellen Norddeutschlands bemerkenswerth, in Lübeck und der Veste Coburg. In jener Stadt die sogenannte Kriegsstube des Rathhauses mit gelungenem Schnitzwerk und eingelegter Arbeit, und der prachtvolle Saal im Hause der Kaufleute (Fredenhagensches Zimmer) „deren Getäfel in Eichen-, Linden-, Nussbaum- und Ulmenholz zu den edelsten der Zeiten gehört.“ Sie ist durch ein durchgehendes Gesims getheilt, unten stehen korinthische gepaarte Säulen mit reichge-

---

[31]) Stuttgarter Polytechn., Architecton. Reisestudien vom Bodensee und der Schweiz Bl. 1 u. 2.

schnitzten Schäften, welche sowie die Arkaden Steinarchitektur nachahmen, oben Atlanten und Karyatiden mit Alabasterreliefs dazwischen; über dem Hauptgesims, welches nicht minder reich decorirt ist, sind Oelgemälde in Goldrahmen. Die Decke ist ein geschmackvoll geschnitztes cassettirtes Balkenwerk. Hierin erkennt Lübke niederländische Arbeit.

Direct italienische Arbeit, an Palladio erinnernd (vielleicht nach Zeichnungen des Architecten Bonallino), verräth die Anordnung des sogenannten Hornzimmers, welches Johann Casimir auf der Veste Coburg herstellen liess[32]). An den Seiten des Haupteingangs stehen Wandpfeiler und davor korinthische, mit reichem Ornament bedeckte Säulen auf hohem Sockel. Das weitausladende von Halbkaryatiden getragene Hauptgesims ist schon ganz barock. Rechts und links von den erwähnten Säulen, durch schmale Zwischenpfeiler getrennt, stehen zwei andere, reichverzierte schmale Wandpfeiler, auf denen phantastische Karyatiden die Decke tragen. Dieser Seite entsprechend ist die Theilung der andern Seiten. In den durch verzierte kleinere Pfeiler abgetheilten Wandfeldern sind in drei Abtheilungen übereinander grössere und kleinere Mosaikbilder von eingelegtem verschiedenfarbigen Holz eingefügt. Sie stellen Landschaften und Jagdscenen dar und bilden den Hauptanziehungspunkt des Zimmers, denn sie sind nach Zeichnungen damaliger Meister köstlich ausgeführt voller Geist und Humor. Die Decke ist arabeskenartig gemustert.

Im 17. Jahrhundert sind es Bayern und die Schweiz, in welchen wir kunstvolle Holzvertäfelungen antreffen. Mehrere solcher Decken sind in dem Ehinger Hof (jetzt Schulhaus, s. o. S. 199) von 1603. Um diese Zeit tritt die Structur des Holzwerks ganz zurück gegen die Herrschaft der Malerei. Die geschweiften und verschnörkelten, von Blattwerk überwucherten Schnitzwerke dienen nur als Umrahmung der eingefügten Bilder, werden mit Stuck umkleidet und vergoldet und jede Durchführung längerer Linien vermieden. Noch verhältnissmässig zurückhaltender sind einige solcher Decken in der Residenz zu München aus den Jahren 1612 und 1617. Die höchste Steigerung in dieser Beziehung bezeichnet die Decke in dem 19 m breiten, 36 m langen und 17 m hohen goldenen Saal des Rathhauses zu Augsburg[33]). Elias Holl, welcher von 1615—1620 den Bau aus-

[32]) Puttrich, Abth. II, Bd. I.

[33]) Lübke, D. Ren. S. 420.

führte, hatte bei seinem Aufenthalt in Oberitalien besonders mit solchem Eifer die Gebäude zu Venedig und Vicenza studirt, dass er nur noch „nach wälscher Manier" baute. So ist denn auch der Prachtsaal ganz im Geiste der Venetianischen Paläste entworfen und durch Formen, wie durch lebhafte Farben und Vergoldung von höchster Wirkung, vor allen durch die Schönheit der Verhältnisse ausgezeichnet. Freilich von dem Charakter der Holzbaukunst findet sich keine Spur mehr[34]).

In der Schweiz haben die Urkantone, welche den Holzbau bis heute bewahrt haben, sich verhältnissmässig stilvoll erhalten. Ein schönes Beispiel giebt Lübke[35]) in einem Schlafzimmer zu Altorf. Jonische Pilaster tragen vermittelst eines Architravs eine zweite kleine jonische Pilasterstellung, auf denen das kräftige Gesims und die einfach in geraden Linien vertäfelte Decke ruht (Fig. 59). Ueber-

Fig. 59.

all ist die gerade Linie betont. Das Bett ist, wie gewöhnlich in der Schweiz, in die Decoration hineingezogen und der Betthimmel, welcher mit dem oberen Aufsatz correspondirt, sowie die bis zur Erde reichenden Stützwände des Bettes in praktischer Weise zur Anbringung von Schubladen benutzt worden. In diesem Raum sind die Regeln zwar nicht der Zimmerei, doch der Tischlerei verständig innegehalten worden. In der Nordschweiz sind die Vertäfelungen den süddeutschen ähnlicher. Basel besitzt deren in dem Spiesshof (1601), dem Bärenfelser Hof (1607) und dem Rathhaus (1616), Zürich früher in einem Zimmer im alten Seidenhof (1620), dessen Wände jetzt nach dem dortigen Gewerbemuseum übergeführt worden sind[36]).

---

[34]) Eine Nachblüthe der Renaissance findet sich in den wahrhaft künstlerischen Decken Schlüters im Berliner Schloss.

[35]) Lübke S. 93.

[36]) Lübke S. 241.

An ihm erkennt man deutlich allen Reiz, aber auch die Schwächen der damaligen Holzvertäfelung. Wohlthuend ist der milde dunkelbraune Glanz des Holzes, die saubere genaue Arbeit neben dem mächtigen hellfarbigen Kachelofen und die Verhältnisse im Ganzen. In heiterer Weise wird durch verschiedene Horizontaltheilungen und Zwischenweiten die ganze Wandfläche in Gruppen aufgelöst, welche wieder durch das durchgehende Hauptgesims zusammengehalten werden. Die Arkaden zwischen den korinthischen Pilastern ahmen die Steinarchitektur bis zur Quaderung und zum Schlussstein der Bögen nach, die verkröpften Gesimse sind hier und dort durch flatternde Bänder unterbrochen, neben den reizvollsten Mustern finden sich, z. B. über und unter den wagerechten Profilirungen manche geradezu chinesisch verschnörkelte Verzierungen. Aus solchen tüchtig ausgeführten Werken erkennen wir, was die deutsche Renaissance hätte leisten können und müssen, wenn sie nach dem mächtigen Aufschwung, den sie anfangs genommen hatte, durch das richtige Verstehenlernen und das wahre Verdeutschen der classischen Formensprache zur vollen Entfaltung gekommen wäre, und was sie noch erreichen kann. Nur mögen die Freunde und Pfleger derselben nicht an das Ende, sondern an den Anfang dieser Periode anknüpfen.

Zweites Capitel.

Holzgewölbe.

Ich schliesse an die Ausbildung des Inneren durch Holzconstructionen hier die Gewölbe aus Holz an, welche den Zweck haben, weite Räume zu überspannen, ohne zu viel durchgehende Querverbindungen zu zeigen. Sind sie hierin den normannischen Dachstühlen ähnlich, so sind sie doch weit entfernt von deren technischer und künstlerischer Vollendung und gehen von anderen Gesichtspunkten aus. Es sind blosse Nachahmungen der Steingewölbe, auf verschiedene Weise durch Verschalen mit schmalen Brettern, Biegen oder Ausschneiden von Bohlen, und bezeichnen keinen Fortschritt für die Holzarchitektur. Deshalb mögen sie hier nur nur kurze Erwähnung finden.

Ganz vereinzelt stehen zwei entfernt an die normannischen Sprengewerke erinnernde Dachstühle in den Kirchen S. Zeno und S. Fermo maggiore in Verona, welchen Semper frühgothische Entstehungszeit zuweist[1]). Der von S. Zeno (nach einem alten in diesem Jahrhundert restaurirt) besteht der Form nach aus einem halbkreisförmigen Tonnengewölbe und zwei sich an dasselbe anschliessenden einhüftigen Tonnengewölben. Die Gewölbe sind durch Bretterverschalung hergestellt, an den Anfängen des Halbkreisgewölbes durch Anker zusammengehalten und buntfarbig cassettirt. Die Holzwölbung des Schiffes von S. Fermo ist noch künstlicher, denn hier sitzen unter dem mittleren Halbkreisgewölbe auf jeder Seite zwei halbe Tonnengewölbe, und diese verschiedenen Gewölbe sind jedesmal durch ein vor dem unteren Gewölbe weit vorspringendes auf Consolen ruhendes Gesims getrennt. Auch dieses Gewölbe ist verschalt und verankert. Wie hinter den dünnen Schalbrettern die eigentliche Construction ist, habe ich leider bisher nicht ersehen können, so dass ich nicht zu sagen vermag, welche einheimischen oder fremden Einflüsse hier gewaltet haben mögen. Der Eindruck, welchen diese Gewölbe machen, ist ein eigenthümlicher, aber gerade kein schöner, würdiger zu nennen, vielmehr ein manierirter und gekünstelter, so dass sie auch keine weitere Nachfolge erhielten.

Dagegen wurden hölzerne Tonnengewölbe, welche nur den Zweck hatten, wo es nicht anging Steingewölbe zu nehmen, eine runde Fläche für Verzierung durch Malerei und Relief darzubieten, seit dem 15. Jahrhundert angewendet. Sie bieten kein Interesse für die Holzarchitektur dar, denn das Holz tritt in ihnen nur als Surrogat und Aushülfe auf, wie das Gusswerk an römischen Bauten. In Deutschland wurden sowohl Tonnengewölbe, wie Kreuzgewölbe durch Verschalung nachgeahmt. Von ersterer Art sind einige Rathhaussäle zu nennen, welche aus der zweiten Hälfte des 16. Jahrhunderts stammen. Bei ihnen wurden durch krummgebogene und aneinandergenagelte Hölzer Gurte gebildet, an welche die schwächeren Schalbretter genagelt wurden. Die Theilungen wurden in der Malerei gerne durch Laubgewinde angedeutet, während dazwischen die Darstellungen figürlichen oder ornamentalen, oft sinnbildlichen Inhalts auf blauem Grunde aufgemalt wurden. Beispiele sind Säle in den Rathhäusern zu Ueberlingen, München, Nürnberg, Lüneburg, Cöln,

---

[1]) Stil II, 319 und Tondruckbild Bl. XXI, XXII. Mitth. d. k. k. Centralkom. 1865 S. 116 (v. Sacken).

Löwen. Auch in einigen Kirchen sind solche Holzgewölbe, doch meistens erst nachträglich angebracht worden (an Stelle früherer flacher Decken), wo man den Wänden nicht den von steinernen Gewölben ausgeübten Druck zumuthen zu können glaubte. Bei ihnen lässt sich die Zeit nicht feststellen, da diese Massnahme noch heutzutage geschieht. Ich nenne ausser den Capellen von Heiligenberg und Weikersheim nach der von Lotz in seiner Kunsttopographie Deutschlands gegebenen Aufzählung und Zeitbestimmung die Kirche zu Buchheim in Thüringen, zu Heiligengrab bei Wittstock (14. Jahrhundert), Dominikanerkirche in Jena, die Kirchen von Roda (bei Jena), Teutleben (bei Naumburg), Oberernst (bei Beilstein), Rheinbrohl (bei Andernach), Wolmirstädt (bei Magdeburg), St. Jacob zu Brackenheim (bei Heilbronn, 1509), die Kirchen von Stetten am Heuchelberg und Massenbach (Schwaigern), Neipperg (Brackenheim), Nürnberg (S. Clara 1425 und S. Jacob), Zwingenberg (Bensheim).

Eine ganze Reihe von Holzgewölben findet sich in Kirchen von Holland und Belgien, zum Theil mit krummen, an normannische Kunst erinnernden Kopfbändern unter den durchgezogenen Holzankern[2]). In Amsterdam die alte Kirche St. Nicolaus (1300), die Heiligenstädter Capelle (1425), die Walonenkirche (1409), in Weesp bei Amsterdam S. Lorenz (1402), in Delft die alte Kirche S. Hippolit (die Kirche aus dem Ende des 15. Jahrhunderts, die Holzgewölbe nach dem Brande von 1574), neue Kirche S. Ursula (1476) in Doornik bei Brüssel, St. Jacob in Frenecker bei Leuwarden, in Gent die Dominikanerkirche und das Refectorium des Hospitals, in Gonda bei Rotterdam S. Johannes (1552), im Haag S. Jacob (1434) und die Klosterkirche in Haarlem (1518, Netzgewölbe von Holz), in Hoorn bei Amsterdam Kirche von 1429, in Leyden S. Pancratius (1321) und S. Peter (1315), in Rotterdam S. Lorenz (1477), in Utrecht S. Gertrud, S. Johannes und S. Peter, in Vianen bei Utrecht S. Maria. In der Schweiz hat die Capelle im oberen Geschoss des hohen Hauses zu Wolffenschiessen (1586) ein Holzgewölbe[3]).

In der zweiten Hälfte des 16. Jahrhunderts erfand der Architect Philibert de L'Orme ein Verfahren, Gewölbe aus Holz herzustellen, welches zuerst in der 38,4 m weiten Kuppel der Pariser Getreidehalle Anwendung fand und mit Unrecht als die erste Anwendung

[2]) Caumont, Abécédaire II, 589. Kirche in Amsterdam.

[3]) Gladbach, Schweizer Holzstil Taf. E, 1, 2.

gebogener Sparren bezeichnet wurde. Um wie viel früher diese zu setzen ist, haben wir an den Moscheen zu Jerusalem gesehen, diese Dächer aber haben gar keine gebogenen Sparren, sondern die Krümmung ist aus den dünnen Brettstücken herausgeschnitten, welche zu mehreren nebeneinander gestellt in der Form des vorgezeichneten Bogens aneinander genagelt wurden und somit gar nicht auf die Spannungsfestigkeit, sondern nur als sehr hochkantige Hölzer auf ihre relative, resp. rückwirkende Festigkeit in Anspruch genommen wurden. Der Längenverband wurde durch horizontale, die krummen Bohlen als Zangen umspannende oder als Riegel durchgesteckte Hölzer bewirkt. Ein näheres Eingehen auf diese Dächer ist an dieser Stelle überflüssig, da sie weder künstlerisch ausgebildet wurden, noch sich als rationell oder sparsam bewährt haben. Nach zwei Jahrhunderten von Moller und Schinkel wieder aufgenommen, haben sie es ebenfalls zu keiner besondern Anerkennung gebracht.

VI. Abschnitt.

Der Blockbau des östlichen Europas.

Blockwand.

Neben den germanischen Riegelbauten hatte sich in den waldreichen Ländern Osteuropas und der Alpen ein anderer Holzbaustil entwickelt, welcher, bis zum heutigen Tage gepflegt, mit dem Namen des Blockbaus oder Schurzholzbaus bezeichnet wird. Die Wand wird bei ihm dadurch gebildet, dass die auf vier, drei oder nur zwei Seiten ebengehauenen Stämme der Länge nach aufeinander gelegt werden, bis die Höhe der Wand erreicht ist. An den Ecken und überhaupt da, wo sich zwei solcher Wände kreuzen, geschieht die Verbindung durch Verkämmung, wobei jedes Holz in der Breite des quer dagegen laufenden Holzes um soviel ausgeschnitten wird, dass zwischen ihm und dem darüber oder darunter liegenden Holz der um ebensoviel ausgeschnittene Balken der Querwand hineinpasst. Dann stehen die Enden der Balken jedesmal um ein Stück nach aussen über, was, aus der grösseren Sicherheit gegen Abgleiten entstanden, oft künstlerisch ausgenutzt wird. Will man aussen glatte Wände haben, so schneidet man den Ueberstand ab, wodurch die Ueberblattung der Hölzer entsteht und eine starke Verbindung durch Nägel nothwendig wird. Bisweilen werden die Hölzer gegen das Ausweichen an beiden Seiten nach der Form eines schwalbenschwanzförmigen Zinkens ausgeschnitten und die Balken durch diese Verzinkung fest zusammengehalten. Die Lagerfugen zweier Hölzer der einen Wand treffen immer auf die Mitte eines Holzes der andern Wand, so dass zu oberst, wenn beide Wände gleich hoch werden sollen, auf die eine entweder noch ein besonderes Holzstück aufgefüttert oder das letzte um soviel höher genommen werden muss.

Wie man sieht, ist diese Holzbauart viel complicirter als die Riegelwand, ja die Technik, welche die Schwellen der Riegelwand mit einander zu verbinden versteht, muss der Blockbautechnik vorangegangen sein, da sich an ihr dasselbe Verfahren bei jeder Lage wiederholt. Die lothrechten, in die wagerechten Schwellen verzapften Pfosten jener Wand werden hier ebenfalls nöthig, denn die Fenster- und Thüröffnungen in den Blockwänden werden so hergestellt, dass die Thür- und Fensterpfosten auf eines der Schurzhölzer, welches die Schwelle oder den Brustriegel bildet, eingezapft und durch dieselbe Verbindung mit einem andern, das als Thür- oder Fensterriegel auftritt, verbunden werden. Bei den Thürmen slavischer Kirchen und den Lauben schweizerischer Häuser tritt das ganze System des Riegelbaus zum Blockbau hinzu. Die Blockwand ist also durchaus nicht so ursprünglich, als sie beim oberflächlichen Anschauen der auf einander gepackten Balken erscheint. Ihre Nachtheile gegen die Riegelwand bestehen in der grösseren Menge des erforderlichen Holzes, in der leichteren Möglichkeit des horizontalen Verbiegens einzelner Hölzer und in der Bewegung aller einzelnen Lager bei dem fortgesetzten Eintrocknen und Schwinden des Holzes. Dadurch wird auch das Verputzen der Wände im Innern und die genaue Dichtung verhindert. Gegen erstere Gefahr werden die Balken in Entfernungen von etwa 2 m mit einander verdübelt, gegen die Undichtigkeit hilft man sich durch Eintreiben von Werg und Moos in die Lagerfugen (Kalfaterung), in Russland durch Austapezieren selbst in ganz geringen Bauernhäusern, aussen bisweilen durch Uebernageln von Brettern oder Schindeln. Trotz dieser Nachtheile darf nicht behauptet werden, dass der Blockhausbau unberechtigt oder der künstlerischen Ausbildung unfähig sei. In den slavischen Bauten sowohl, wie in den schweizer Häusern sind Kunstgefühl und Geschmack in seltener Weise an ihm zum Ausdruck gekommen. Die Lagerhaftigkeit und Festigkeit wird durch die mächtigen durchgehenden Balken ausgesprochen, der Organismus des Baus wird nicht nur, wie bei den Riegelbauten in Bezug auf die einzelnen Geschosse, aussen klar gelegt, sondern auch die Zwischenwände werden je nach der Absicht des Zimmermeisters zur Erscheinung gebracht. Dazu kommt bisweilen eine Wirkung durch stufenweises Auskragen der Balken nach oben und vor allem der Vortheil der grösseren ruhigen, gleichmässigen Fläche, welche durch geschickte Vertheilung der Fenster- und Thüröffnungen, durch Aufnageln schützender und verzierender Hölzer, fortlaufendes Schnitzwerk und Malerei gehoben wird.

Blockbau des Alterthums.

Die Entwickelung der Blockwand lässt sich nicht weit in das Alterthum verfolgen. Nur vereinzelte Steinmonumente älterer Zeit weisen auf die Kenntnisse des Blockbaus, so eines zu Axum in Abessynien, etwa aus dem 7. Jahrh. v. Chr., welches in Granit einen Blockbau nachahmt (Fig. 60) und nicht mit den Riegelwerknach-

Fig. 60.

bildungen Kleinasiens zusammengestellt werden darf[1]). Vereinzelt sind auch die wüsten Nachahmungen auf den Felswänden Mexicos und Centralamerikas, deren Ursprung und Entstehungszeit noch nicht festgestellt sind. Die in Stein gehauenen Grabfassaden zeigen die abwechselnd der Länge und Quere nach geschichteten Balken. Ihre unserm Geschmack gänzlich widerstrebende Rohheit, untermischt mit bizarren, fast roccocoartigem Schnörkelwesen lässt sie als eine der indogermanischen Cultur durchaus fremde Bildung erscheinen[2]). Bemerkenswerth ist, dass auch „die Söhne des überzivilisirten Europas

[1]) Kugler, Gesch. d. Bauk. I, 76.

[2]) S. Catherwood, Views of ancient monuments in Centralamerika, Chiapos and Yucatan London 1844. Gailhabaud, Denkmäler IV, No. 80.

im Blockstil bauen, wenn sie in die Urwälder Amerikas verschlagen werden" (Semper). Die militärischen Blockbauten der Römer gehören nicht in das Gebiet der Baukunst.

Slaven.

Vorzugsweise ist der Blockbau der Baustil der Slaven. Auch an dieser Stelle ist es die Eigenthümlichkeit der Holzarchitektur, ähnlich der Sprache, die nationale Zusammengehörigkeit der slavischen Stämme besser bewahrt zu haben, als Steinban und geschichtliche Entwicklung erkennen lassen. Die Geschichte der slavischen Länder hängt im Mittelalter ab von germanischen und nationalen Strömungen. Bald fluthete die Cultur von Osten nach Westen, bald während der Machtfülle des deutschen Reiches, umgekehrt. Polen, frühzeitig unter eigenen Herrschern, aber seit dem zehnten Jahrhundert der deutschen Lehnsoberhoheit unterworfen, erlangte seine erste Blüthe unter den Piasten, deren letzter Spross, Casimir der Städtegründer (1333—70), Galizien und Podolien gewann, die Universität Krakau stiftete und ausserordentlich viel für die geistige Bildung des Volkes that. Nach seinem Tode wurde Polen kurze Zeit mit Ungarn vereinigt, dann erreichte es seinen höchsten Glanz unter den Jagellonen (1386—1572).

Von hohem Interesse für den Holzbau ist Böhmen. Seit dem 9. Jahrhundert Deutschland lehnspflichtig geworden und dem Christenthum gewonnen, wurde es in kirchlicher Beziehung zur Diöcese Regensburg gerechnet. Seinen Glanz erlangte es unter dem Fürstengeschlecht der Luxemburger, das von 1311 bis 1437 den Königsthron inne hatte. Vier von Böhmens Königen waren zu gleicher Zeit deutsche Kaiser, Carl IV., der Stifter der Universtät Prag, seine beiden Söhne Wenzel und Sigismund von Luxemburg und dessen Schwiegersohn und Nachfolger Albrecht II. von Habsburg. Seit Sigismund war Ungarn mit Böhmen vereinigt worden. Mehr als für Deutschland thaten diese Kaiser für Böhmen, so dass nicht mit Unrecht in Prag der geistige Schwerpunkt Deutschlands zu suchen war. Kunst und Wissenschaft blühte trotz mancher blutiger Kriege und eine lebhafte Bauthätigkeit herrschte im Lande. Seit Albrecht II. blieb Böhmen, Mähren und Ungarn, eine kurze Unterbrechung ausgenommen, bei dem Hause Habsburg und kam 1526 an die kaiserliche Linie desselben, mit dem es seine Geschicke theilte.

Bei der Betrachtung der Holzbauten in den slavischen Ländern lässt sich deutlich der einheimische Blockbau von dem Riegelbau der deutschen Einwanderer und dem Blockbau der Alpenländer unterscheiden. Fremde Einflüsse werden sichtbar in den ehemals polnischen Gebieten Preussens, Oesterreichs und Russlands. In Böhmen hat im Erzgebirge und den angrenzenden westlichen Bezirken das deutsche Riegelwerk die Herrschaft, vom Riesengebirge bis in die Gegend von Chrudim und Deutschbrod der Blockbau bald deutschen, bald slavischen Charakters. Im Böhmer Wald und nach Budweis zu machten sich die Einflüsse der Alpenbauart geltend. Rein slavisch sind die Bauten Mährens.

Schon im Baustoff zeigt sich die nationale Verschiedenheit. Der Deutsche baut heut wie vordem mit dem Holz der Eiche oder Ulme, der Slave verwendet die Fichte, Tanne, Lärche und Kiefer, diese besonders für Bretter, Thüren, Fensterrahmen, Verkleidungen und Ornamente.

Holzkirchen der Slaven.

Bei dem grossen Waldreichthum der östlichen Länder war es kein Wunder, dass der Holzbau eine grosse Ausdehnung gewann und selbst zu den höchsten Zwecken verwendet wurde. In Schlesien wurde noch im Jahre 1052 die Kathedrale von Breslau in Holz gebaut, steinerne Kirchen waren vor dem 12. Jahrhundert nur in Breslau, Leubus, Gorkau und auf dem Zobtenberge. In Galizien wurde die grosse Löwenburg auf dem Sandberg bei Lemberg durch Leo Danielowitz von Holz erbaut; sie verbrannte 1342 nebst einem hölzernen Schloss. In Böhmen war die Kirche in Rymanow noch 1412, in Klimkowka im 17. Jahrhundert hölzern. Diese Aufzählung lässt sich noch beträchtlich erweitern[3]). Allein wir bedürfen dieser schriftstellerischen Notizen nicht, denn eine ganze Reihe dieser Kirchen aus dem Mittelalter ist noch mehr oder minder gut erhalten und später gebaute ganz im Sinn der früheren aufgeschlagen. Mehrere sind in der Kunsttopographie von Lotz namhaft gemacht und in den Mittheilungen der k. k. Centralkommission, sowie in der Zeitschr. für Bauwesen in verschiedenen Jahrgängen aufgezeichnet.

In Preussisch-Schlesien[4]) ist die Gegend von Ratibor reich

[3]) Mittheil. der k. k. Centralkom. 1864 (Drescher, Beitr. zur Gesch. des Kirchenbaus in Schles.), 1865 (Aufsatz von Potock-Potocki), 1870 S. LXII, 1871 S. IV, 1866 S. 1, 1865 (Müller). Jahrb. d. k. k. Centr. III, S. 164 (Müller).

[4]) Eine Zusammenstellung der mehr als 200 Holzkirchen Oberschlesiens in dem trefflichen Aufsatz von Luchs im Rübezahl (Schles. Provinzialblätter) 1871, Heft 3.

an ihnen: Bauerwitz, Brzezie, Bosatz), Jedlownik (aus dem 13. Jahrh.), Lubom (aus dem 14. Jahrh. von Eichenholz[5]), Markowitz (1679)[6]), Muschana, Rogau, Radoschau[7]), Rupten, Smograu (von Lärchenholz)[8]), Syrin (1305, Eichenholz)[5]), Warschowitz, ferner in Beuthen (Margarethenkirche) und der Umgegend: Bielschowitz (1797), Biskupitz, Bogutschütz, Dziedskowitz (1673), ferner Belk, Rosenberg bei Brieg (1514, Kiefernholz)[8]), Mikulschütz (1530), Pniow[9]), Ponischowitz[10]) und Zabrze bei Gleiwitz, Gr. Strehlitz[9]), in Pless und Umgegend.

In Russisch-Polen: Tuscolas[8]).

In Oesterreichisch-Schlesien: Stauding an der Grenze Mährens (Anfang des 16. Jahrh.)[11]), Zattig bei Troppau[12]), Teschen, Taschendorf oder Trzanowitz[11]) — in Galizien: Tarnow bei Krakau (15. Jahrh., Lärchenholz), Zniesienie (1602, Himmelfahrtskirche)[13]), Krasnopuszcza (Basilianerkirche, Stiftung Sobieski's), Szczerzec, Nadworna; — in Böhmen: Braunau (um 1400 Wallfahrtskirche Maria unter den Linden, Kiefernholz)[14]), Reichenau, Koci bei Chrudim; — in Mähren: Dietrichsdorf oder Wietřkowice nahe Freiberg (1250)[13]), Hotzendorf oder Horslawice, Ziwotice bei Neutitschein, Neusselsdorf oder Koprivonice, Seitendorf (1488), Tychau oder Tichá bei Frankstadt.

Vereinzelt stehen die Kirche zu Barenbusch bei Neustettin und Vellin bei Varzin in Pommern, wendischen Ursprungs, sowie mehrere in Schleswig.

Sie sind alle einander ähnlich, insofern sie nicht durch spätere An- und Umbauten, besonders in Bezug auf die Thürme entstellt sind. Selbst der confessionelle Unterschied zwischen den für römisch-katholischen und griechisch-katholischen Gottesdienst eingerichteten Kirchen war von keinem entscheidenden Einfluss. Schon die Aehnlichkeit der Grundrisse bezeugt die Stammesgleichheit (Fig. 61). Ein geräumiger fast quadratischer Vorraum von 6—8 m Seite enthält

---

[5]) Abbild. in der Zeitschr. f. Bauw. 1852, Taf. 44 (Cuno), wo Ostrog statt Bosatz zu setzen, vgl. Rübezahl 1871, H. 1.

[6]) Rübezahl 1870, H. 7.

[7]) Dorst, Reiseskizzen Bl. 3. Danach Otte, Deutsche Bauk. S. 500.

[8]) Zeitschr. f. Bauw. 1856, Taf. 45, 46 (Cuno).

[9]) Rübezahl 1871, H. 3.

[10]) Rübezahl 1871, H. 4.

[11]) Mitth. d. k. k. Centr. 1872 S. XXIX (Peter).

[12]) Mitth. 1865 S. XXII (Wenzel Merklas).

[13]) Mitth. 1858 S. 85 f. (v. Wolffskron).

[14]) Mitth. 1870 S. LI (Grueber).

eine steile Treppe für die Empore des Hauptschiffs und dient zugleich als Unterbau für den Thurm. Eine Wand trennt diesen Raum von dem Hauptschiff, welches mit dem Vorraum nur durch eine niedrige Thür mit Spitzbogen oder gerade überdecktem Kleeblattbogen verbunden auch ein annähernd quadratisches Verhältniss von etwa

Fig. 61.

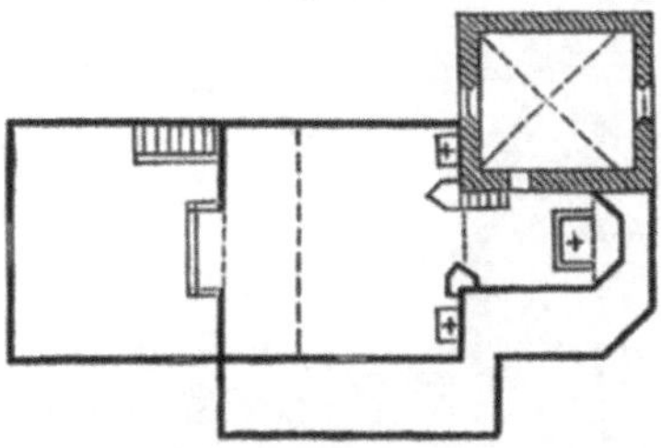

10—12 m Seite hat. Grössere Kirchen (Tuscolas) gehören zu den Ausnahmen. In den Kirchen preussisch- und österreichisch-Schlesiens ist das Schiff bisweilen breiter wie lang. Das Schiff ist ungetheilt. Gedrehte Säulen dienen nur zum Stützen der Orgelempore, welche sich bisweilen an den Seiten hineinzieht, tragen aber keine Oberwand, wie etwa in den nordischen Kirchen. Der Chor, bez. beim griechischen Ritus das Presbyterium, springt der Breite nach um fast ein Viertel ein, ist gewöhnlich auch quadratisch und endet in drei Seiten des Achtecks, seltener im Viereck, niemals rund. In Braunau, wo der Chor dreiseitig endet, geht die gerade Wand des Vorraums in der Höhe der Empore durch eine geschickte Uebersetzung ebenfalls in die dreiseitige Form über, so dass Ostseite und Westseite einander entsprechen. Diese Kirche hat überhaupt eine sehr regelmässige Anlage, denn rings um den ganzen Bau läuft eine 3,5 m breite Vorhalle von schönen Verhältnissen. Solche Vorhallen, eine Eigenthümlichkeit des Holzbaustils aller Orten, finden sich, aber oft nur an einzelnen Theilen, an vielen andern der slavischen Kirchen (Fig. 62) und haben mit zu der unberechtigten Vergleichung dieser Bauten mit den nordischen beigetragen. Hier haben sie keinen constructiven Zweck, sondern dienen lediglich dazu, bei den geringen Verhältnissen der Innenräume der Menge ausserhalb Schutz vor Regen zu gewähren. Oft wurden sie auch zum blossen Flug- und Schutzdach, das, wie in Radoschau und Zniesienie auf starken Kopfbändern ruht und die malerische Erscheinung der Kirchen vermehrt. In Galizien, wo bei den Ruthenen der griechische Ritus herrscht, also der Vorraum zum Praetuor für die Frauen (dort zu Lande nach den alten Frauen babina genannt) und das Schiff zum Senatorium der Männer wird, theilt eine vollständige Wand, die Ikonostasis, das

Fig. 62.

Schiff vom Presbyterium. Sie ist nach dem Schiff zu mit zwei Altären versehen und oft mit trefflichen Bildern geschmückt. Zwei Thüren, rechts die für den König (porta regia) und die Priester, links für die Diakonen, mit Vorhängen zu verschliessen, führen nach dem Presbyterium, welches den Hauptaltar in der Mitte, also keine Apsis hat. Bei dieser wie bei allen slavischen Kirchen diente zunächst nur ein Wandschrank zum Aufbewahren der Messgeräthe und Gewänder. Später stellte sich bei manchen das Bedürfniss einer Sacristei heraus, dann wurde sie an der Nordseite des Chors aus Stein gebaut und gewölbt.

Aussen ist der Blockverband der Kirchen am untern Theile meist frei, am obern mit Brettern verkleidet, welche dann gewöhnlich den Verband kreuzen, also lothrecht in die Höhe gehen. Einen unruhigen, weniger guten Eindruck macht die Verschindelung z. B. in Zniesiene. Die Innenwände, früher gewöhnlich mit Brettern verkleidet (noch jetzt in Zattig und in Taschendorf), wurden zum Theil später weiss verputzt, wodurch die wohlthuende Innenwirkung eines solchen kleinen aber in schönen Verhältnissen angelegten Raumes beeinträchtigt wird. Die Fenster, wo sie in ihrer Ursprünglichkeit erhalten sind, sind viereckig und auffallend einfach (Dietrichsdorf), fast kahl. Die Thüren dagegen energisch profilirt, in Spitzbogen oder Kleeblattbogen. Die Thüren in Lubom und Syrin sind Meisterstücke der einfachen und wirkungsvollen Zimmermannskunst. Die Decken waren ursprünglich flach. Gekehlte Leisten, welche kreuzweise auf die Bretter genagelt sind, geben ihnen das Aussehen einer grossgetheilten Felderdecke. Sie wirken durch Bemalung in rothen, grünen und blauen Tönen auf schwarzem Grund wechselvoll, ohne zu bunt zu sein. In Braunau tragen weisse, grüne und rothe Arabesken auf schwarzem Grunde genau den Charakter der Miniaturen aus König Wenzel IV. Zeit (1378—1400).

Ueber den Decken erheben sich die Dächer an den slavischen Kirchen, wie an ihren Privatbauten nicht so steil, als bei den germanischen und nordischen Bauten. Das Dach des Chores ist, da er einspringt, in consequenter Weise auch weniger hoch geführt, als das des Schiffes. Dies ist eine nicht zu umgehende Folge des Innenbaus. In Stauding hat man, um gleiche Firsthöhen zu erzwingen, die Traufkanten in verschiedenen Höhen enden lassen müssen. Aber der Versuch ist kläglich ausgefallen, denn der Holzbau kann Zwang und Willkür nicht vertragen. Es ist kein Grund vorhanden, die Verschiedenheit der Dachhöhen dieser Kirchen mit denen der nordischen Kirchen zu vergleichen, denn es fehlt die dort ausgesprochene Absicht, die Kirche pyramidal zu verjüngen, es fehlt die noch niedrigere Anlage der Apsis, sowie die häufige Unterbrechung der Langseiten des Daches durch eingeschobene Giebel. Nur an den Vorhallen kommen solche vor.

Ueber der Vorhalle, nicht über dem Schiff, wie bei norwegischen Kirchen, erhebt sich ein einfacher Thurm in Riegelwerk, in einem oder zwei Geschossen emporsteigend, und mit einem Zeltdach bedeckt. In Zattig ist unter dem Dach ein Rundbogenfries eingeschnitten, als eine der wenigen Verzierungen. Bisweilen steigt er erst schräg an, sei es in der Höhe des Daches (Tychau, Neusselsdorf) oder schon am Fuss (Radoschau, Stauding). Dies ist des anschlagenden Regens wegen fehlerhaft. Das obere Geschoss enthält die Glockenstube. Kühn ist die Anlage des Thurmes zu Stauding. Es ist ein Riegelwerk, dessen Pfosten zum Theil nur auf einzelnen durchgehenden Balken aufruhen. Er enthält drei Glocken, noch eine vierte trägt ein Dachreiter, der auf der Chorscheidewand ruht. Dachreiter neben Thürmen kommen sonst in Dietrichsdorf und Tychau vor, blosse Dachreiter statt des Thurmes in Syrin (Fig. 63) und Braunau. Verzierungen, welche sonst an diesen Kirchen im

Aeussern wenig vorkommen, werden an den Thürmen öfter angebracht, indem die Bekleidungsbretter des oberen Absatzes, welche der Holzbaukunst des Mittelalters entsprechend, über die unteren herausragen, zierlich ausgezackt sind.

Fig. 63.

Eigenthümlich ist die Erscheinung einzeln stehender Glockenthürme. Sie stehen sowohl neben hölzernen Kirchen (Bogutschütz, Brzezie, Mikulschütz, Warschowitz, Zabrze, Lubom, Syrin) als auch neben steinernen (Reichenau) ja selbst in Dörfern, welche keine Kirche haben. Oft ist nur ein oben gabelförmig getheilter Stamm, welcher das Glöckchen aufnimmt, mit einem Dach versehen, oder über eine Säule die Glocke zwischen zwei lothrechten Pfosten aufgehängt und mit einem Schutzdach überdeckt, während andere noch am Fusse in einem kleinen Vorbau dem Glöckner Schutz gewähren. Dagegen steht neben der im 14. Jahrhundert errichteten steinernen Georgskirche von Przaslavitz (bei Turnau) ein Holzthurm, welcher über einem steinernen Unterbau achteckig aufsteigend mittelst steiler Walme in das Viereck umsetzt und mit der pyramidalen Spitze eine Höhe von 25 m erreicht. Noch stattlicher ist der grosse

Glockenthurm zu Pardubitz [15]) und der auf sehr breiter Basis von Stein sich erhebende Thurm neben der St. Galluskirche in Reichenau [16]), welcher, halb Riegelbau, halb Blockbau, höchst malerisch erscheint [17]).

Im Laufe der Zeiten sind diese slavischen Kirchen mehrfachen Umbauten und Entstellungen unterworfen gewesen. Namentlich sind vielfach die äusseren Umgänge abgerissen und die Thürme willkürlich erniedrigt worden (der Thurm von Stauding erst 1846), oder haben im 17. Jahrhundert wälschen Hauben ähnliche zwiebelförmige Aufsätze statt der Zeltdächer bekommen (z. B. Bosatz). In Smograu wurde ein Thurm mit oben offener Gallerie und geschweiftem Dach hinter den Chor angebaut, in Tuscolas wurden zwei langweilige Thürme an die Ecken der Vorhalle gesetzt und eine gewölbte Holzdecke aus Bohlensparren mit Bretterverschalung hergestellt. Der Chorbogen wurde durch einige übereinander vorkragende Bohlen, welche ebenso wie ein querdurchgehender Anker unten ausgezackt wurden, garnirt. Den wunderlichsten Anbau erlitt die St. Annakirche bei Rosenberg. Sie war zum Andenken an eine von Räubern verfolgte, durch die heilige Anna errettete Jungfrau 1514 (1444?) noch ganz nach der mittelalterlichen Tradition aufgebaut worden. Als sie nach etwa 150 Jahren nicht mehr ausreichte, beschloss die Geistlichkeit der Stadt Rosenberg, dem Namen zu Liebe eine Kirche aus Holz in Form eines fünfblättrigen Rosenblattes herstellen zu lassen und diese mit der alten zu verbinden. Diese Aufgabe erfüllte der Zimmermeister Martin Sempek aus Gleiwitz gegen eine Summe von 180 Thalern, die nöthigen Naturalien, welche der Chronist sorgfältig aufzählt und freies Mittag- und Abendbrot bei den Conventbrüdern. Schon vorher war an die alte Kirche in der Seite des Schiffes eine Kapelle angebaut worden. Diese Kapelle verlängerte Meister Sempek und benutzte ihre freie Seite als Seite eines Sechsecks, zu welchem er die fünf übrigen anbaute. An diese fünf Seiten setzte er Kapellen von quadratischer Form. Die Wände des Verbindungsganges zog er in einer gekrümmten Linie etwas zusammen und auch die Kapellen wollte er rund abschliessen. Nach Legung der Schwellen überzeugte er sich aber von der Schwierigkeit des Baues in lauter gebogenen Linien, nahm die Schwellen weg und

---

[15]) Mitth. d. Centralcom. 1856 S. 246 (Grüber, Baudenkmale Böhmens).

[16]) Mitth. 1870 S. LXVIII (Grüber).

[17]) Isolirte Holzthürme sind auch in Behlendorf bei Lübeck, Flintbeck bei Kiel und Schönwalde bei Neustadt a. d. Ostsee.

machte den Kapellenabschluss aus den 2 Seiten eines Dreiecks, wodurch die Kirche ein merkwürdiges Aussehen erhielt. Innen aber führte er wenigstens die gebogenen Linien durch, indem er Krummsparren mit den Dachhölzern (den strebenartigen Kopfbändern) verband und diese durch Bretter verschalte. So entstand ein hölzernes Tonnengewölbe, das er durch ein hölzernes Klostergewölbe aus den drei Seiten eines Sechsecks abschloss. Auch das Sechseck im Mittelraum wurde durch geschickt angebrachte und verschalte Streben als eine Kuppel hergestellt, welche oben in ein flaches Sechseck endet. Aussen ist der Mittelraum mit einem Zeltdach, welches oben in ein Zwiebeldach übergeht, gedeckt. Zwiebeldächer kamen auch bei der alten Kirche an die Stelle des Thurms. Die Pfeiler im Innern der neuen Kirche, welche die um das Sechseck laufende Empore trugen, wurden gewunden gedreht, ein anderer Pfeiler an der Treppe in einer Kapelle wie ein Schachtelhalm geschnitten.

Ganz ähnlich den beschriebenen Kirchen sind die Kirchen in Russland, wo seit alten Zeiten bis heute fast nur in Blockhausbau gebaut wird. Einige derselben sind, leider zu skizzenhaft, von Kiprianoff wiedergegeben. An ihnen sind nicht nur die Thurmhelme zwiebelförmig geschweift, sondern auch die Giebel. So in der Eremitage von Gethsemane bei dem Kloster St. Sergius zu Troitza aus dem 16. Jahrhundert[18]). Fast mongolisches Aussehen durch mehrere Dachaufsätze übereinander hat eine Kirche bei Nowgorod aus der Zeit Ivan des Schrecklichen[19]). In einer Kirche in der Gegend von Rostov ruht der Chor und der Umgang auf mächtigen, aussen weit vorgekragten Streben[20]), in Sudogda (nahe Murom) ist der Thurm isolirt und mit der Kirche durch einen bedeckten Gang verbunden[21]).

Holzkirchen in Ungarn.

Ebenfalls im Blockbau, aber ganz eigenartig von slavischer Art abweichend, sind mehrere 100 Kirchen in Ungarn, darunter sehr schöne Kirchen im Szathmarer Comitat, nahe der Galizischen Grenze. Sie sind auch nicht aus Nadelholz sondern aus Eichenholz gebaut und von hoher technischer Vollendung[22]).

---

18) Kiprianoff, Histoire pittoresque de l'Archit. en Russie. Petersbg. 1864 Bl. 24.

19) Bl. 26.

20) Bl. 25.

21) Bl. 12.

22) Mitth. 1866 S. 1 (Haas u. Schulcz); vgl. Mitth. 1864 S. XI.

Sie tragen oft nicht zutreffende Ortsnamen, da bei der früheren Freizügigkeit der Bauern die auswandernde Gemeinde die Kirche abzubrechen und anderwärts aufzustellen pflegte.

Andere Holzkirchen befinden sich im Neograder Comitat: in Grosslanion (1654 von den Lutheranern geweiht), Lutzin, Gâczfalu mit einem isolirten Holzthurm (1673). Einzelne Holzthürme mit vielen Glocken sind nicht selten; einer steht neben einer Steinkirche in Miskolitz bei Pest.

Die Grundrisse der Szathmarer Kirchen sind einfach, wenig veränderlich und entsprechen dem griechischen Ritus der Gemeinde. Sie bilden ein längliches Viereck (Fig. 64). Die westliche Vorhalle geht

Fig. 64.

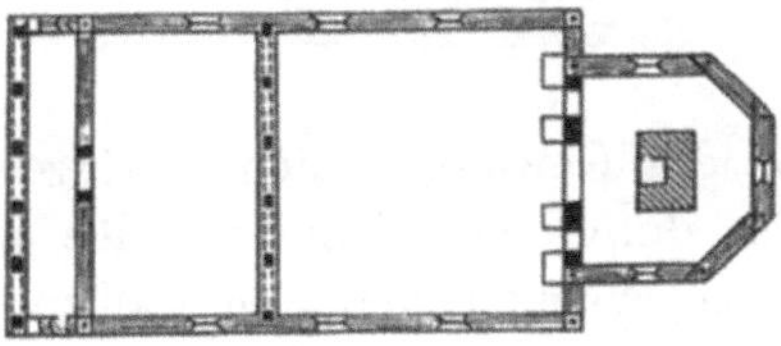

in der ganzen Breite der Kirche durch und ist unter das gemeinsame Dach gezogen. Eine niedrige Thür, im Spitzbogen oder geradlinig mit Eckconsolen geschlossen, führt in das Schiff und zwar erst in das Prätuor, dann in das Senatorium. Dies ist durch die Bilderwand von dem Presbyterium getrennt. Drei Thüren (nicht wie sonst zwei) führen in dasselbe, welches etwas gegen das Schiff einspringt und in drei Seiten des Achtecks, seltener im Viereck, geschlossen ist. Der aufgemauerte Altar steht in der Mitte des Presbyteriums, vier andere im Schiff an den Wandflächen der Ikonostasis. Keine Sacristei ist vorhanden, kein Laufgang. Dafür ragt das Hauptdach auf Consolen als Schutzdach weit vor.

Der Aufbau entwickelt sich schön und organisch. Auf dem Boden liegt die Schwelle ohne weiteres Fundament. Auf der zweiten Balkenlage darüber folgt ein strickartig gewundenes Sockelgesims und etwa 1½ m darüber die kleinen Fenster, welche in neuerer Zeit quadratisch gemacht werden und schlecht aussehen, während früher die im spitzen Winkel geschlossene Oberkante einen originellen Eindruck machte (Fig. 65). Der Fensterrahmen ist, wie die Befestigungen der einzelnen runden Scheiben, von Holz und von einem durchgehenden Eisenstab gestützt. Dicht über der Fensteroberkante beginnen die Balken aussen wie innen in jeder höhern Lage vorzukragen, so dass das nöthige Gleichgewicht hergestellt bleibt. Nach innen kragen sie der ganzen Masse nach vor, damit die lichte Weite,

Fig. 65.

also auch die Höhe des Gewölbes, sich verringert. Die Decke im Innern wird nämlich durch ein Tonnengewölbe aus keilförmig behauenen, genau neben einander gefügten Balken gebildet (Fig. 66).

Fig. 66.

Sie ruhen mit ihren Enden auf den beiden Scheidewänden und sind untereinander verdübelt. Von dem Scheitel der Decke, welche, wie die Wand, mit profanen Darstellungen in hellen Farben auf Goldgrund bemalt ist, hängt häufig ein aus einem Brett geschnitzter, auf beiden Seiten streng stilistisch bemalter Seraph als Kerzenträger herab. Auch das Muttergottesbild hängt an Kettchen plafondähnlich von der Decke des Presbyteriums über dem Hauptaltar. Der Altartisch und alle Geräthe sind von Holz gedrechselt. Die Eingangsthür im Schiff zeigt schöne Schnitzereien mit richtigem Verständniss des Materials an den Pfosten: Pflanzen, Thiere, Ornamente, am häufigsten Drachen und Teufel. Die mittelste der drei Thüren zum Presbyterium ist grösser als die beiden andern und hat schön geschnitzte Flügel, die seitlichen Thüren sind mit Vorhängen versehen. Die Vorkragung aussen ist nur an einzelnen Stellen und dient dazu, das weit aus-

Fig. 67.

ladende Dach zu unterstützen. Consolenartig mit geschnitzten Köpfen ragen die Balken übereinander vor, wie in der Alpenbauart (Fig. 67). An der Vorderseite der Kirche tragen die Ständer der

Fig. 68.

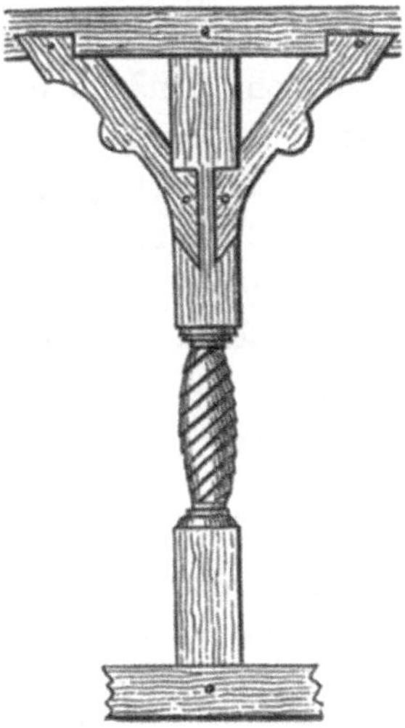

Vorhalle und von ihnen ausgehende Kopfbänder (Fig. 68) den fast senkrecht aufsteigenden Walm. Das Dach, im Innern durch ein Hängewerk über dem Holzgewölbe gehalten, steigt steil auf und ist nach innen geschweift. Dies verleiht der ganzen Kirche etwas Elastisches, Schwungvolles. Die Deckschindeln sind hübsch und correct schuppenartig aus Eichenholz geschnitten. Auf dem Walm der Vorderseite, welcher ebenfalls mit Schindeln bedeckt ist, öffnet sich etwas unter der halben Höhe eine Reihe Arkaden. Das Dach des Presbyteriums ist etwas niedriger. Auf dem Hauptdach sitzt der Glockenthurm als mächtiger Dachreiter; er ruht mit der einen Seite auf der Wand zwischen Prätuor und Senatorium, mit den übrigen Seiten auf einfacher Balkenlage und ist durch mehrfache Verstrebungen gesichert.

Die vier Pfosten des Thurmhalter sind durch Andreaskreuze abgesteift. Oben ragt die Glockenstube bisweilen ohne, bisweilen mit Consolen über 60 cm weit aus. Die Glocken sind meist an der untern Balkenlage der Stube aufgehängt. Diese selbst ist niedrig und oben dicht unter dem Thurmdach mit gedrückten Arkaden verziert. Der Thurmhelm ist bei einfachen Bauten ebenfalls quadratisch, kunstreicher geht er aber in ein übereck gesetztes Achteck über, wobei dann zierliche Eckthürmchen zur Ueberführung angebracht werden.

Die Schutzbretter der Glockenstube treten, wie bei den slavischen Kirchthürmen, schützend vor den unteren Absatz vor und sind unten in reizenden, streng in den Grenzen der Holztechnik gehaltenen Mustern geschnitzt. Die Thurmspitzen, auffallend schlank und spitz, erinnern an manche Thürme in Tyrol und Graubünden. Der hohe Thurm bei sonst niedrigen Verhältnissen macht einen eigenthümlichen anmuthigen Eindruck (Fig. 69).

Ausser dem Hauptthurm kommen an manchen Kirchen noch andere, bald grössere, bald kleinere Thürme vor. An ihnen, wie an den Firstenden sind schöne eiserne Kreuze angebracht.

Holzhäuser der Slaven.

Was die Privatholzbauten der östlichen Länder betrifft, so sind leider Aufnahmen nur in sehr geringem Maasse veröffentlicht worden, während das, was von Wohnhäusern auf den letzten Weltausstellungen aufgerichtet war, ein lehrreiches, aber immerhin nur angenähertes Bild der heimischen Technik darbot. Ueber Oesterreich sind wir durch den verdienstvollen B. Grüber am besten unterrichtet[23]). Ein

[23]) Mitth. d. k. k Centr. 1856 S. 246, 1870 S. LXII, 1871 S. IV.

Fig. 69.

deutlicher Unterschied lässt sich zwischen deutscher und slavischer Bauart machen. Im Westen, nach dem Erz- und Riesengebirge zu hat das deutsche Fachwerk mit steilen Dächern, hohen Giebeln,

Thürmchen, Erkern und Vorkragungen Platz gegriffen. Auch der deutsche Blockbau zeichnet sich durch den steilen Giebel und den erkerartigen Vorbau an der Langseite aus. Im Riesengebirge, Hohenelbe, Arnau, Trautenau sind noch viele Häuser aus dem 17. Jahrhundert mit Schnitzereien bedeckt. Der slavische Blockbau ist malerischer ausgebildet und besonders in der Osthälfte vertreten. Er erinnert in mancher Beziehung an die Bauart der Schweiz und Tyrols, hat aber auch wesentliche Unterschiede: höhere Stockwerke, schmalere Fenster und steilere Dächer, gewöhnlich ungefähr im rechten Winkel (Fig. 70). Ein Erdgeschoss, ein Obergeschoss und

Fig. 70.

ein Dachgeschoss sind die Regel. Im Erdgeschoss ist durch drei oder mehr Säulen ein bedeckter, 3—6 m tiefer Vorplatz gebildet, welcher in Städten zum fortlaufenden Laubengang wird. Ueber ihm ist die nach vorne gelegene sogenannte schöne Stube (Empfangszimmer). Die Häuser sind ziemlich regelmässig um den Marktplatz (Ring) angelegt, ein Hauptkennzeichen slavischer Niederlassungen gegenüber germanischer Unregelmässigkeit. Die Giebelseite ist nach dem Platz zu gewendet, die Fluchtlinie ist eingehalten, aber die Häuser nicht selten durch kleine Gassen von einander getrennt und dann in diesen die Eingänge angeordnet. Das Holzwerk ist grob behauen, mit Moos, Thon und ähnlichen Materialien gestopft und die vortretenden Balkenenden abgeschnitten. Die Säulen der Arkaden, sowie der im Obergeschoss belegenen Balcone, welche, wie die schweizer Seitenlauben, durch Aufschieblinge bedeckt sind, werden in kräftigen schwungvollen Linien geschnitzt; zwischen die Capitäle und die getragenen Balken sind kurze Pfosten eingeschoben und Kopfbänder, welche, durch Spannriegel getrennt, sprengwerkartig die Balkenanlage unterstützen. Die Fenster sind nach Bedarf ohne Symmetrie herausgeschnitten, zum Theil gruppenweise angeordnet und dann mit gemeinsam durchlaufendem, mässig geschnitztem Brustriegel und Sturzriegel versehen. Die Giebel sind mit lothrechten und schrägen Brettern beschlagen und in der oberen Hälfte abgewalmt. Geschnitzte Fahnenstangen, oder bei grösseren Gebäuden schlanke Uhrthürmchen überragen das Dach. Charakteristische Beispiele solcher Holzbauten giebt die Isergegend: Adler-Kosteletz, Reichenau (Richnow), Waneberg, dessen Häuser durch Reichthum und feine Gliederung hervorstechen, dann Solnitz, wo nicht, wie im Norden, die braune Farbe vorherrscht, sondern die Säulen und constructiven Theile meergrün angestrichen sind. In Semil ist unter den mehr als 50 reich ausgestatteten Holzhäusern das Rathhaus durch Grösse ausgezeichnet. Es ist 15,17 m breit, der Laubengang 3,15 m tief und 13,25 m hoch. Die Details sind mittelalterlich, einfach und kräftig und deuten auf die zweite Hälfte des 15. Jahrhunderts. Die Wände sind aus waldkantig behauenen Fichten; Säulen, Thür- und Fensterpfosten, sowie die decorativen Theile aus Kiefernholz. In Hohenelbe und Arnau wird, wie in Uebergangsbezirken Vermischungen häufig sind, so mehrfach im unteren Geschoss der slavische Blockbau, oben das Fachwerk mit sehr steilem Giebel angewendet. Einige Häuser aus der ersten Hälfte des vorigen Jahrhunderts zeigen den für den ersten Anblick befremdlicheu, aber ganz geschickt durchgeführten Versuch, die geschweiften Formen des italienischen Barockstils in Holz wiederzugeben.

Geringeren Kunstwerth haben die Häuser der früher slavischen Theile Preussens. Doch findet sich auch hier manches Hübsche, Bemerkenswerthe. So ist in der Vorhalle eines Hauses aus dem 17. Jahrhundert in Konitz[24]) (Westpreussen) die Säule mit dem Sattelholz und dem rund ausgeschnittenen, unter dem Capitäl ausstrebenden Kopfband in ganz origineller Weise zusammengeschnitten (Fig. 71.), sodass die Säule ein angemessenes Capitäl erhält, das

---

[24]) Die Zeichnung verdanke ich der Freundlichkeit des Archit. Philipp.

Sattelholz noch oben weiter ausladet und am Kopfband nicht zu viel Holz unnütz verschnitten wird.

Fig. 71.

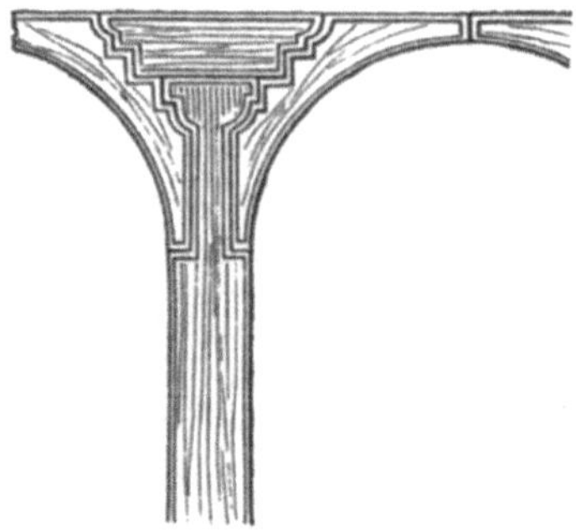

Durch grosse Holzstärken und bunte Farben zeichnet sich Russland aus. Hier hat in neuerer Zeit die Laubsägearbeit und Brettschnitzerei vielfach die alte Schnitzerei aus dem Vollen verdrängt.

Holzhäuser der Ungarn.

Die Holzhäuser Ungarns (zwischen Szathmàr und Marmaros-Szigeth) ähneln denen der Alpen, doch haben sie wie die slavischen steilere Dächer. Das Erdgeschoss ist gewöhnlich von Stein, darüber erheben sich ein bis zwei Geschosse mit etwa 1— 1½ Meter vorstehenden Lauben. Sie zeigen Schnitzereien vorzugsweise an den Schalbrettern der Giebeln und in der über das Dach aufragenden Stange. Schulcz, dem wir diese Notizen verdanken[25]), macht auch auf die Brunnen aufmerksam, welche ähnlich, wie in der Schweiz mit in den Kreis der Kunstentfaltung hineingezogen werden. Eine 6—8 m hohe Säule hat unter dem Schlitz für den Querarm (oder Hebel) verschiedene Schnitzereien, über demselben auf langem Hals einen Stern und darüber tulpenartiges Schnitzwerk, das nur mit Stein- und Hohleisen, jedoch sorgfältig hergestellt ist.

Schweden.

Schweden baut ebenfalls in Blockbau und verschindelt, besonders an der Wetterseite, die Aussenseiten. Auch hier sind einige

[25]) Mitth. d. k. k. Centr. 1868 S. II.

Kirchen aus dem Mittelalter erhalten, welche hier anzuschliessen sind. Im Blockstil erbaut und äusserlich übereinfach, stehen sie in entschiedenem Gegensatz zu ihren norwegischen Nachbarn. Ich wähle als Beispiel die Kirche von Amnehårad Råda (Wermeland) aus der ersten Hälfe des 14. Jahrhunderts[26]). Ein glattes Rechteck bildet das Schiff, ein an die eine Schmalseite vorgelegtes kleineres Quadrat den Chor. Auf der einen Seite setzt sich die Längswand des Schiffes bis zum Ende des Chores fort, so dass hier ein dritter Raum als schmaler Gang entsteht. Auf der andern Seite ist eine Sacristei angebaut. Chor und Schiff sind durch eine Oeffnung, welche fast die ganze Chorwand bis zu zwei Dritteln der Kämpferhöhe fortnimmt, verbunden. Weder Thurm noch Apsis oder Vorhalle unterbricht die glatte Aussenseite, welche bis zu den in gleicher Neigung steil aufsteigenden Giebeln in einer Fläche überschindelt sind und so einen recht langweiligen Eindruck machen. Die fast quadratischen Fenster sind nur herausgeschnitten. Etwas belebter ist das Innere. Hier ist im Schiff wie im Chor durch verschalte Krummsparren ein Gewölbe in Form des Kleeblattbogens gebildet (Fig. 72). Allein die Gewölbe sind nicht wie die normannischen ein integrirender Theil der Construction, sondern blosse Decoration. Sie kommen auch nirgends in ihrer Eigenschaft als Holz zur Geltung, denn sie sind, wie die sämmtlichen Wände der Kirche, mit bunten Malereien bedeckt, welche in ihrer humoristisch-phantastischen Weise an gleichzeitige deutsche Malereien erinnern, aber roher und ungeschickter sind. Ein naives Bestreben, die einzelnen Scenen der Gemälde durch architectonische Einfassungen zu trennen, bezeugt die von der byzantinischen Kunst herüber genommene Anschauungsweise. Die Wand ist durch Ornamentstreifen in mehrere wagerechte Abtheilungen getheilt, welche einzeln wieder durch lothrechte Streifen getrennt werden, diese sind als Säulen gemalt, welche mit Fialen gekrönt und durch Kleeblattbögen oder Rundbögen in Giebelfeldern und ähnliche gothisirende Formen oder durch einfache gebrochene an hölzernes Sprengewerk erinnernde Linien verbunden sind. In ihren Mittelfeldern sind beispielsweise im Chor zu oberst die Propheten, darunter Heilige, darunter Scenen aus dem Tode der heiligen Jungfrau in rothen, grünen, blauen und hellbraunen Farben auf blauem oder rothen Grunde dargestellt. Die unterste Fläche wird durch einen ganz geschickt gemalten gelben Vorhang auf blauem Grunde abgeschlossen. Aehnlichen

[26]) Mandelgren, Monum. Scandin. du Moyen âge Bl. IX ff.

Inhalts sind die andern Malereien. So sind auf der Westwand die sieben Todsünden und darüber die sieben Tugenden dargestellt. Dass die Fenster und Thüren beliebig in die Gemälde hineingeschnitten

Fig. 72.

sind, scheint die Kirchenbesucher nicht gestört zu haben. Die Gewölbe des Schiffes sind mit Kreisen verziert, welche zehn nebeneinander und auf jeder Seite vier übereinander (und zwar nicht diagonal, sondern in lothrechter und wagerechter Reihenfolge) 80 Medaillons bilden, welche alle ebenfalls recht bunt ausgemalt sind. Die Schöpfungsgeschichte bot hier Gelegenheit zu allerlei grotesken Gestalten und fabelhaften, aus verschiedenartigen Geschöpfen zusammengestellten Thieren, welche, an unbehagliche Fieberträume erinnernd, der ungezügelten Phantasie jedes jugendlichen Volkes eigen sind.

Was die Eintheilung der Fläche in Kreise betrifft, so ist sie nicht nur bei den schwedischen Kirchen öfter wiederkehrend, sondern ich bemerke sie auch an den Wänden englicher Häuser aus viel späterer Zeit, in ganz ähnlicher Weise an dem Holzgewölbe über der Blundells Schule in Tiverton (Devonshire) von 1604[27]). Aehnlich der Kirche in Råda sind einige andere in Schweden. Die Kirche in Eldshult (Småland)[28]) hat in ihrem Schiff vier Mittelsäulen, welche Bögen tragen und dadurch ein etwas complicirteres Holzgewölbe, sowie am Chore eine im Achteck angelegte Apsis, welche im Innern durch ein einhüftiges Klostergewölbe aus Holz bedeckt ist. Im Ganzen verrathen diese Kirchen in architektonischer Beziehung kein grosses Kunstverständniss und sind (namentlich durch ihre Malerei) von mehr geschichtlicher, als künstlerischer Bedeutung.

---

27) Dollmann and Jobbins, Dom. arch. Bd. II.

28) Mandelgren Bl. IX.

VII. Abschnitt.

Der Alpenbau.

Erstes Capitel.

Schweizer.

Wenn im Verlauf der Darstellung sich der Holzbau öfter als der Steinbau als ein Spiegelbild nationalen Wesens gezeigt und treuer als dieser die einheimische Weise bewahrt hatte, und wenn wir gefunden hatten, dass das Holz unverstandenes Wiedergeben des Fremden durchaus nicht verträgt, so bildet der schweizerische Holzbau den letzten Schluss dieser Wahrnehmung. Dass die schweizer Holzhäuser eine wirkliche, ihnen eigenthümliche Architektur auszeichnet, ist erst in neuerer Zeit anerkannt worden, und meisterhafte Publicationen haben die Kenntniss derselben auch dem Fremden erschlossen[1]).

Die Schweiz ist bei nur oberflächlicher Betrachtung ein buntes Gemisch verschiedenartiger Theile. Verfassung und Einrichtungen der einzelnen Cantone, wie die ganze Art ihrer Bewohner ist freilich oft in nahe an einandergelegenen Thälern eine so abweichende, dass sich überall die Einflüsse anderer Nationalitäten und fremder Einwanderung bemerken lassen. Und dennoch geht durch die ganze Schweiz ein starkes und vollbewusstes Gefühl der Zusammengehörigkeit, welches germanisches wie romanisches Wesen vollständig durchdringt, und auch dem Fremden nicht entgeht, wenn er dem Land und seinen

---

[1]) Ich führe sie hier ein- für allemal an: Graffenried und Stürler, Archit. suisse. Hochstätter, Schweizer Holzarchitektur. Varin, L'architecture pittoresque en Suisse. Förstersche Bauzeitung 1843. Semper, Stil II S. 312. Gladbach, Schweizer Holzstyl etc. 1868. Gladbach, Schweizer Holzarchitektur 1876. Die beiden letzten im Text ziemlich übereinstimmenden vortrefflichen Werke liegen vorzugsweise der folgenden Darstellung zu Grunde.

Bewohnern ein tieferes und liebevolleres Eingehen widmet, als der gewöhnliche Reisende. Die Schweiz, thatsächlich viel früher als die Nachbarländer consolidirt, hat durch ihre Lage und ihre geschichtliche Entwickelung seit dem Mittelalter selbst von entfernten Völkern Nutzen gezogen. Sie hat die Cultur derselben und ihre Resultate, soweit es ihr nützen konnte, auf die heimathlichen Verhältnisse übertragen, aber stets dabei das eigene Wesen gewahrt. Diese Beobachtung bestätigen die Holzbauten, welche sich gleichermaassen beider Stilarten, des Riegel- und Blockbaus, bemächtigt haben. Spuren uralter, in entlegenen Zeiten stattgefundener Einwanderung offenbaren sich in ihnen. Die Frage, ob der Blockbau bei den Schweizern entstanden oder wie und wann er bei ihnen eingeführt wurde (was wahrscheinlicher ist), ist bisher noch nicht genügend aufgeklärt. Unsere genaue Kenntniss reicht nicht weiter wie bis zum 16. Jahrhundert. Erkennbarer ist der Einfluss des germanischen Elementes in den Riegelbauten der Nordschweiz. Diese beiden Gattungen des Holzbaus werden in der Schweiz noch heute fast so gepflegt, wie vor 300 Jahren, wenn auch mit manchen Vereinfachungen. Weit weniger hat das Ausgleichungs- und Uebertünchungsverfahren, welches im Anfang dieses Jahrhunderts Deutschland seiner schönsten Schnitzwerke beraubt hat, die Schweiz betroffen, deren conservativer Sinn sich hierin bekundet.

Geographische Uebersicht.

Der Riegelbau ist in der nördlichen und westlichen Schweiz. In den Cantonen Zürich, Thurgau, Schaffhausen war früher der Ständerbau in Gebrauch, bei welchem die einzelnen Felder zwischen dem Rahmenwerk durch wagerechte Bohlen ausgefüllt sind; seit dem achtzehnten Jahrhundert aber, wo dort der Holzreichthum abnahm, kam der in den benachbarten Theilen Deutschlands herrschende Fachwerkbau, bei welchem die einzelnen Wandfelder durch Steine zugesetzt wurden, und zugleich das steilere Ziegeldach zur Herrschaft. In Riegelwerk baut Zug. Aargau hat den niedrigen Ständerbau mit hohem, weit herabhängendem Strohdach unverändert beibehalten. Seine Holzhäuser gleichen denen des benachbarten Schwarzwaldes in den meisten Beziehungen. — Dieser Gruppe stehen die Urcantone Schwyz, Uri und Unterwalden gegenüber, welche ausschliesslich den Blockbau anwenden. Seit den letzten Jahrhunderten ist er bei ihnen im Wesentlichen derselbe geblieben. Am Ende des 16. Jahrhunderts zeigen sich noch spätgothische Formen und Constructionen an Kellergebälken, Decken, Thür- und Fensterrahmen, Oefen und Möbeln. Selbst der romanische Würfelfries kommt häufig an Fensterbankgesimsen vor, eine Art Zahnschnittreihe von schräggestellten, an den Holzbalken angeschnittenen Consolen, welche, bisweilen auch mehrfach untereinander in abwechselnder Richtung gesetzt, ein Flecht- oder Taumuster bildet. Er entspricht so ganz der Holztechnik, dass Semper ihn von ihr aus auf die Steintechnik übertragen glaubt. Vom 17. Jahrhundert an ist der Blockbau der Urcantone auch in seinen Verzierungen feststehend und nur darin wechselvoll, dass bald ein steiles Schindel- oder Ziegeldach, bald ein flaches und mit Steinen belastetes Schindeldach darauf gewählt wurde. An die Urcantone schliesst sich der Blockbau von Glarus, St. Gallen und Appenzell an. In letzterem Canton und in einigen Gegenden von Unterwalden und Schwyz werden des rauhen Klimas wegen die Aussenwände mit Brettchen beschlagen. In Bern ist in den nördlichen Theilen der Ständerbau herrschend, im Oberland der Blockbau. Im Gegensatz zu dem der Urcantone ist an ihm ein bestimmter Entwickelungsgang erkennbar, im 16. Jahrhundert bescheidene Anfänge, dann im Laufe des 17. eine immer reichere Blüthe, später Verkünstelung, schliesslich wieder grössere Einfachheit. Im Simmen- und Saanenthal, sowie zum Theil im benachbarten Wadtland tritt der Ständer- und Blockbau vereinigt an demselben Gebäude auf. Luzern steht wie auch sonst unter dem Einfluss der Nachbarcantone, hat im Norden den Ständerbau Aargaus, im Süden den Blockbau der Urcantone, im Entlibuch die erwähnte Combination beider. Tessin und Graubünden, welche im Norden den Blockbau der Urcantone mit dem steilen Dach verbinden, bilden weiter südlich den Uebergang zum romanischen massiven Steinbau, so dass z. B. im Engadin die Blockwand nach aussen durch eine steinerne Mauer verkleidet wird.

Aufbau des Schweizer Hauses.

Der Aufbau des alten Schweizer Hauses ist ebenso einfach, als sinnreich. Weniges nur hatte der Maurer zu machen, das unterste bis zur Erdhöhe oder etwas höher geführte Mauerwerk der Wände, Herd und Schornstein, sowie einige andere geringfügige Arbeiten, bisweilen eine Treppe. So fiel die Hauptarbeit dem Meister Zimmermann zu, der auch die ganze Leitung des Baus in die Hand nahm. So viel er konnte, fertigte er mit seinen Gesellen von Holz und ohne

Zuhülfenahme von Eisen oder Leim, selbst die Thüren und Fenster, ja, wo möglich, auch Riegel und Schlösser. Die Nägel waren ebenfalls von Holz, mit geschnitzten Köpfen. Wo es irgendwie anging, wurden sie ganz vermieden und die beiden zu verbindenden Hölzer durch geschickte Verzapfungen unverschieblich mit einander verknüpft. Auf diese Weise wurde der Zimmermann zu weit künstlicheren und correcteren Arbeiten gezwungen, als bei uns z. B. der Tischler, denn er konnte nicht darauf rechnen, schlechtere Arbeit nachflicken zu können. So wurde der durch Nichts ersetzbare Stolz des Arbeiters, die Freude an seinem Werk erweckt und es entstanden jene fein ausgedachten Verbindungen, jene Verschränkungen und Verstrebungen, welche, in der Folge künstlerisch ausgebildet, den vollgültigsten Beweis von dem Vorhandensein einer tendenzlosen Schönheit, einer ohne Rücksicht auf Schulrichtungen zum Kunstwerk geadelten Construction geben. Dieses Gefühl des Zusammenhanges der Kunst mit dem Handwerk hat sich bis heute im Volk wach erhalten. Als Material wird für die Schwellen meist die Eiche genommen, für alles Uebrige die Tanne, und zwar am liebsten die Rothtanne, welche mit der Zeit an den dem Wetter ausgesetzten Theilen einen silbergrauen, auf den von der Sonne beschienenen einen saftigen rothbraun glänzenden Ton bekommt. Sie wird auch im innern Ausbau zu Treppen, Fussböden, Vertäfelungen, Thüren und Fenstern verwendet. Doch wird hierzu auch mehrfach das schönfarbige Kirschbaumholz genommen, aus welchem sonst das Mobiliar an Schränken, Bänken und Tischen gefertigt wird.

Von den beiden in der Schweiz vertretenen Holzstilen, dem Blockbau und dem Riegelbau, kommt jeder in verschiedenen lehrreichen Veränderungen vor.

Riegelbau.

Die Riegelwand erscheint als Ständerwand und zwar dann mit wagerechter Bohlenausfüllung oder als Fachwerkwand, gewöhnlich mit Ausfüllung von kleinen Bruchsteinen in dicken Mörtelbettungen. Die ältere und dem früheren Holzreichthum entsprechende Art ist der Ständerbau, an welchem sich wiederum die Aufeinanderfolge mehrerer Zeiten unterscheiden lässt. Die früheste Constructionsweise zeigen alte erhaltene Häuser in Zürich, Aargau, Thurgau, sowie in den nördlichen Theilen von Luzern und Bern[2]). Das Holzgerippe

[2]) Gladbach, Holzarch. Fig. 23.

der Umfassungswände besteht aus den unteren Schwellen, den oberen Rähmen und den an den Ecken und Knotenpunkten durch zwei Geschosse reichenden Pfosten, in welche die Brust- und Sturzriegel eingezapft sind. In diese greifen wieder die Zapfen der Fenster- und Thürpfosten ein. Die Pfosten der Innenwände reichen nur von Geschoss zu Geschoss. Die Holzstärken sind sehr verschieden, so dass sich kein Durchschnittsmaass angeben lässt. Für die Schwellen sind im Allgemeinen 20 zu 25 cm anzunehmen, doch kommen an unteren Schwellen auch die unnütz grösseren Maasse von 48 cm Breite und 66 cm Höhe vor (Haus in Bülisacher). Die Schwellen sind manchmal an den Knotenpunkten durch Schlitzzapfen verbunden (wie wir sie an oberen Geschossen braunschweigischer Häuser sahen) (Fig. 73). Diese gehen von der einen Schwelle

Fig. 73.

durch die andere querliegende durch und die vortretenden Zapfen sind durch eingetriebene Holzkeile am Zurückweichen behindert. Die Stärke der Hauptpfosten schwankt zwischen 18 und 36 cm, die der Riegel sogar zwischen 12 und 45 cm, die der Thür und Fensterpfosten zwischen 8 und 12 cm. Diese Hauptbölzer werden ausgenuthet (Fig. 74) und in die Nuthen 6—12 cm starke, 20—30 cm breite Bohlen wagerecht von oben nach unten eingeschoben[3]). Die Bohlen liegen auf der einen Seite; gewöhnlich auf der innern bündig mit der Fläche der viel stärkeren Hauptbölzer. Auf der Seite, wo diese vertreten, werden kurze Fuss- und Kopfbänder zur Versteifung der wagerechten und lothrechten Balken angebracht und sind mit diesen schwalbenschwanzförmig überschnitten.

In Luzern und Bern sind nur die ältesten Häuser in der Weise gebaut, dass die Hauptpfosten durch beide Geschosse durchreichen. Später liess man die oberen Schwellen (Saumschwellen)

[3]) Gladbach, Holzarch. Fig. 22; Holzstyl A. VIII.

durchgehen (Fig. 75) und verzapfte in sie die Pfosten[4]). Brust- und Sturzriegel liefen als Balken zwischen den Wandpfosten ohne Unterbrechung durch. Seit dem Ende des vorigen Jahrhunderts schliess-

Fig. 74.

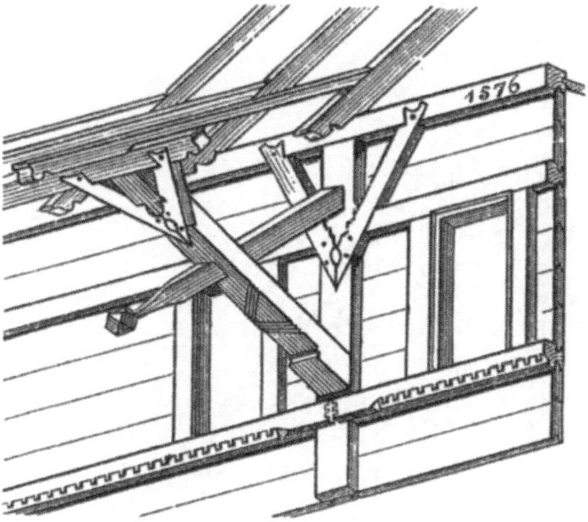

lich trennte man die gruppenweise angeordneten Fenster, indem man Wandstücke von gleicher Breite zwischen jedem stehen liess[5]). Die Fensterpfosten wurden in gleicher Höhe wie die Wandpfosten bei allen Geschossen errichtet und zwischen je zwei Fensterpfosten kurze Bohlen eingeschoben. So gewannen die Häuser an Gleichmässigkeit, was sie an malerischer Gruppirung einbüssten. Die Brustriegel wurden als schmale Leisten in die Pfosten eingeblattet (Simmenthal). Ausser in den Profilirungen der Brustriegel, an welche öfter der Würfelfries angeschnitten ist, haben die alten Ständerbauten keine besonderen Verzierungen. Der gefällige und freundliche Eindruck besteht vielmehr vorzugsweise in der feinen Ausführung der zahlreichen, mit hübsch geschnitzten Holznägeln gesicherten Verbindungen. Hierzu kommt die Wirkung des Daches (welches später im Zusammenhang besprochen werden wird).

In den nordöstlichen Cantonen der Schweiz, welche Deutschland nahe liegen, ist der Ständerbau allmälig durch den Fachwerkbau verdrängt worden. Die Unterscheidungen vom deutschen Fach-

---

[4]) Gladbach, Holzstyl A. II, 1.

[5]) Gladbach, Holzstyl S. 25; Holzarch. Fig. 61.

werkbau, welche Gladbach aufstellt, sind nicht in allen Beziehungen zutreffend. Sie sind einerseits keine Eigenthümlichkeit des Fach-

Fig. 75.

werkes, sondern aller Schweizer Häuser, wie die Vordächer, die Lauben und die Fensterladeneinrichtung, Anderes aber, wie die Vergitterung an Giebeln und Wänden, entspricht durchaus jener Zeit des Fachwerkbaus, welche ich in Deutschland als die dritte Periode bezeichnet habe, und welche im 17. Jahrhundert als eine Gegenströmung gegen die italienische Renaissance sowohl in Niedersachsen als besonders am Rhein gepflegt wurde. Die ganze Wand ist nämlich in lauter einzelne sich nach allen Richtungen, namentlich diagonal kreuzende Hölzer aufgelöst[6]), gleich als wenn nach der Zurückdrängung der aus der Construction hervorgehenden Decoration die Construction sich noch einmal habe der Verzierung bemächtigen wollen und „in toller Fastnachtslust“ in allerlei geraden und geschweiften Formen das Rahmenwerk auf die Ausfüllung übertragen habe (Fig. 76). Häufig ist eine Art der Verzierung, nach welcher

Fig. 76.

in einem Felde in zwei diagonal einander kreuzende Hölzer andere immer kleiner werdende in einander gezapft werden, dasselbe Motiv, welches in Frankreich seit dem 16. Jahrhundert beliebt wurde[7]). Auch das aus den Harzbauten bekannte Andreaskreuz zwischen einem übereck stehenden und etwas nach innen geschweiften Viereck oder dem Kreis zeigt sich in den Wandfeldern, ja selbst eine an das Sternornament anklingende Verzierung hat ein bei Varin[8]) veröffentlichtes Haus im Thurgau, hier freilich mehr an ein halb abgeschnittenes Wagenrad erinnernd. Dass diese Verzierungen unberech-

---

[6]) Varin, T. 21.

[7]) S. S. 44. Vgl. Wilson, A series of ornament timber gables etc.

[8]) Taf. XXIX.

tigt sind und anstatt der nöthigen Betonung der Hauptthölzer und Unterordnung der unbedeutenderen die vielen gleich starken Hölzer, die sich zum Theil planlos kreuzen und schwächen, einen unruhigen und dabei einförmigen Eindruck machen, ist schon hervorgehoben worden. Was die Schweizer Fachwerkfassaden vor den andern auszeichnet, ist die ruhigere und zurückhaltendere, aber auch weniger phantastische Art, welche allen Schweizer Holzbauten eigen ist. Immerhin treten die Fachwerkbauten bedeutend zurück gegen die wohlausgesonnenen alten Ständerbauten, vor allem aber gegen die Krone der Schweizer Häuser, den Blockbau, sei es in der Weise der Urkantone, sei es in der des Berner Oberlandes.

Blockbau.

In den Urkantonen (Schwyz, Uri, Unterwalden) erscheint der Blockbau durchaus ursprünglich und die letzten drei Jahrhunderte hindurch im Wesentlichen derselbe, unbeeinflusst vom Riegelbau geblieben. Sein System und seine Maasse sind folgende. Die Schwellen sind etwa 15 cm stark, die darauf liegenden Wandbalken 10—14 cm. Sie sind vierkantig, doch nach dem Wuchs der Bäume beschlagen, so dass die Höhen an beiden Enden zwischen 15 und 60 cm schwanken. Infolge dessen sind sie abwechselnd mit dem Wurzelende und dem Zopfende aufeinandergelegt. Die Fugen werden mit Moos auskalfatert. In Entfernungen von 1—1,5 m sind je zwei übereinanderliegende Balken durch einen 3 cm dicken Holznagel zusammengehalten. Bei den Ecken und Knotenpunkten der Scheidewände kreuzen sich die Balken in halber Ueberschneidung (Verkämmung) in der Weise, dass sogenannte Vorstösse in einer Länge von 15—18 cm nach aussen vorstehen, welche an den Kanten Einkerbungen als Verzierung haben[9]). Auf der Festigkeit der Kreuzungsstellen beruht zum grossen Theil die Unverschieblichkeit der Wände. Deshalb wird öfter statt der einfachen Ueberschneidung die zurückgesetzte gewählt, wobei die Balken auch seitlich in einander verkämmt sind[10]). Bisweilen lässt man einzelne Balkenköpfe vortreten, während die andern in die Umfassungswände eingenuthet sind. Da die Lagerfugen der einen Wand immer um einen halben Balken höher oder tiefer liegen, als die der anderen Wand, so kommen auch die Fenster in etwas verschiedene

---

[9]) Gladbach, Holzstyl DL, I, V; Holzarch. Fig. 10b.

[10]) Gladbach, Holzarch. Fig. 5.

Höhen zu liegen. Sind die Balken auf mehr als 6 m Entfernung ohne Querwände, so werden sie versteift, indem Hölzer, ähnlich den Querwänden, mit ihnen verkämmt, aber im Innern kurz abgeschnitten werden (Fig. 77). Die Fenster- und Thürpfosten sind (wie bei den

Fig. 77.

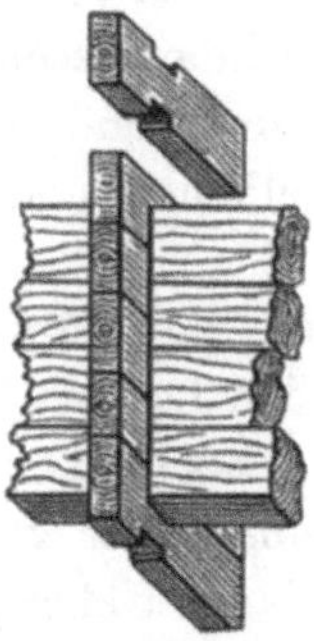

Fig. 78.

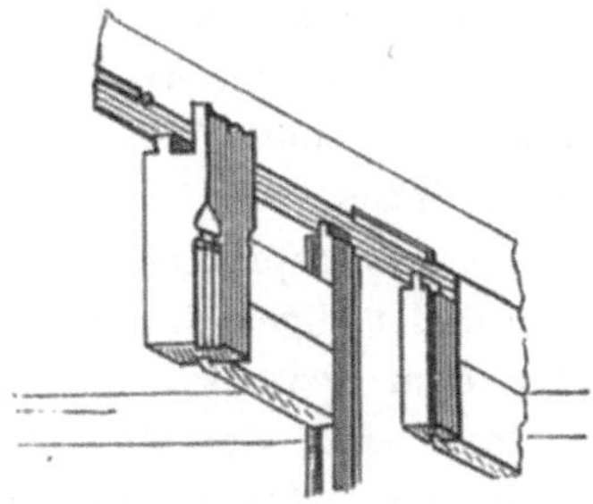

slavischen Blockbauten) (Fig. 78) oben und unten in die Blockbalken eingezapft und seitwärts mit Nuthen versehen, um die Zwischenbalken einzuschieben[11]). Die Fenster sind gruppenweise in 9 cm starke Pfosten angeordnet. So steigen die Wände schlicht und einfach auf. Bei keinem Bau wird wie beim Blockbau das Innere des Hauses in solchem Maasse zum Ausdruck gebracht (Fig. 79). Be-

Fig. 79.

tonten die Riegelbauten die Geschosseintheilung des Hauses in stärkerer Weise, so wird hier die Grösse und das Verhältniss der einzelnen Zimmer durch die Vorstösse geoffenbart. Vorkragungen

[11]) Gladbach, Holzstyl H. V, 2, VI.

der Zimmer sind selten, allein an den älteren Häusern bemerkbar. So finden sich an einem alten Schützenhause bei Schwyz (1564) die Aussenwände an der Fensterbank etwas vorgeschoben. Wenn die Vorkragung bedeutender ist, wie an dem oberen Geschoss eines Hauses in Steinen (Schwyz) von 1539 oder dem Erdgeschoss eines Hauses in Silenen (Uri) aus dem Ende des vorigen Jahrhunderts [12]), an welchem die Balken um 45 cm vor die Wand vortreten, ruhen dieselben höchst rationell auf consolenartigen, rundausgeschnittenen Bohlen, welche in die untere Wand eingefügt sind und beim allmäligen Austrocknen und Sinken der oberen Balken um so stärker als Absteifung wirken.

Das weitere Vorspringen einzelner Balken zum Zweck der Unterstützung findet allgemeine Anwendung bei den Lauben (Balcons, Gallerien) und dem weitausladenden Dach. Die Tragebalken (Kragebalken) derselben sind der oberste Vorstoss selbst, der zu diesem Zweck so lang als nöthig genommen wird. Der Uebergang der unteren Vorstösse zu diesem Tragebalken geschieht durch curvenförmige Ausschneidung und zeigt in den verschiedenen Cantonen bestimmte Unterschiede, welche geradezu bezeichnend für den einzelnen Canton sind. In Unterwalden stehen über der Curve die obersten drei Tragebalken gleich weit vor und der unterste ist am Ende schnabelartig ausgeschnitten (Fig. 80). Dasselbe Motiv, doch einfacher und ohne Schnitzerei, bisweilen mit einem Hirnbrettchen versehen, hat Schwyz, ebenso, aber mit Schindeln, oft in zierlichen Rosetten beschlagen, Appenzell. In Uri beginnt die Curve gleich am obersten Balken, welcher nach der Form des Stierkopfes ausgeschnitten ist (Fig. 81). In Glarus tritt der oberste Balken weit vor und ist in der

Fig. 80.

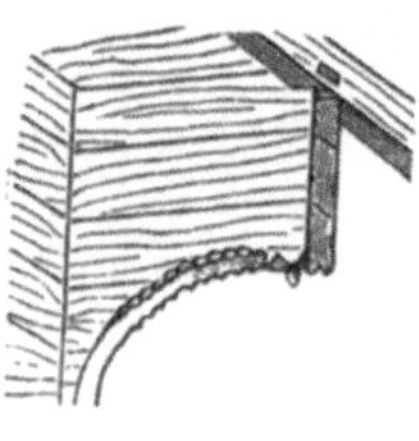

Fig. 81.

Fig. 82.

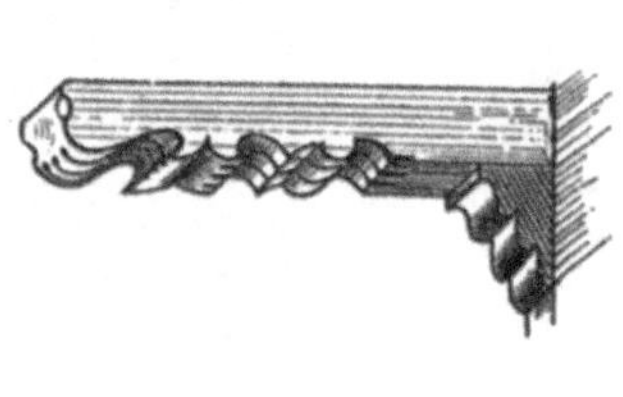

ganzen Länge der Unteransicht in geschweiften Linien profilirt (Fig. 82), während eine wirkliche Console unter ihm an der Wand befestigt ist oder die drei Balken darunter in einer geraden Linie

[12]) Gladbach, Holzstyl D, II, III u. Fig. 53; Holzarch. Fig. 9.

abgeschrägt sind (ähnlich wie bei der ältesten Periode des Berner Oberlandhauses).

Dem Blockbau der Urcantone folgen im Allgemeinen Glarus, St. Gallen, Appenzell und das nördliche Graubünden mit geringen Abweichungen. In Appenzell, dessen hoch gelegene Dörfer heftigen Stürmen ausgesetzt sind, werden die Wände überschindelt oder mit lothrechten Brettern beschlagen und, da hierbei die Vorstösse fortfallen, durch sogen. Verzinkung mit einander verbunden. Die Fenster sind einzeln zwischen breite Wandstücke gesetzt und jedes für sich, sowie die Hausthüren oberhalb durch kleine dicht aufliegende Vordächer und seitwärts durch zwei das Vordach stützende zierlich ausge-

Fig. 83.

schnittene Flügelbretter geschützt (Fig. 83). Aehnliche Flügelbretter stehen unter dem Dach. Schindel oder Brettstückchen werden auch in manchen Gegenden von Schwyz vor die Wände genagelt.

Die Blockbauten des Berner Oberlandes sind von denen der Urkantone in mehreren Beziehungen abweichend. Der Hauptunterschied besteht darin, dass die Blockbalken selbst die Stelle für den Schmuck des Hauses bilden. Ferner machen die sehr weit ausladenden Dächer die Vordächer entbehrlich. Ebenso fehlt die den übrigen schweizer Bauten eigenthümliche Construction der Schiebeläden. Vielmehr sind die Läden, wo solche aussen angebracht sind, beim

Oeffnen nach der Seite oder aufwärts zu klappen und von der Fensterbank aus mit einer Spreizstange offen zu halten. Die Dachneigung ist fast überall im Oberland dieselbe und hat das classische Verhältniss von $1/5$ der Spannweite. Es lassen sich mehrere Perioden unterscheiden, welche das Oberlandhaus durchmacht. Die ältesten und einfachsten Bauten finden sich noch im Haslithal und werden dort Heidenhäuser genannt. Die Wände steigen glatt in die Höhe

Fig. 84.

und ohne dass, wie später, einzelne Längsbalken innerhalb der Geschosshöhen vortreten. Als einziges Ornament tritt der Würfelfries, an kleine schräg gestellte Zahnschnitte erinnernd, in einfachen oder mehrfachen Reihen an den Fensterbänken in sehr flachem Profil auf. Die Kragebalken, welche die Dachpfetten stützen, sind nach einer einzigen geraden Linie schräg abgeschnitten.

Gegen Anfang des 17. Jahrhunderts werden die Fassaden grösser (Fig. 84). Die oberen Geschosse ragen etwas über die unteren vor, so dass in ihre Rähme[13]) von Zeit zu Zeit kleine Consolen mit Schwalbenschwanzzapfen eingelassen sind, auf welchen die vortretenden Schwellbalken der Länge lang aufliegen. Diese Balken sind zwischen den Consolen in mittelalterlicher Weise abgefast, ebenso sind es die Fensterpfosten. Die Balken, gewöhnlich viere über einander zwischen den Rähmen des unteren und der Fensterbrüstung des darüberliegenden Geschosses, sind, wie der jonische Architrav, dreifach abgesetzt und ihre Lagerfugen durch feine Linien und den häufig wiederkehrenden Würfelfries betont. Die früher in gerader Linie gezogene Vorkragung der pfettentragenden Blockbalken wird in schräger Abtreppung geschnitten, so dass jeder Balken einzeln für sich profilirt ist. Zwischen die Consolen wird in die Rähme eine geradlinige Inschrift eingeschnitten, welche schwarz gemalt auf hellem Grund den Namen des Bauherrn, des Zimmermeisters, das Jahr der Erbauung und einen Sinnspruch enthält. Das ganze Haus macht einen vornehm ruhigen Eindruck, bietet jedoch etwas zu wenig Abwechslung in der Gesammterscheinung.

Gegen die Mitte des 17. Jahrhunderts werden die Fassaden allmälig viel schwungvoller (Fig. 85). Die Renaissance, richtig aufgefasst, wird in die Formen der Holztechnik übertragen. An die Stelle der Consolenreihe und abgefasten Balken tritt ein durchlaufender Rundbogenfries, welcher aus dem vollen Balken in 2 mm Stärke herausgeschnitten ist. Die Vorstösse treten nur von Zeit zu Zeit vor und werden in Fenstersturzhöhe durch schön geschwungene Consolen gestützt. Der Würfelfries weicht dem wirklichen Zahnschnitt und andern antikisirenden Gliederungen. Fortlaufende Ornamente, Arabesken und Blattranken überziehen nun auch die Flächen der einzelnen Balken, indem sie die durch ungleiches Austrocknen entstandenen Risse derselben verdecken und die Richtung nach der Länge hin aussprechen. Namentlich die ganze Fläche zwischen dem Fenstersturz des unteren und der Brüstung des oberen Geschosses ist in vier grosse Streifen getheilt, welche wiederum durch vielfache schmale Bänder und Schnüre miteinander verbunden sind. Die Inschrift rückt in die Mitte des Gebälkes über dem Rundbogenfries, wird abgerundeter und bildet kalligraphische Muster bis heute. Auch die Fensterpfosten haben in Renaissanceformen geschnitzte Profile und Arabesken. Dabei sind alle diese Ornamente in so flachem Relief gehalten und so stilisirt, dass sie die Ruhe des Ganzen nicht stören.

[13]) Ich bediene mich dieses Ausdrucks, um die Balken über den Fenstern zu bezeichnen.

Die übereinander vorkragenden Pfettenträger sind zusammenhängend jedesmal als eine einzige Console in künstlerisch schwungvollen Linien von reichster Abwechselung profilirt. Die Mannigfaltigkeit dieser Fassaden, welche in dem wohldurchdachten nach aussen gebrachten Ausdruck des inneren Aufbaus beruht, wird durch die vielfachen Seitenlauben in ihrer malerischen Wirkung gesteigert. Wo Vorlauben angebracht sind (Brienz, Interlaken, Grindelwald), bleibt

Fig. 85.

immer ein Geschoss von ihnen unbesetzt für die Verzierung der Wandbalken. Die Vorlauben ruhten früher bisweilen auf einer Stützenstellung, so dass in Städten, wo die Häuser nebeneinander standen (Unterseen), ein fortlaufender bedeckter Gang (Laubengang, Arkaden, Pergola) entstand.

Die höchste Blüthe hatte diese Bauart um die Mitte des siebzehnten Jahrhunderts. Die Holzbauten dieser Zeit sind von wahrhaft classischen Verhältnissen und höchster Anmuth. Seit dem vorigen Jahrhundert wurde die Ornamentik verschnörkelter und manierirter. Zugleich wurde das Dach steiler und wie in andern Gegenden auch geschweift, um Platz für Malerei zu gewinnen. Trotzdem haben diese Oberlandbauten besser die Zeit des Roccoco und der darauf folgenden Nüchternheit überstanden, als die Architektur anderer Länder. Die Ueberlieferung der Formensprache war eine zu eingewurzelte und der Holzstil ein zu nationaler, als dass die fremden Einflüsse in dem Maasse, wie in Deutschland schädlich wirken konnten. Den Beweis dafür bietet ein höchst geschmackvolles Haus, welches, im Jahre 1822, also in der für die Holzbauten Deutschlands allertraurigsten Zeit in Wasen (Cant. Uri) von einem Berner Zimmermeister hergestellt, den Vergleich mit den alten Zeiten vollkommen aushalten kann.

Besonderes Interesse gewähren die Häuser des Simmen- und Saanenthals, an welchen die beiden Holzstile vertreten sind, indem unten der Ständerbau, oben der Blockbau erscheint. Der letztere ist dann allerdings der dominirende Theil. Hübsche Häuser derselben Art finden sich im benachbarten Wadtland und sind durch vortreffliche Ornamente in Schnitzwerk und Malerei ausgezeichnet. Im Entlibuch werden die Häuser in den beiden Hauptgeschossen in Ständerbau, das Dachgeschoss in Blockbau ausgeführt. Eine gar eigenthümliche Mischung von allen Spielarten bietet, wenn wir Viollet le Duc glauben dürfen, ein Haus aus dem 14. Jahrhundert, welches sich in Frankreich, aber ganz nahe der schweizerischen Grenze, nämlich in Nantua (Dept. Ain im alten Burgund) befindet[14]); das Erdgeschoss ist von Stein, darüber das Hauptgeschoss, welches, an der Giebelseite auf drei doppelt übereinander aus der Wand kommenden Querbalken ruhend, bis zur Brüstungshöhe den Blockbau (?) zeigt, während darüber der Ständerbau beginnt. Die Seitenfront hat den Riegelbau. Die nach schweizerischer Art doppelt genommenen Dachträger sind durch eine (freilich etwas nach Violletscher Phantasie aussehende) Strebe unterstützt. Das Dach zeigt die altnormannische Form mit Krummsparren als Sprengebalken, welche auf Stichbalken mit Dreiecksverbindung aufruhen. Trotz dieser Verschiedenheiten im Aufbau und einer nicht zu läugnenden Holzverschwendung — die

---

[14]) Dict. VI. Maison Fig. 23.

Stärken sind ungemein dick — macht das Haus einen so harmonischen und wohlgefälligen Eindruck, dass es wohl angeführt zu werden verdient.

So ist bei den Schweizer Holzbauten, ausser den angeführten Hauptgruppen eine Eintheilung in viele untergeordnete Spielarten möglich. Denn ausser den erwähnten Unterschieden geben noch manche andere cantonale „berechtigte Eigenthümlichkeiten“ Stoff zu anziehender Betrachtung.

Gemeinsames der Schweizer Häuser.

Einige der Verschiedenheiten haben sich im Lauf der Zeit ausgeglichen und sind von einem Canton auf den andern übertragen worden. Dieser Austausch hat besonders in Bezug auf das Dach stattgefunden, indem die dem Nordschweizer Riegelbau eigenthümliche Unterstützung des Hauptdachs durch Stichbalken bis nach der Mittelschweiz vorgedrungen ist, während die Vordächer über den einzelnen Fensterreihen der Blockbauten auch von der Nordschweiz angenommen worden sind.

Vor allem geht unläugbar durch die ganze Schweizer Holzarchitektur ein gemeinsamer Zug, welcher, zwar nicht immer offenkundig, doch den auf verschiedene Weise zusammengefügten Bauten seinen deutlichen Stempel aufgedrückt hat. Das Bild des Schweizer Hauses ist zu einem bekannten, feststehenden Begriff geworden.

Fragen wir uns nach den Gründen dieser Thatsache, so liegen sie zunächst in dem Betonen der wagerechten Linien, welche, sowohl bei den Block- wie bei den Ständerbauten durchgeführt, selbst bei den Riegelbauten der Schweiz die Verticale übertönen. Das Lagerhafte, Feste, welches in der Nothwendigkeit durch die Gegend begründet war, ist zum künstlerischen Ausdruck gekommen und durch die Ornamentik gesteigert worden. In dem Mangel des Geschossüberstandes an Schweizer Häusern einen Gegensatz gegen deutsche Fachwerkbauten zu sehen, ist ungerechtfertigt. Denn der Geschossüberstand, welcher sich auch in Deutschland weder als allgemein, noch als eigenthümlich für den Holzbau erwies, ist ein mittelalterliches Princip, welches mit dem Vordringen der Renaissance verschwindet. Von den Schweizer Häusern haben wir aber erst aus den letzten Jahrhunderten Beispiele erhalten und gerade an den ältesten Häusern kommen noch Ueberkragungen vor. Abgesehen von den geringen der alten Berner Blockbauten, welche selbst die mittelalterliche Abfasung der Schwellenunterkante zeigen, ragen die Balken des genannten Silener Hauses um fast ½ m vor. In den Riegelbauten der Nordschweiz treten die Geschossüberstände in älteren Häusern ganz wie in Deutschland auf, nur mässiger und einfacher.

Ausser der Wandbildung selbst tragen hauptsächlich zu dem Eindruck der Lagerhaftigkeit die offenen und geschlossenen Lauben (Gallerien) bei, welche, seltener an den Giebelseiten, mit um so grösserer Uebereinstimmung an den Traufseiten der Wohnhäuser, selbst an Schuppen und Scheuern angebracht werden und Analogien zu den mittelalterlichen Vorkragungen bilden. Sie sind stets, auch bei Blockbauten, in Riegelwerk angelegt und haben einen durchschnittlichen Ueberstand von 1—1,5 m. Ihre schöngeschnitzten Pfosten werden in Schwellen von 18 zu 21 cm. Stärke eingezapft, diese ruhen auf den vorstehenden Schwellen der Haupt- und Scheidewände. Ihre Unterstützung wird beim Riegelbau durch ein aus der Wand vorstrebendes geschnitztes Kopfband, beim Blockbau durch einen consolartig vorgekragten Balken bewirkt, unter den bisweilen ebenfalls ein Kopfband tritt, und ist ein besonders beliebtes Feld für Holzschnitzerei und Drechslerei. Die Kopfbänder bieten für sich betrachtet interessante Vergleichungspunkte für Ort und Zeit der Arbeit dar. Wo zugleich Seitenlauben und Vorlauben vorkommen, sind die letzteren meist drei Stufen höher als die ersteren, um den unteren Giebelfenstern mehr Licht zukommen zu lassen, und die Schwellen beider durch kleine Stützpfosten verbunden. Die Lauben sind entweder ganz durch Bretter geschlossen oder haben Brüstungen von verziert ausgeschnittenen Brettern, welche in einen durchlaufenden Brustriegel eingenuthet sind. Gefällige Abwechselung in den Mustern wird zum Theil dadurch erreicht, dass die nach gleicher Schablone ausgeschnittenen Bretter abwechselnd aufrecht und umgekehrt gestellt werden[15]). Die offenen Lauben sind gerade überdeckt oder aus bogenförmig ausgeschnittenen Bohlen unter den Rähmen gebildete Arkaden, ähnlich denen der norwegischen Kirchen und zu demselben Zweck der Knieverbindungen (Fig. 86). Das Rähm der Laube ist zugleich an der Traufseite Fusspfette der Hauptsparren. Wo das Dach zu steil ist, also die Laubenhöhe zu gering wird, da ruht auf der Pfette ein Aufschiebling, welcher an den Enden durch Kopfbänder von den Laubenpfosten aus unterstützt wird. In diesen Aufschieblingen (welche

[15]) Graffenried und Stürler, T. XI.

also nicht, wie in Deutschland, den stumpfen Winkel zwischen dem überstehenden Ende des Binderbalkens und den in denselben versatzten Dachsparren decken sollen und welche oft bis zur Hälfte des Daches ansteigen) ist wiederum ein gemeinsames von dem Stil unbeein-

Fig. 86.

flusstes Motiv aller Schweizer Häuser zu suchen. Ferner ist die ihnen allen eigenthümliche Einrichtung der Fenster und ihrer Läden (Fig. 87) unabhängig von der sonstigen Wandconstruction. Die Läden werden nämlich beim Schliessen (in den Urcantonen und den be-

Fig. 87.

nachbarten Cantonen, sowie im Schwarzwald) aufwärts oder (in der Nordschweiz) abwärts geschoben und sind in letzterem Falle mit einem geschnitzten Deckbrett versehen. Da die Fenster der innern Anordnung entsprechend gewöhnlich zu mehreren neben einander stehen, ist das einfachere zur Seite Schieben selten anzuwenden. Doch wird wohl auch bei dreifach gekuppelten Fenstern eine malerische Abwechselung dadurch hergestellt, dass die beiden seitlichen Fenster seitwärts, das mittlere herauf oder herab gezogen werden (Appenzell)[16]. Die Schiebevorrichtung ist folgende: Die auf beiden Seiten gefederten Laden laufen in den Nuthen eines aus 4—6 cm dicken und 9—18 cm breiten Bohlen gebildeten und an die Wand genagelten oder geschraubten Rahmens und sind, geführt durch ein über eine Holzrolle laufendes Seil, herab oder herauf zu lassen. Die Rahmen der Felder, worin sich die Laden bewegen, sind mit zierlich durchbrochenen, bemalten und an den Kanten profilirten Leisten beschlagen. Die Fensterladen selbst, ebenfalls aus mehreren Brettern zusammengeschlagen, sind in einfachen Farben und Mustern bemalt. In St. Gallen ist vor den Rahmen, der unter den Fenstern angebracht ist, eine Holzverkleidung mit aufpatronirten, oft noch ganz romanisch stilisirten Malereien vorgenagelt. Dass bei der Schiebeeinrichtung stets die Entfernung zwischen Fenstersturz des unteren und Brüstung des oberen Geschosses mindestens so hoch sein muss, wie das Fensterlicht selbst, ist natürlich.

Eine Ausnahme von dieser Construction machen die Klappläden an den dichten Fensterreihen des Berner Oberlandes, welche vorher besprochen wurden.

Die Fenster der Schweizer Häuser sind nicht sehr gross, etwa 70—80 cm breit und wegen der geringen Zimmerhöhe 1 m—1,10 cm hoch, aber zahlreich angeordnet, beim Riegelbau durch die einzelnen Pfosten getrennt, beim Blockbau diejenigen desselben Zimmers wegen der durchlaufenden Balken dicht nebeneinander. Früher waren sie in kleine runde oder sechseckige Scheiben getheilt, wie überhaupt die sämmtlichen Grössenverhältnisse der Schweizer Häuser sehr eng begrenzt und mässig sind. Alle Theilungen sind klein und die Details zierlich ausgebildet. Allein, wenn irgend etwas, so ist es gerade diese Wirkung durch Detailausführung in kleinen Verhältnissen, welche vielleicht den Hauptcharakter des Schweizer Hauses ausmacht, und am allermeisten die Ursache, dass wir der überwältigenden, jegliches Maass übersteigenden Natur gegenüber die bescheidene Sicherheit eines solchen Obdaches schätzen und seine Erscheinung anerkennen.

Dieses Gefühl des Schutzes erhöhen die Vordächer (Fig. 88).

---

[16]) Varin, Bl. IV.

Wo die Dächer nicht (wie in Bern) sehr weit vortreten, laufen dicht über den Fensterreihen Vordächer in Form von Pultdächern. Ihre kurzen Sparren sind oben an die Hauswand durch Nägel befestigt und liegen am Fussende auf einer 18—20 cm starken Pfette auf, welche auf den vorgeschobenen Schwellen ruht. In Freyburg

Fig. 88.

kreuzen sich zur weiteren Versteifung noch mehrere kurze Stichbalken, welche hübsch profilirt geschnitzt sind. Bisweilen müssen solche Vordächer als Klebdächer construirt werden, indem kurze Pfosten an die Wand geschraubt werden, mit ihrem oberen Ende dem Stichsparren zum Auflager dienen, und am unteren Ende ein Kopfband eingezapft haben, welches gegen die Fusspfette des Stichsparrens stösst. Eine Zange stellt die Versteifung zwischen dem oberen Ende des Wandpfostens und der Mitte des Kopfbandes her.

Schliesslich ist die ganze Anordnung und Eintheilung des Schweizer Hauses aus demselben Geist und Bedürfniss hervorgegangen und, wie an andern Stellen, lehrt auch hier ein Blick auf die Grundrisse die Gleichartigkeit der schweizer Holzbauten und ihre Gegensätzlichkeit gegenüber andern Nationalitäten (Fig. 89). Steinernes Mauerwerk reicht bis zur Terrainhöhe oder bis zum hohen Erdgeschoss und enthält ausser den Räumen für Wintervorräthe gewöhnlich den Webekeller. Darüber steigt der Holzbau in einem oder zwei Geschossen auf. Ein drittes kleineres ist im Dachgeschoss angeordnet. In dichtbevölkerten Thälern (Glarus) sind mehr Geschosse errichtet. Der Grundriss umfasst im allgemeinen drei Räume, welche ein annäherndes Quadrat bilden, nämlich das Wohnzimmer, etwa 4½ — 6 m breit und ebenso lang, daneben die Kammer, schmaler, aber so lang wie das Wohnzimmer, und an der durchgehenden Wand beider die Küche. Die Höhe beträgt 2,1 — 2,6 m. Bei grösseren Anlagen wird von der Küche auf der einen Seite eine Kammer abgetrennt, sowie ein von der andern Seite dort hinführender Hausgang mit der Treppe.

Fig. 89.

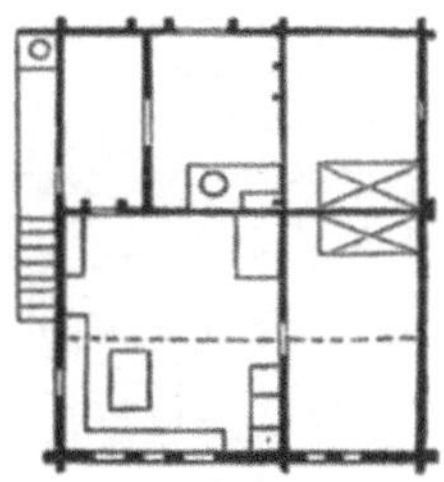

Selten wird diese Anlage vergrössert, und in diesem Falle wiederholen sich etwa die beiden Vorderzimmer auf der andern Seite der Küche. Das Gebäude ist gewöhnlich so gestellt, dass die Aussenecke des Wohnzimmers nach der Mittagsseite zu liegt, also möglichst viel Licht erhält. Dies hat seinen Grund darin, dass, wie im Schwarzwald, der Schweizer häufig ausser dem, was ihm Ackerbau und Viehzucht einbringen, auf eine gewerbliche Thätigkeit im Hause angewiesen ist. Deshalb wird auch von beiden Seiten her dem Zimmer reichlich Licht durch eine Reihe von Fenstern zugeführt. An der Giebelseite wird dasselbe durch drei bis vier Fenster erhellt, durch zwei das Schlafzimmer daneben. Hierdurch entsteht die dem Holzhaus eigenthümliche unsymmetrische Eintheilung der Fassade, welche mehr malerisch, als architektonisch wirkt, jedoch dann wieder durch das weitausladende dominirende Dach genügend ausgeglichen wird. Das Wohnzimmer ist an den Wänden verbrettert oder vertäfelt und behaglich eingerichtet. Die Ausstattung des Wohnzimmers, überall dieselbe, unterscheidet sich nur durch grössere Einfachheit oder Reichthum je nach dem Besitzstande der Bewohner

(Fig. 90). An den beiden Fensterseiten steht eine durchlaufende Bank, vor derselben der gemeinsame Speise- und Arbeitstisch der Familie. Die Wand nach der Küche zu nimmt in altdeutscher Weise das mit dem Waschschrank vereinigte unten verschliessbare, oben offene oft schön geschnitzte Büffet (Credenz) ein, nach der Wand des Schlafzimmers zu steht der Ofen, welcher von dem auf der andern Wandseite liegenden Küchenherd aus geheizt wird. Zwischen dem Ofen und der Schlafzimmerwand führt eine Treppe mittelst einer Fallthür in die obere Kammer, eine zweite, einarmige von Blockstufen, wenn kein Hausgang angelegt ist, von der Küche aus nach dem Keller, eine dritte nach oben zu einem schmalen Gange, welcher nach vorne zu in die zwei Schlafkammern, seitwärts zu den beiden Seitenlauben führt. Diese Lauben dienen offen zur Aufbe-

Fig. 90.

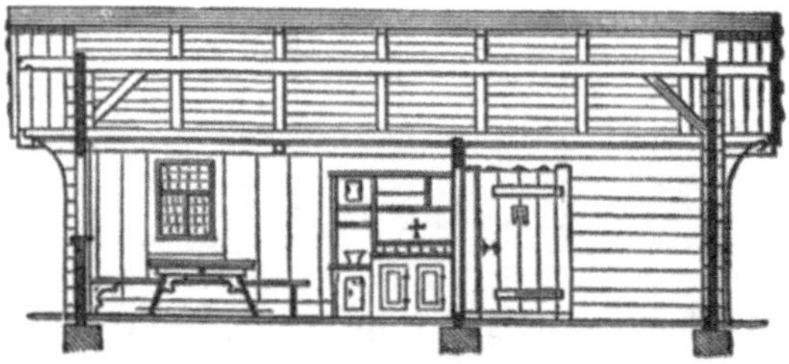

wahrung von Geräthschaften und zum Trocknen von Sämereien und Früchten oder geschlossen zur Erweiterung der obern Kammern. Jenseits des Einganges zur Küche unten ist an der Ecke einer Laube öfter der Schweinestall angelegt, darüber der Abtritt, welcher absichtlich nicht im Hause selbst untergebracht ist. Bisweilen ist nur auf einer Seite eine Laube und der First zur Ausgleichung aus der Mitte verlegt. Seltener sind Lauben an der Vorderseite angelegt. Unmittelbar von aussen sind die Lauben durch einarmige Treppen zugänglich, welche von der Giebelfront aus an die vorderen Ecken unter den Schutz des Hauptdachs, meistens jedoch von den Ecken aus unter dem Schutz der Lauben selbst an den Aussenplatz vor dem oberen Hausgang führen. Die Treppen sind von Holz mit aufgesattelten Blockstufen oder eingestemmten Trittstufen ohne Futterstufen (Setzleisten). Auch steinerne Treppen kommen vor. Die Pfosten des Geländers dienen, hübsch geschnitzt vom Boden aufsteigend, als Stützen der Lauben. Das Geländer wird durch den zwischen den Treppenpfosten laufenden Handgriff und gedrehte in denselben eingezapfte Docken oder zierlich ausgeschnittene eingenuthete Bretter gebildet, bei Wohlhabenderen auch aus Eisen.

Die Mannigfaltigkeit der Zugänge ist bemerkenswerth und für den Schweizer ein Bedürfniss. Die obere Eintheilung stimmt mit Ausnahme der durchgehenden Querscheidewand nicht immer mit der unteren überein, also auch die Fenster nicht.

Im Berner Oberland wohnen häufig zwei oder drei Familien unter einem gemeinsamen Dach. Im ersteren Fall erhält jede Wohnung nur eine Seitenlaube, im letzteren die mittlere gar keine und den Eingang nur von der Giebelseite. Diese Verbindung erfolgte aus dem Wunsch der Besitzer, eine zusammenhängende reichere Giebelfassade herstellen zu können.

Abweichend von der besprochenen Grundrissanordnung kommt im Oberland noch eine andere Disposition vor, welche Gladbach die burgundische nennt, in welcher, wie in den alten Bauten Frankreichs und Englands, der Feuerherd (Foyer) den Mittelpunkt des Hauses bildet. Die Küche vermittelt den Zugang nach den ringsherum liegenden Zimmern, während sie selbst oft durch einen Vorraum vom directen Fensterlicht abgeschnitten und auf das von oben her durch den breitgeöffneten Rauchschlot eindringende Licht angewiesen ist. Bei Regen und Schnee muss derselbe durch Holzklappen geschlossen werden. Diese Anlage erinnert an das alte italienische Haus, welches rings um das rauchgeschwärzte Atrium angelegt war.

Die abweichenden Grundrisse in einigen romanischen Theilen der Schweiz (Engadin) sind hier nicht zu besprechen, da die dort vorkommenden Blockwände mehr zur innern Verkleidung der massiven Steinwände davor dienen und nicht mehr in das Gebiet der Holzarchitektur gehören.

Die Zwischendecken der Geschosse wurden am einfachsten durch 36—54 cm breite und 4—4,5 cm starke Bohlen hergestellt, welche mit einander und in die Wandschwellen vernuthet, zugleich Gebälk, Zimmerdecke des unteren und Fussboden des darüberbefindlichen Geschosses bilden; oder es wechseln diese Bohlen mit stärkeren etwa 6½ cm dicken Bohlen ab, welche in der Unteransicht vortreten. (Fig. 91). Schmäler und etwa 12 cm hoch genommen, wie dies bisweilen geschieht, werden die Zwischenbohlen zu Rippenhölzern, in welche schwächere Bretter eingefalzt werden. Auch die Auflegung dünner mit einander verfalzter Dielen auf einer Reihe von Balken kommt vor. Bei grossen Spannweiten werden ein oder mehrere oft noch mittelalterlich profilirte Unterzüge (Dielenträger) angewendet, wozu noch im Keller stützende Pfosten treten. Die Dielen werden durch einen Schlitz in der Schwelle von aussen hereingeschoben und von der Mitte des Zimmers nach den Ecken zu geschoben, die beiden vorletzten etwas schräg gearbeitet und die letzte nach der ihnen entsprechenden Form ebenfalls schräg, doch ein wenig zu breit geschnitten, so dass sie aussen etwas vor der Hauswand vorsteht[17]). Nach dem völligen Austrocknen des Fussbodens wird dann diese sogenannte Keildiele fester hineingetrieben. Unterwärts wird die Bohlendecke wie im Mittelalter durch aufgenagelte profilirte Leisten in

Fig. 91.

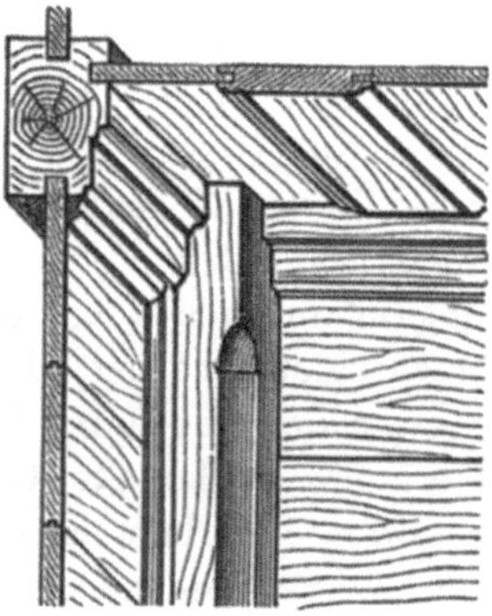

einzelne Felder getheilt. Der Wand- und Deckenvertäfelungen ist schon bei Gelegenheit der deutschen S. 204 gedacht worden. An den Riegelbauten werden die Wandpfosten, welche nothwendigerweise stärker sind, als die Ausfüllung der Felder und daher inwendig hervortreten, gerne abgefast und die Abkantungen in mittelalterlicher Weise dadurch, dass die runde Uebergangsfläche zur Kante einmal gebrochen wird, stärker hervorgehoben. Wiederholt sich dies an den daneben gesetzten Fensterpfosten, Sturzriegeln und sonstigen Kanten, so entsteht dadurch allein schon ein aus der Construction gewonnenes Linienspiel, das Stoff zu manchen Abwechselungen giebt, wenn etwa das Rähm darüber ebenfalls profilirt ist.

---

[17]) Vgl. Graffenried u. Stürler Taf. VI.

Die Hausthüren, nur an grösseren Häusern zweiflügelig, sind entweder aus stärkeren Tannendielen verdoppelt, so dass die profilirten oder aufgenagelten Leisten schräg laufend sich kreuzen, oder sie sind Füllungsthüren. Der eiserne Beschlag und das Schlüsselblech verdienen die Aufmerksamkeit des Beschauers durch kunstgemässe Herstellung. Die Zimmerthüren sind einfach gestemmt, bisweilen reich in Renaissancefüllungen mit verschiedenen Holzgattungen mosaikartig furnirt. Hierbei kommt das S. 187 angeführte Verfahren zur Geltung, dass aus einer hellen und einer dunklen Holzplatte, welche aufeinandergelegt sind, dasselbe Muster herausgeschnitten und dann die ausgeschnittenen Stücke umgetauscht werden.

Besondere Beachtung verdient die Dachconstruction der Schweizer Häuser, da dieselbe von entschiedenem Einfluss auf die Erscheinung der Häuser ist, wenn auch hier auf die genaue Construction desselben nur in so weit eingegangen werden darf, als sie zum künstlerischen Ausdruck kommt. Es lassen sich drei ursprüngliche Gruppen unterscheiden: das annähernd rechtwinklige Ziegeldach des Züricher Riegelbaus, das sehr steile des Aargauer Ständerbaus und das flache des Blockbaus. Doch hat sich im Lauf der Zeit das Ziegeldach auch über die Ständer- und Blockbauten ausgedehnt. Gemeinsam diesen beiden Dächern ist übrigens von vorn herein der weite Dachvorsprung über die Langseiten und Giebelseiten; in den letzteren ruht die Deckung auf Pfetten, welche oft nicht den inneren Pfetten entsprechen, sondern innerhalb abgeschnitten sind. Dies Verfahren ist eigentlich nicht ganz berechtigt, da es auf einer Unwahrheit beruht.

Das Ziegeldach des Riegelbaus ist in der auch in Deutschland üblichen Weise construirt, indem durch lothrechte oder schräg nach der Richtung der Sparren gestellte Stiele, auf welchen die Sparren tragenden Schwellen ruhen, ein stehender oder liegender Stuhl hergestellt wird. Ob der stehende Stuhl der Einführung des liegenden der Zeit nach voranging, wie öfter behauptet wird, ist ungewiss. Der stehende Stuhl des schweizer Hauses unterscheidet sich von dem deutschen dadurch, dass die Kopfbänder, welche vom Binderbalken ausgehend die etwa angebrachten Kehlbalken unterstützen, als vollständige Streben mit der Richtung der Sparren durch den ganzen Dachraum geführt sind. Die Pfetten sind ausserdem in der Neigung der Sparren durch Kopfbänder und Andreaskreuze abgesteift. Die am Giebel heraustretenden Pfetten sind durch lothrechte Kopfbänder unterstützt, welche, in die Wandpfosten eingezapft, bisweilen aus einem krummgewachsenen Holzstück bestehen und oft zierlich profilirt sind. An ihnen zeigt sich häufig eine eigenthümliche Dreieckverbindung in der Art, dass auf den Pfetten nicht unmittelbar die Sparren, sondern kurze Stichbalken aufgekämmt sind, welche an ihren Enden das Dach durch Vermittlung kleiner Pföstchen unterstützen. Dieselben sind mit dem Stichbalken und dem Sparren im Schwalbenschwanz verblattet und enden, sowie auch die Stichbalken in kunstvoll geschnitzten Zapfen. Die Oeffnung zwischen den drei Hölzern dient bisweilen, kreisförmig ausgehöhlt zur Unterbringung von Vogelnistkästen. Durch weitere Quer- oder Parallel-Hölzer wird dies Motiv öfter bereichert. Die Sparren sind unten an den Wandpfetten abgeschnitten und werden über den Lauben durch die erwähnten Aufschieblinge ersetzt. Auf den Sparren liegen Latten und darüber früher die Schindeln, jetzt die Ziegel in einfacher Deckung auf Spliessen. Die Latten sind am Ende durch ein Ortbrett geschützt, das verständiger Weise unterhalb den Holzfasern gemäss profilirt und oberhalb durch die Ziegel überdeckt ist. Die Unteransicht der Sparren an den Giebelausladungen ist an manchen Häusern verschalt und mit Malerei geschmückt. (Die Maasse sind ungefähr folgende [18]): Dachüberstand an den Traufseiten 1 m, an den Giebeln 1,40, Sparrenweite 1 m, nach je 4 Sparren kommt ein Bindergegespärre, Pfettenstärke 18 cm auf 24 cm, Sparrenstärke im Mittel 14 cm auf 18 cm, Lattenentfernung 80 cm, Stärke 3 auf 6 cm, Ziegel 42 cm lang, 16,5 breit, 2 dick.) Dieses Dach ist den Fachwerk- und Ständerbauten, ausser denen Aargaus, eigenthümlich, wird aber ganz ebenso, auch mit dem Stichbalkenmotiv in dem Blockbau von Glarus und ohne dasselbe in andern Cantonen angewendet. Häufig ist der oberste Theil des Giebels abgewalmt. Gegen Ende des vorigen Jahrhunderts mussten auch besonders im Canton Bern (Simmenthal und Oberland) diese Dächer das allgemeine Schweifungsverfahren mitmachen. Mit Zuhülfenahme von mehreren Stichbalken wurden krummgeschnittene Bohlen an die Dachconstruction befestigt und daran eine Bretterverschalung genagelt, welche bemalt wurde.

Ganz anders ist die Dachconstruction in Canton Aargau, wo möglichst viel Heu und Futter in den auffallend steilen Dächern im Hause selbst untergebracht werden soll. Bei den steilen Dächern

---

[18]) Nach Gladbach, Holzstyl, Maneberger Mühle.

[19]) Graffenried u. Stürler XXIV u. XXX.

handelt es sich weniger um eine Unterstützung durch Mittelpfetten, sondern um eine sehr sichere Unterstützung im First selbst. Dies wird im Aargau dadurch erfüllt, dass die Häuser durch eine Mittelscheidewand in zwei Hälften getrennt sind. Das Holzgerippe dieser Mittelwand mit vielfachen Verstrebungen wird bis in die Höhe geführt und erhält die Firstpfette in ihrer Lage. Absteifungen in der Sparrenneigung ausser durch die Latten werden für unnöthig gehalten; als Querverbindung dienen zwei mächtige, wenig unterhalb des Firstes gegen die Mittelwand laufende Streben. Die Sparren dieser primitiven, mit Stroh gedeckten Dächer sind unbehauen, am First mit den Wurzelenden durch Scherzapfen und durchgesteckte Holzbolzen verbunden und ruhen am Fuss ohne weitere Verbindung auf den Pfetten. (Maasse eines solchen Hauses[20]): Ausladung des Daches an der Traufseite 3,50, Entfernung der Binder 1 m, nach je drei Sparren, Stärke der Streben 15 auf 21 cm, der runden Sparren im Durchmesser unten 15, oben 30 cm, Entfernung der Latten 30 cm, Stärke derselben 3 auf 9 cm).

Unterstützung an noch wenigeren Punkten beansprucht das flache Dach der Blockbauten. Ihm fehlt ausser in den Giebelwänden und den Querscheidewänden, wo die Blockbalken hochgeführt oder im Dachgeschoss Stiele aufgerichtet sind, jede Unterstützung ausser durch den an der Traufseite lang laufenden obersten Blockbalken. In Folge dessen müssen die Sparren genau in ihren Schwerpunkten aufliegen. Würde derselbe ausserhalb liegen, so müsste der First sich heben und die Wände oben nach innen gedrückt werden. Senkung des Firstes und Auseinanderschieben der Längswände ergäbe sich, wenn der Schwerpunkt nach innen rückt. Der Unterstützung der Sparren durch die vorkragenden Blockbalken ist bereits Erwähnung geschehen. Die Dachneigung der Berner Oberlandsbauten beträgt fast durchgängig ein Fünftel der ganzen Spannweite. Dies Verhältniss[21]) trägt besonders dazu bei, diesen Häusern ein wohlgeordnetes und harmonisches Aussehen zu geben. Auf den Sparren oder den Aufschieblingen liegen die Halbhölzer als Latten, dann Bretter und in mehrfacher Ueberdeckung die Schindeln. Quer über diese sind wieder Halbhölzer, etwa 4 auf jeder Dachfläche, welche mit hölzernen Nägeln und Pflöcken durch die Schindeln hindurch an

---

[20]) Gladbach, Holzstyl, Haus der Gebr. Schmidt in Bülisacher.

[21]) Aehnlich dem des Giebels vom Windethurm in Athen und der Vorhalle vom Pantheon in Rom.

den Sparren befestigt sind und die grossen, das Dach belastenden Steine am Abgleiten hindern (Maasse: Ausladung an Giebel- und Traufseiten meist 70 cm bis 1 m, im Berner Oberland 2 — 3 m, Pfettenstärke 15 auf 30 cm, Sparrenentfernung 120—150 cm, Sparrenstärke $13\frac{1}{2}$ auf 18 cm, Entfernung der Halbhölzer darauf 40 cm, Stärke 15 cm, Entfernung der Bretter 30 cm, Stärke 30 auf 30 cm bei 3 cm Höhe, die Schindeln sind bei flachem Dach 60 cm lang, 15 — 30 cm breit, $1\frac{1}{2}$ — 3 cm hoch, bei steilerem 51 lang, 12 — 15 cm breit, 3—$4\frac{1}{2}$ cm hoch, Stärke der Halbhölzer darüber 15 cm).

Die Eindeckung der Vordächer geschieht ebenfalls mit Ziegeln, Brettern oder Schindeln. Auf ihnen, also dicht unter den Fensterbänken, werden gerne zierliche Gestelle für Blumenschmuck angebracht.

In den Cantonen der Flachländer sind die Stallungen und Scheuern unter einem Dach mit dem Wohnhaus an einer Giebelseite, in der Mittelschweiz und den höher liegenden Thälern sind sie als eigene kleine Gebäude getrennt. Ihrer Bestimmung entsprechend sind sie ganz einfach oft aus unbeschlagenem Rundholz, die Speicher auch aus Halbholz hergestellt. Die Schuppen zur Aufbewahrung von Heu, Käse oder Obst, werden zum Schutz gegen aufsteigende Feuchtigkeit und Nagethiere auf mehreren Grundschwellen und zwischengesetzten Holz- oder Steinplatten über den Boden erhoben. Ihre Balken werden wagerecht in Zwischenräumen aufeinandergelegt und lothrechte Zangen zur Versteifung aussen und innen mit einander zusammengenagelt. Auch sie wurden in früheren Zeiten nicht ohne Verzierung gelassen, zum Theil sogar an hervorragenden Stellen zierlich geschnitzt und mit Lauben versehen, und gerade mehrere, zwei bis drei Jahrhundert alte Speicherbauten, welche Gladbach veröffentlichte, geben die schönsten Muster der Holzarchitektur ab[22]). Die Brunnen werden ebenfalls in den Bereich der Kunstthätigkeit hineingezogen und die Brunnenstöcke sind Renaissanceformen ähnliche schöngeschwungene Baluster oder Candelaber, an der Spitze mit Knöpfen, Sternen und Rosetten versehen (Fig. 92). Darin zeigt sich recht die Volksthümlichkeit der Kunst in der Schweiz, dass auch die einfachen Möbel, die Geräthe und Werkzeuge für Haus, Garten und Feld irgendwelche entsprechende Verzierung erhalten, wie sie dem Material mit Leichtigkeit abgewonnen werden; und der oft für poesielos ausgegebene Schweizer

---

22) Auch Graffenried u. Stürler T. XXI, XXII.

bekundet darin das berechtigte Streben nach der Verschönerung des täglichen Lebens. Die Prachtbrunnen in Bern und anderen Städten sind bekannt. Aber auch die bescheideneren Zimmermannsarbeiten in kleinen Städten und Dörfern sind eines liebevollen Eingehens werth. Manche dieser einfachen Brunnen zeigen einen Schwung der Linien, eine Schönheit der Verhältnisse und einen Geschmack der Ornamentik, die sie zu wahren Kunstwerken adeln. Um auf unsere Häuser zurückzukommen, so tritt sparsame aber wirkungsvolle Malerei an Läden, Consolen, Streben und Dachuntersichten hinzu. Viel Farben liebt das Berner Oberland: weiss, schwarz, grün, violett, seltener blau, roth und gelb. Die Urcantone wenden vorherrschend roth an, das Prättigau schwarz, weiss, roth und blau, Glarus schwarz und roth und weiss verzinnte Thürbeschläge. Die Steinunterbauten werden mit Kalk geweisst. Dazu kommen schliesslich die nie fehlende Anpflanzung mit Weinreben und Obstspalieren und die Blumentöpfe an den Fenstern als eine lebendige Decoration, so dass wir gerne dem Ausspruch beipflichten, dass diese Baukunst „aus der Natur und dem Volksleben herausgewachsen, eine wahrhaft gesunde und volksthümliche Erscheinung ist, zugleich ein verständiges und gemüthvolles Werk.“

Fig. 92.
Fig. 92.

Zweites Capitel.

Deutsche.

Sehwarzwälder.

Die Holzbauten des Schwarzwaldes folgen in ihrem Aufbau dem Aargauer Ständerbau[1]). Ihre Grundrisse erinnern an die altdeutsche Anordnung, die Zweitheilung der Giebelseite und die Dreitheilung der Traufseite, deren Mitte auf der einen Seite durch den Flur, (Vorplatz, Hausgang) auf der andern Seite durch die Küche eingenommen wird. Nur sind die Häuser zum Theil viel grösser und

[1]) Geyer, Holzverbindungen 1841 Heft V. Eisenlohr, Die Bauten des Schwarzwaldes 1853.

haben ausser den Wohnräumen auch Stallung, Futterräume, Tenne und Speicher unter demselben Dach. Dann wird wohl der Vorplatz mit zur Küche gezogen, ein durchgehender Gang an die eine Langseite gelegt und auf der andern Seite dieses Ganges die Anordnung wiederholt. Dass dabei auch Abwechselungen, Ausbauten einzelner Räume und spätere Anbauten keine allgemeinen Bestimmungen ermöglichen, versteht sich. In den Geschossen selbst lassen sich Unterschiede dadurch feststellen, dass die Häuser an den Berg angelehnt sind und infolge dessen Zugänge in verschiedenen Höhen haben, während auf der Vorderseite eine aus Blockhölzern hergestellte Brücke auf die Höhe des Erdgeschosses führt. Der ziemlich hohe Unterbau ist aus Steinen hergestellt, ebenso die Küche, deren Rauchgewölbe aus Backstein oder Wickelfach durch das Obergeschoss hindurchgeht (Fig. 93). Auf den Unterbau kommen die 22 zu 32 cm

Fig. 93.

starken Schwellen und die durch das Erd- und Obergeschoss durchreichenden Ständer, in welche die 6 cm starken Bohlen („Pflöcklinge") eingeschoben werden. Die Rähme des unteren sind zugleich Schwellen des Obergeschosses. Ebenso vertreten sie die Stelle von Fenstersturzriegeln. Die Haupt- und Scheidewände haben gewöhnlich eine Vertäfelung von lothrechten Brettern, die übrigen Wände erhalten nur über dem Fussboden 1 — 4 wagerechte Blockbalken („Federschwellen"), darüber zwischen den obersten derselben und die Ständer lothrecht eingeschobene Bohlen. Ebenso werden an den Aussenwänden des Obergeschosses über dem durchlaufenden Fensterbrustriegel die Bohlen lothrecht eingeschoben. (Dies Verfahren ist ein Beweis dafür, dass in den norwegischen Stabwerkkirchen kein besonderer Baustil zu erblicken ist.) Die Dielen der Fussbodenlage werden durch einen Schlitz im Rähm von aussen hineingeschoben und dann im Innern in fortlaufenden Nuthen der Balken weiter geschoben. Die mittelste, letzte Diele ist wie in der Schweiz eine Keildiele. Eigenthümlich dem Schapbachthale scheint ein Verfahren zu sein, wonach unter dem Dachgeschossfussboden in geringem Zwischenraum ein Kappengewölbe mit geringem Stich durch ineinander genuthete Dielenbretter gebildet wird, vermuthlich um den beim Dreschen des Getreides im Dachraum herunterfallenden Staub abzuhalten. Die Aussenthüren hängen nicht, wie bei uns, in Eisenbändern an den Pfosten, sondern drehen sich mit hölzernen Zapfen in Pfannen der Thürschwellen und Sturze, wie die Thüren des classichen Alterthums. Die Fensterladen haben die schweizerische Schiebeeinrichtung. Die Fenster sind reichlich vorhanden, da auch der Schwarzwälder auf häussliche, viel Licht erfordernde Gewerbthätigkeit angewiesen ist. Die Träger der offenen Lauben („Gänge") laufen wie Eisenlohr angiebt, nicht als Balken in das Innere, damit sich nicht Feuchtigkeit in das Innere einschleicht; aus diesem Grunde sind auch ihre Dielen nur gefugt und lassen das Wasser hindurch. Die Laubenbrüstungen haben zierlich durchbrochenes Schnitzwerk, was neben den Schnitzereien der Ladenumrahmung oft die einzige Aussenverzierung des Hauses ausmacht. Ueberhaupt machen die Schwarzwaldhäuser gegen die Schweizer einen steiferen minder heiteren Eindruck (Fig. 94.), sowie auch die Nadelwälder eine merkwürdig dunkle Färbung zeigen, welche der Name der Landschaft mit Recht andeutet und wie die Bewohner etwas Ernstes, „Ehrwürdiges" an sich haben. Diesen Eindruck steigert das riesige Dach. Ueber der ganzen Ausdehnung des Hauses, einschliesslich der Wirthschaftsräume, erhebt es sich, da es ein rechtwinkliges Dach ist, zu bedeutender Höhe und enthält oft drei Geschosse (Oberten, Hurten) von je 3—4 m Höhe, welche zum Aufbewahren und Dreschen dienen. Der Dachstuhl, mit grosser Sorgfalt gezimmert, ist über den Wohnräumen ein liegender, über dem Wirthschaftstheil ein stehender. Die Kopfbänder gehen wie in Aargau als Streben (Zangen) ganz durch. Die Deckung war früher Stroh, dann Holzschindeln.

Tyroler.

Die Alpenländer Bayerns und Oesterreichs bauen im Blockbau, doch gegenüber dem schweizerischen, aus dem Vollen gearbeiteten

Schnitzwerk vielfach mit durchbrochenen und ausgeschnittenen Brettern. Das Erdgeschoss ist gewöhnlich ganz von Stein, die Lauben nach Belieben angebracht. Vorarlberg[2]) hat über $^1/_2$ m herausragende Vorstösse und Schiebeläden, dazu das rechtwinklige Ziegeldach mit den Dreiecke bildenden Hängepföstchen auf Stichbalken. Ueberall, an Läden, Giebelfeldern und Dachuntersichten sind gelbe und weisse Ornamente auf blauen und grünen Grund aufgemalt, die Balkenköpfe sind roth oder blau. Im Zillerthal[3]) sind die Vorstösse geringer,

Fig. 94.

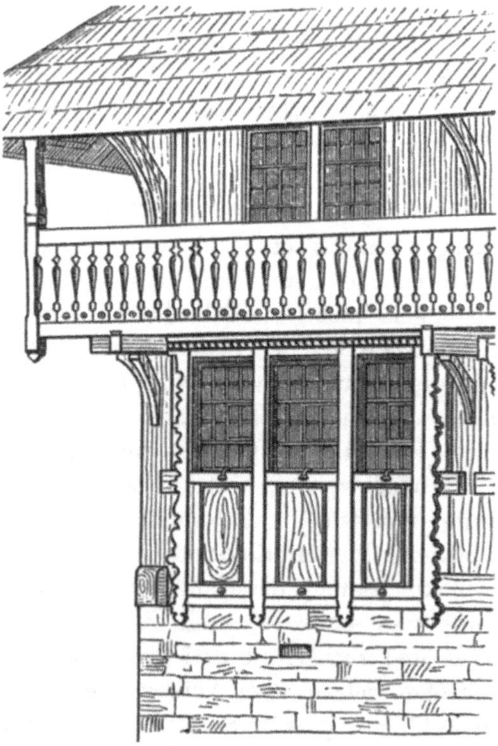

das Dach flacher, und die Schnitzornamente beschränken sich auf die Ausschnitte der Galleriebrüstungen und die Ständer, welche die Gallerie und das bis zu 2 m ausladende Dach tragen, sowie die vor die Pfetten geschlagenen Brettchen und das Ortbrett (Stirnbrett).

[2]) Förster'sche Bauzeitung 1843, DLX.

[3]) Förster'sche Bauzeitung 1843, DLX.

Der First wird am Giebel mit einer kleinen Akroterien-Verzierung versehen, welche in andern Theilen Tyrols noch grössere Ausdehnung und Bedeutung gewinnt.

Die Fenster sind, wie in ganz Tyrol, einzeln in grossen Zwischenräumen gesetzt und sehr einfach umrahmt. In Tyrol, ausser Zillerthal treten keine Vorstösse hervor und sind in Folge dessen die Balken mit einander verzinkt. Die Fenster lassen eine symmetrische Eintheilung der Wandfelder zu, welche zuweilen mit 7 cm langen,

Fig. 95.

⅓ cm starken, schuppenartig gerundeten oder gespitzten Schindeln, oder lothrechten Brettern bekleidet sind[4]). Die einzelnen Bretter sind einzeln durch rahmenartige Profile getrennt, welche auch oberhalb unter dem Gesims herumlaufen. Dies Gesims zeigt Zahnschnitte und andere antikisirende Gliederungen, die der Holztechnik entsprechend dünner und stark ausladend geschnitten sind (Fig. 95). Im Giebelfeld kommt eine Feldertheilung durch dünne, sich diagonal

---

[4]) Förster'sche Bauzeitg. 1843, DXXXII. Semper, Stil II, S. 308 f.

kreuzende Bretter vor, welche jedoch, wie Semper richtig bemerkt, in mehr spielend decorativer Weise ans Licht tritt, wie überhaupt „statt des nordischen Schnitzwerkes überall nur durch das Ausschneiden des Holzes und entsprechende Bemalung ein decorativer Wechsel und Reichthum der an sich einfachen Formen erreicht werden.“ Dieselben ausgeschnittenen Bretter bilden die Balustraden der Gallerien, welche bisweilen in der Mitte offen, an den Ecken ganz durch Bretter geschlossen sind. Die Laubenpfosten tragen vermittelst einfacher oder mehrfacher, durch Kopfbänder unterstützter Kragebalken das Dach, welches noch einmal so weit frei vorspringt, also im Ganzen bis zu 1½ cm ausladet. Pfettenbrettchen sind vorgenagelt. Das Dach selbst ist von sehr geringer Neigung, überschindelt und mit Steinen belastet. Die vorgenagelten Ortbretter haben Renaissanceornamente und setzen sich einander kreuzend über dem First fort, wo sie in Pferdeköpfen enden und zwischen sich ein Akroterium oft in Gestalt eines dreifachen Kreuzes haben (Fig. 96).

Fig. 96.

Das Dach, sowie die sehr niedrigen und breiten Fenster geben dem ganzen Hause etwas Breites, Ruhiges. An kunstvollen Verbindungen, kräftigem Relief und Reichthum der Ornamente stehen die Tyroler Häuser hinter den Schweizern zurück. Doch haben auch sie soviel Charakter und eine gewisse Zierlichkeit der Details, dass sie wohl verdienten, mehr durch Aufnahmen und Veröffentlichungen bekannt zu werden, als dies bis jetzt geschehen ist. Leider haben gerade die letzten Jahre gewaltig unter ihnen aufgeräumt. Im südlichen Tyrol ist häufig, wie im Engadin, bei massivem Erdgeschoss und Obergeschoss das Dach im Giebel durch viele sich kreuzende Dachhölzer geöffnet, welche ein kunstvolles Gitterwerk bilden und ein hohes Seitenlicht in das Innere des Hauses dringen lassen[5]). Einen complicirten Giebel dieser Art sah ich in einem Hause in Innsbruck (Wiltauerstr. No. 11).

---

[5]) Förster'sche Bauz. 1843, Haus von 1624 im Wallgau bei Partenkirchen.

Schluss.

Zum Schluss will ich aus der Reihe der vorherigen Betrachtungen einige Punkte herausgreifen, welche von allgemeiner Bedeutung für die Holzarchitektur sind. Das Holz ist gegenüber dem Stein an und für sich geeignet, durch seine künstliche Zusammenfügung und verhältnissmässig geringe Verzierung gefällig zu wirken, während bei dem Steinbau die Kunstformen ausser Zusammenhang mit der Aufschichtung der Masse selbst stehen. Andererseits erfordert selbst der einfache Holzbau eine künstliche Verbindung seiner Theile. Denn das Holz hat nur zwei Ausdehnungen, Dicke und Länge, von welchen die erstere im Verhältniss zur letzteren sehr zurücktritt. Bei dem Aufbau handelt es sich vorzugsweise darum, die einzelnen Hölzer fest und unverschieblich zu verbinden und das Ausweichen zu verhindern. Wir sehen daher überall, wo verständiger Holzbau gepflegt wird, die aus den einzelnen Stäben bestehenden Rechtecke durch schräge Querverbindungen, welche Trapeze oder Dreiecke bilden, verbunden und daraus die künstlerischen Motive gewonnen. Aber auch im Ornament weist der Holzbau stark auf das Innehalten der Richtung hin. Hierzu tritt die Verschiedenheit der Cohäsion der Holzfasern, welche nach der Länge den einschneidenden Werkzeugen einen geringeren Widerstand entgegen setzen, als nach der Quere. In richtigem Verständniss dieses von der Natur gegebenen Winkes verfolgen die Verzierungen an den Holzhäusern des Berner Oberlandes vorzugsweise die Richtung der aufeinandergeschichteten Balken.

Diese Wahrnehmung führt uns auf das allgemeine und grosse Gebiet der Werkzeuge, welches werth ist, als ein eigenes Thema behandelt zu werden[1]). Denn von höchster Wichtigkeit für die Erkenntniss der Aesthetik ist die Frage: Was kann überhaupt dem Bau-

[1]) Dies ist auch in neuerer Zeit mehrfach geschehen, namentlich in Frankreich und England.

stoff zugemuthet werden? Wessen ist er ohne Zwang fähig und welche einfachen Hülfsmittel stehen dem schaffenden Künstler zu Gebote? Die Beantwortung dieser Frage, oft unterschätzt, ist in jedem einzelnen Falle für den Architecten, wie für den Kunstfreund von Bedeutung. Die Werkzeuge sind uralt und haben bis heute wenig ihre Form verändert, wenn auch die Dampfkraft und die Maschine der Jetztzeit vielfach den Handarbeiter ersetzt haben. Schon in den frühesten Aufzeichnungen der asiatischen Culturvölker werden die Säge und Axt erwähnt, welche den Balken im Grossen schneiden, ihm und den geschnittenen Bohlen die nöthigen Abmessungen geben und zu den gewünschten Verbindungen entsprechende Stücke aus den Hölzern herausschneiden[2]). Die Handhabung des Bohrers und des Hobels wurde vielleicht zunächst im Schiffbau geübt. Den Zwecken der Decoration, der Bildhauerei dient der Meissel (Stecheisen), der als Flach-, Spitz- und Rundmeissel auf aegyptischen Monumenten vorkommt. Die Feile (Raspel) gehört in das Gebiet der ebenso alten Drechslerei. Es ist bedeutsam, dass die Hellenen die Erfindung der Drechselbank und der Töpferscheibe derselben mythischen Person zuschrieben. Denn für beide gilt das gleiche Princip, durch stete Drehung des zu bildenden Körpers das vorgezeichnete Profil ganz, oder nach Bedarf nur theilweise zu einem runden zu gestalten. Das Holz, wie der Thon haben daher auch gewisse Analogien, durch tiefe Einschnitte, Schattenwirkungen oder beim zeitweiligen Absetzen durch Spiralrippungen und andere Verzierungen auf leichte Weise gefällige Abwechselungen und dabei regelmässige Wiederkehr hervorzubringen. Die modernen, oft sehr complicirten Maschinen beruhen vorzugsweise auf dem Princip, dass auf einer sich rasch drehenden Welle eine Reihe von Schneidewerkzeugen mit bestimmter Form und Zusammenstellung der Schneiden angebracht sind. Besonders finden die Hobel- und Fraisemaschinen viel Verwendung[3]). Diese Instrumente stehen auf der Grenze zwischen der Technik des Zimmermanns und des Tischlers.

Der Charakter des Holzstils.

Welche Gefahren das Ueberschreiten der durch das Material und seine Bearbeitung gezogenen Grenzen für die Holzarchitektur

---

[2]) In Aegypten in einem Grabe zu Benihassan; s. Lepsius, Denkmäler Abth. II, Bl. 125.

[3]) S. Dupont et Bouquet, Les bois etc.

hat, haben wir an manchen Stellen im Verlauf der Darstellung gesehen. Ich darf die Behauptung aussprechen, dass nur die Kenntniss der Werkzeuge den Architekten vor Fehlgriffen in dieser Beziehung schützen kann, eine Behauptung, welche auch auf den Steinbau und jegliche andere Kunsttechnik ausgedehnt werden darf. Die Aufgabe unserer Zeit ist es, das naive Formgefühl der Hellenen und das bewusste Constructionsgefühl des Mittelalters (Reuleaux: Die Functionssymbolik und Constructionssymbolik) mit einander zu vereinen. Auf dem Gebiet des Kunstgewerbes, für Geräthe und textile Kunst ist diese Erkenntniss schon durchgedrungen. Feste Grenzbestimmungen der einzelnen Gebiete lassen sich überhaupt nicht nach der fertigen Kunstform, sondern nur aus der Art der Herstellung festsetzen. Ich möchte statt vieler nur ein Beispiel anführen. Die Console, welche unter dem Kranzgesims etwa des Pantheons als Doppelvolute mit darunter befindlichem Akanthusblatt in schwachem Relief und elastischen Linien langsam und vorsichtig gemeisselt ist, entspricht ganz der Steintechnik. Die scharf gehauenen, aus vielen kleinen oder geraden Linien sich zusammensetzenden Köpfe oder Ornamente an dem vorkragenden Balkenkopf zeigen die Spuren des kühneren mit der Absplitterung rechnenden Meisselschlages; die durch einen Hobelstoss zierlich profilirte Leiste in kleine Klötze auseinander geschnitten und reihenweise unter ein Möbelsims befestigt, ist ein echtes Tischlermotiv.

Von Bedeutung ist ferner die Tragekraft, welche man dem Material zumuthen darf. Die Festigkeitsbestimmungen sind in bestimmte Regeln gebracht, bei welchen jedoch noch die Erfahrung modifizirend wirken muss, da die Holzarten, ihr Alter und sonstiges Verhalten zu berücksichtigen sind. Die Berechnungen der Festigkeit werden bei dem künstlerischen Holzbau immerhin nur als Controle des Entwurfs dienen, im Gegensatz zu den Eisenconstructionen, bei welchen sich als Resultat der Berechnung die Form ergiebt. Das Eisen, welches, als rohe Masse daliegend, jede Gestalt annimmt, fordert die möglichst sparsame Ausnutzung des Materials, während bei dem Holz eine Ueberschreitung des Zulässigen unter Umständen dem Auge wohl thut, und die im Lauf der Zeiten gewonnene Erfahrung annehmbare Vorbilder geschaffen hat. Die Festigkeitslehre geht über mein Thema hinaus. Ich will hier nur andeuten, dass man die Festigkeit je nach dem Widerstand, welchen das Material dem Zerdrücken, Zerreissen oder Zerbrechen entgegensetzt, in rückwirkende, absolute und relative Festigkeit eingetheilt hat. Die einfachste ist die rückwirkende Festigkeit, oder der Widerstand, welchen eine Stütze (Pfeiler, Säule, Wand) der aufruhenden Last entgegensetzt. Sie lässt das grösste Maass der Beanspruchung zu. Die absolute Festigkeit oder Haltbarkeit ist umgekehrt die Kraft, welche der Balken einer angehängten Last entgegensetzt und besteht in der Grösse des Zusammenhanges der einzelnen Holzfasern. Die relative Festigkeit oder Tragfähigkeit ist die in der Architektur am häufigsten der Berechnung unterliegende. Es ist die Kraft, welche der liegende und nur an Punkten unterstützte Balken einer quer gegen die Faserrichtung wirkenden Last entgegensetzt. Je nachdem ein Balken an einem oder mehreren Punkten unterstützt wird, an einem oder beiden Enden fest eingemauert ist und der äussere Druck auf einzelne Punkte wirkt oder über die ganze Länge vertheilt ist, ergiebt sich eine andere Art der Berechnung. Die Erfahrung, dass die mathematische Richtigkeit mit dem Schönheitsgefühl übereinstimmt, bestätigt sich hierbei. So ergiebt die Theorie, dass in Räumen, deren Deckenbalken, ausser durch die Endunterstützungen, noch durch zwei Stützen getragen werden, diese Stützen am zweckmässigsten so gestellt werden, dass der mittlere Raum um ein Drittel breiter werde, als jeder seitliche, und in der That ist diese Eintheilung die dem Auge angenehmste. Infolge seiner bedeutenden relativen Festigkeit und Zähigkeit erlaubt der hölzerne Balken weitere Abstände, als der Stein. So ist die Weitsäuligkeit des Etruskischen Tempels eine durch das Wesen des Holzbaus bedingte. Ferner wird das Vorkragen der Balken begünstigt, auf deren freien oder durch Kopfbänder unterstützten Enden ganze Constructionstheile ruhen können. Daher ist das Vorkragen der oberen Geschosse, das Anbringen der hängenden Lauben (Gallerien) für diese Architektur bezeichnend[4]).

Die Festigkeit der einzelnen Hölzer, ihre Dichtigkeit ist abhängig von der Gattung, wie von der Art ihres Wachsthums. Langsames Wachsthum lässt die sich alljährlich um den Stamm bildenden Holzfasern, die sogenannten Jahresringe, kleiner und dichter werden als schnelles Wachsthum. Ueber den Einfluss der Temperatur und des Klimas habe ich bisher nichts Bestimmtes feststellen können. Bei uns bringt stets das rauhere Klima und der magere Boden, welche den Baum langsamer wachsen lassen, als Wärme und guter Boden, dichteres Holz hervor. Andererseits zeichnet sich gerade das

---

[4]) S. Semper, Stil II, 252.

in den üppigen Wäldern der Tropen aufschiessende Holz durch metallharte Structur aus[5]). Aus Holz fertigen die Bewohner der Südseeinseln ihre, gegen Kugeln undurchdringlichen Pallisaden, die Japaner sogar aus Bambusrohr Brücken und Wasserleitungen. Mit dem Alter verliert jede Holzart durch Austrocknung an Schwere, während sie an Härte und Dichtigkeit zunimmt. Der vorher erwähnte Unterschied im Zusammenhalt in der Länge und Quere ist weit grösser, als beim Stein. Stets fordert der Balken dazu auf, ihn in mehrere dünne Bohlen oder noch dünnere Bretter zu zerschneiden und aus der Nothwendigkeit verschieden starker Hölzer an verschiedenen Stellen künstlerische Gestaltung abzuleiten.

Die ungleiche Austrocknung der Innenfasern des Holzes, des Kernes) gegen die äussern der Luft ausgesetzten Fasern (das Splintholz), welche die Gefahr der Risse und Sprünge bei Balken, des Werfens und Ziehens bei Brettern mit sich bringt, liess frühzeitig auf Mittel dagegen denken. Abgesehen von den Vorsichtsmassregeln beim Fällen und vor dem Gebrauch des Holzes[6]), von dem Auslaugen und Imprägniren mit solchen Lösungen, welche die Verwesung beschleunigen und den Eintritt der Saftgährung verhindern[7]), ist ein leichteres Mittel der Schutz der Oberfläche, welches auch ein Mittel zur Decoration wurde. Das Beschlagen mit Metall haben wir bei den ältesten Völkern des Orients kennen gelernt. Wie früh die Bemalung als beiden Zwecken dienend erkannt wird, bezeugen die Häuser der Wilden und freilich nur als Analogieen der Holzarchitektur die Särge der alten Aegypter und der berühmte in Pantikapeia (Kertsch in der Krim) gefundene Cypressensarg aus edelster hellenischer Zeit. Die italienischen Holzbauten waren bunt bemalt und vergoldet, ebenso die byzantinischen und altnordischen, wie heutzutage die asiatischen. Bei der bunten Uebermalung, wo die Gefahr nahe liegt, dass das Material nur als Grundfläche dient und gegen den verzierenden Schmuck zurücktritt, bieten das Mobiliar, wie das Schiff besonders willkommnen Stoff für die Bethätigung der Farbenfreude. Nur diese beiden Erzeugnisse der Zimmerkunst haben sich im Volke bunt erhalten, Bett und Truhe des Landmanns, Kahn und Ruder zeigen oft noch heute durchaus mittelalterliche Muster. Denn auch in dieser Beziehung, wie in so vielen, haben die Spätgothik und die Renaissance

---

[5]) Exner, 2 Vorträge über das Holz als Rohstoff, Weimar 1869 S. 5.

[6]) S. z. B. Viollet, Dict. II. Bois.

[7]) Fliessendes Wasser, Wasserdämpfe, dann Kreosot, Kupfervitriol, Quecksilbersublimat, Zinkchlorid.

die Kunstanschauung umgewandelt[8]). Die bunten Ornamente beschränkten sich auf die Füllungen und schlossen sich mehr den Flächen des Holzwerks an, oder man begnügte sich mit dem Beizen und Ueberziehen mit durchsichtigem Lack. Lehrreiche Schlüsse lassen in Bezug auf das Farbengefühl das altdeutsche Fachwerkhaus und das schweizerische Blockhaus ziehen.

Was die Benutzung und Fähigkeit der einzelnen Bauhölzer betrifft, so verweise ich in Bezug auf die einheimischen auf das ausgezeichnete Buch von Engel (Landwirthschaftliche Baukunst), welcher die bei uns gebräuchlichen Arten: Eiche (Trauben- oder Steinwintereiche und Stil- oder Sommereiche), Ulme (rauhe Ulme und glatte Ulme oder Rüster), Esche (oder Geissbaum), Buche (Roth- oder Mastbuche und Weiss-, Hain- oder Dornbuche), Erle (Eller, Else), Birke (gewöhnliche und Hängebirke), Ahorn (weissen Ahorn, Spitz- oder deutschen Zuckerahorn und Feldahorn), Pappel (Silberpappel oder weisse Pappel oder Pappelweide, Zitterpappel oder Espe und gemeine oder Schwarzpappel), Linde (holländische-, Sommer- oder Wasserlinde und Winterlinde), Lärchenterpentinbaum, Kiefer, Weisstanne (Edeltanne) und Fichte (Rothtanne, Föhre, Pechbaum) deutlich und treffend charakterisirt. Ueber die ausländischen Bauhölzer fehlt es an einer solchen Uebersicht. Es ist besonders die Ceder, der berühmte Baum des Libanon, der, unserem Lärchenbaum verwandt, in einer Höhe von 2000 m wachsend, ein unter der Rinde weiches weisses, tiefer hinein röthliches harzweiches und daher wohlriechendes und dem Wurmfrass widerstehendes Holz lieferte; dann die immergrüne Cypresse, die, in der Levante, Italien und Spanien einheimisch, ein rothgelbes, hartes Holz hat. Der Oelbaum ist, von Asien kommend, in Italien einheimisch geworden. Sein Holz, eigenthümlich geadert und geflammt, wird heutzutage mehr von Drechslern bearbeitet. Die Akazie, von gelblichem spröden Holze, wird häufig in der Bibel erwähnt. Unter den Palmenarten fand und findet noch die Dattelpalme besondere Verwendung zu Bauzwecken. Das Holz des Feigenbaums fand schon bei den Kriegswagen der Assyrer Anwendung.

In Babylonien zimmerte man auch aus Maulbeerbäumen Balken, wie verkohlte Reste in den Ruinen bezeugen. Die ausländischen Hölzer wurden bei uns zunächst im kleinen Maassstabe bei der inneren Einrichtung und zur Möbeltischlerei gebraucht, so das Eben-

---

[8]) Semper, Stil S. 254.

holz, das am Amazonenstrom einheimische Guayak- (Pock-, Franzosen-) holz, das Brasilianische Fernambukholz und andere edele Hölzer[9]). Seit neuester Zeit sind auch grosse Bauhölzer in bedeutenden Mengen aus der neuen Welt nach Europa geschafft worden. Ich nenne das Rosenholz, das Eisenholz und vor allem den Teakbaum, einen Verwandten unserer Verbene, der sich durch Härte, Dauerhaftigkeit und Harzreichthum ungemein auszeichnet und z. B. Verwendung in der deutschen Marine findet. Wie es scheint, haben diese Hölzer, trotz allen ihrer Einfuhr in den Weg gelegten Schwierigkeiten, eine grosse Zukunft. Die neue Welt bietet einen überreichen Vorrath und die Kosten des Fällens und Herbeischaffens stellen sich im Verhältniss als so gering heraus, dass Versuche, bei uns mit diesen Bauhölzern zu bauen, zum Theil erfreuliche Resultate erzielt haben und Nachahmung finden. Ich würde dies mit Freude begrüssen. Denn, abgesehen davon, dass eine ganze Reihe von Bauten auch heutzutage am geeignetsten von Holz hergestellt werden, deren Besprechung jedoch die mir gesteckten Grenzen überschreitet, ist die Kenntniss der Holzarchitektur für jeden Techniker eine nothwendige. Nichts bildet das Urtheil und schärft gleichsam das künstlerische Gewissen in dem Maasse, wie solche Formen, deren Lebenselement in der Wahrheit, deren Untergang in dem falschen Schein liegt. Demjenigen aber, der Interesse daran findet, die Cultur verschiedener Völker und Zeiten mit einander zu vergleichen, dem es Freude bereitet, in der Kunstthätigkeit und den Erzeugnissen eines Volkes dessen inneres Wesen zu erkennen, müssen die schlichten Holzbauten, welche oft das Nationale, Volksthümliche in überraschender Natürlichkeit abspiegeln, ebenfalls werth und bedeutungsvoll erscheinen. Die Werthschätzung aber früherer und fremdländischer Cultur und ihr Vergleich mit der eigenen klärt das Urtheil für die Gegenwart und steigert die Freude an dem Guten in der Heimath.

---

[9]) Vgl. Schmidt, Das Beizen etc. des Holzes, Weimar.

GPSR Compliance

The European Union's (EU) General Product Safety Regulation (GPSR) is a set of rules that requires consumer products to be safe and our obligations to ensure this.

If you have any concerns about our products, you can contact us on ProductSafety@springernature.com

In case Publisher is established outside the EU, the EU authorized representative is:

Springer Nature Customer Service Center GmbH
Europaplatz 3
69115 Heidelberg, Germany

Batch number: 10683543

Printed by Printforce, the Netherlands